计 算 机 系 列 教 材

大学计算机基础

主 编 熊 燕 宋亚岚 曾 辉

副主编 徐 梅 高 霞 邓 谦 陈 洁

WUHAN UNIVERSITY PRESS
武汉大学出版社

图书在版编目(CIP)数据

大学计算机基础/熊燕,宋亚岚,曾辉主编.—武汉:武汉大学出版社,
2012.8(2015.1重印)
计算机系列教材
ISBN 978-7-307-10058-9

Ⅰ.①大… Ⅱ.①熊… ②宋… ③曾… Ⅲ.①电子计算机—高等学
校—教材 Ⅳ.①TP3

中国版本图书馆 CIP 数据核字(2012)第 176536 号

责任编辑:王金龙 责任校对:黄添生 版式设计:支 笛

出版发行:**武汉大学出版社** (430072 武昌 珞珈山)
(电子邮件:cbs22@whu.edu.cn 网址:www.wdp.com.cn)
印刷:虎彩印艺股份有限公司
开本:787×1092 1/16 印张:21 字数:531 千字
版次:2012 年 8 月第 1 版 2015 年 1 月第 5 次印刷
ISBN 978-7-307-10058-9/TP·443 定价:39.00 元

版权所有,不得翻印;凡购买我社的图书,如有质量问题,请与当地图书销售部门联系调换。

前　言

随着信息技术的快速发展，社会各行各业都渗透了计算机和网络的应用。因此，了解计算机和网络的相关知识，掌握其应用技能，已成为一名大学生必不可少的基本要求。目前，各大高等院校都对新生开设了计算机基础课程，并将其作为一门必修课，这是为了让所有的大学生都能够掌握基本的计算机技能，并为以后的学习、工作打下良好的计算机实践基础。

为兼顾中学阶段已学过计算机基本操作的学生和从未接触过计算机的学生，本书对一些最基本的计算机操作以最直接的步骤来叙述，对于较难掌握的知识进行详细介绍，并主要以实例和图示按步骤讲解。

在编写内容上，本书力求知识新、软件版本新且应用广泛。在编写形式上，全书结合图与文，以最直观、最易懂的形式深入浅出地讲解。本书按照教育部提出的计算机教学基本要求编写，并在此基础上应广大读者的要求，增加综合实例应用。

本书共 7 章，系统地介绍了计算机基础知识、操作系统基础、Office 2007 主要办公软件的使用、计算机网络基础知识及应用。本书可作为高等院校计算机基础课的教材，也适用于各类计算机培训和自学的参考书。本书目录前标有*号的为非计算机专业学生选学内容。

本书由熊燕、宋亚岚、曾辉担任主编，徐梅、高霞、邓谦、陈洁担任副主编。其中，第1 章由陈洁编写；第 2 章由徐梅编写；第 3 章由高霞编写；第 4 章由曾辉编写；第 5 章由邓谦编写；第 6 章由熊燕编写；第 7 章由宋亚岚编写。全书由熊燕统稿。

本书的编写得到了武昌理工学院和中国地质大学江城学院各级领导的大力支持。由于时间和水平有限，对于书中的错误和不足之处，恳请读者不吝批评指正。

作　者

2012 年 7 月

目　录

第1章　计算机基础知识

1.1　计算机的概念及其种类

1.1.1　计算机的概念

计算机，是一种能够按照程序运行，自动、高速处理海量数据的现代化智能电子设备。计算机由硬件和软件所组成，没有安装任何软件的计算机称为裸机。

1.1.2　计算机的分类

1. 按信息的形式和处理方式分类

（1）电子数字计算机：所有信息以二进制数表示。

（2）电子模拟计算机：内部信息形式为连续变化的模拟电压，基本运算部件为运算放大器。

（3）混合式电子计算机：既有数字量又能表示模拟量，设计比较困难。

2. 按用途分类

（1）通用机：适用于各种应用场合，功能齐全、通用性好的计算机。

（2）专用机：为解决某种特定问题专门设计的计算机，如工业控制机、银行专用机、超级市场收银机（POS）等。

3. 按计算机系统的规模分类

所谓计算机系统规模主要指计算机的速度、容量和功能。一般可分为巨型机、大型机、中小型机、微型机和工作站等。其中工作站（Workstation）是介于小型机和微型机之间的面向工程的计算机系统。

1.2　计算机的发展过程

1.2.1　电子计算机的诞生

1946 年，世界上第一台电子数字式计算机"ENIAC"正式投入运行，用于计算弹道，是由美国宾夕法尼亚大学莫尔电工学院制造的。ENIAC 诞生后，被人们誉为计算机之父的美籍匈牙利数学家冯·诺依曼提出了重大的改进理论，主要有两点：一是电子计算机应该以二进制数为运算基础；二是电子计算机应采用存储程序的方式工作，并且进一步明确指出了整个计算机的结构应由运算器、控制器、存储器、输入装置和输出装置 5 个部分组成。这些理论的提出，解决了计算机的运算自动化问题和速度匹配问题，对计算机的发展起到了决定性的作用。

1.2.2 计算机发展的几个阶段

在 ENIAC 诞生后短短的几十年间，计算机的发展突飞猛进。通常人们习惯把电子计算机的发展历史分"代"，其实分代并没有统一的标准。若按计算机所采用的微电子器件的发展，可以将电子计算机分成以下几代。

1. 第一代计算机

第一代是电子管计算机时代（1946—1959 年），运算速度慢，内存容量小，使用机器语言和汇编语言编写程序。主要用于军事和科研部门的科学计算。

2. 第二代计算机

第二代是晶体管计算机时代（1959—1964 年），其主要特征是采用晶体管作为开关元件，使计算机的可靠性得到提高，而且体积大大缩小，运算速度加快，其外部设备和软件也越来越多，并且高级程序设计语言应运而生。

3. 第三代计算机

第三代计算机是小规模集成电路（Small Scale Integration，SSI）和中规模集成电路（Medium Scale Integration，MSI）计算机时代（1964—1975 年），它是以集成电路作为基础元件，这是微电子与计算机技术相结合的一大突破，并且有了操作系统。

4. 第四代计算机

第四代计算机是大规模集成电路（Large Scale Integration，LSI）和超大规模集成电路（Very Large Scale Integration，VLSI）计算机时代（1975 年至今），具有更高的集成度、运算速度和内存储器容量。

1.2.3 计算机的未来

现在，世界已进入了计算机时代，计算机的发展趋势正向着"两极"分化。一极是微型计算机向更微型化、网络化、高性能、多用途方向发展。微型计算机分为台式机、便携机、笔记本、亚笔记本、掌上机等。由于它们体积小、成本低而占领了整个国民经济和社会生活的各个领域。另一极则是巨型机向更巨型化、超高速、并行处理、智能化方向发展，它是一个国家科技水平、经济实力、军事实力的象征。在解决天气预报、地震分析、航空气动、流体力学、卫星遥感、激光武器、海洋工程等方面的问题上，巨型机将大显身手。

随着新的元器件及其技术的发展，新型的超导计算机、量子计算机、光子计算机、生物计算机、纳米计算机等将会走进人们的生活，遍布各个领域。

1.3 计算机的主要特点及其应用领域

1.3.1 计算机的主要特点

计算机具有以下特点：

1. 快速的运算能力

电子计算机的工作基于电子脉冲电路原理，由电子线路构成其各个功能部件，其中电场的传播扮演主要角色。我们知道电磁场传播的速度是很快的，现在高性能计算机每秒能进行几百亿次以上的加法运算。很多场合下，运算速度起决定作用。例如，计算机控制导航, 气象预报要分析大量资料都需要计算机高速的运算速度进行计算。

2. 足够高的计算精度

电子计算机的计算精度在理论上不受限制，目前已达到小数点后上亿位的精度。

3. 超强的记忆能力

计算机中有许多存储单元，用以记忆信息。内部记忆能力，是电子计算机和其他计算工具的一个重要区别。由于具有内部记忆信息的能力，在运算过程中就可以不必每次都从外部去取数据，而只需事先将数据输入到内部的存储单元中，运算时即可直接从存储单元中获得数据，从而大大提高了运算速度。计算机存储器的容量可以做得很大，而且它记忆力特别强。

4. 复杂的逻辑判断能力

人是有思维能力的，而思维能力本质上是一种逻辑判断能力。计算机借助于逻辑运算，可以进行逻辑判断，并根据判断结果自动地确定下一步该做什么。

5. 按程序自动工作的能力

一般的机器是由人控制的，人给机器一个指令，机器就完成一个操作。计算机的操作也是受人控制的，但由于计算机具有内部存储能力，可以将指令事先输入到计算机存储起来，在计算机开始工作以后，从存储单元中依次去取指令，用来控制计算机的操作，从而使人们可以不必干预计算机的工作，实现操作的自动化。这种工作方式称为程序控制方式。

1.3.2　计算机的主要应用领域

计算机的应用领域已渗透到社会的各行各业，正在改变着传统的工作、学习和生活方式，推动着社会的发展。计算机的主要应用领域如下：

1. 科学计算(或数值计算)

科学计算是指利用计算机来完成科学研究和工程技术中提出的数学问题的计算。在现代科学技术工作中，科学计算问题是大量的、复杂的。利用计算机的高速计算、大存储容量和连续运算的能力，可以实现人工无法解决的各种科学计算问题。

2. 数据处理(或信息处理)

数据处理是指对各种数据进行收集、存储、整理、分类、统计、加工、利用、传播等一系列活动的统称。据统计，80%以上的计算机主要用于数据处理，这类工作量大、面宽，决定了计算机应用的主导方向。

3. 辅助技术

计算机辅助技术包括 CAD、CAM 和 CAI 等。

(1)计算机辅助设计(Computer Aided Design，CAD)。

计算机辅助设计是利用计算机系统辅助设计人员进行工程或产品设计，以实现最佳设计效果的一种技术。它已广泛地应用于飞机、汽车、机械、电子、建筑和轻工等领域。

(2)计算机辅助制造(Computer Aided Manufacturing，CAM)。

计算机辅助制造是利用计算机系统进行生产设备的管理、控制和操作的过程。例如，在产品的制造过程中，用计算机控制机器的运行，处理生产过程中所需的数据，控制和处理材料的流动以及对产品进行检测等。使用 CAM 技术可以提高产品质量，降低成本，缩短生产周期，提高生产率和改善劳动条件。

(3)计算机辅助教学(Computer Aided Instruction，CAI)。

计算机辅助教学是利用计算机系统使用课件来进行教学。

4. 过程控制(或实时控制)

过程控制是利用计算机及时采集检测数据,按最优值迅速地对控制对象进行自动调节或自动控制。采用计算机进行过程控制,不仅可以大大提高控制的自动化水平,而且可以提高控制的及时性和准确性,从而改善劳动条件、提高产品质量及合格率。因此,计算机过程控制已在机械、冶金、石油、化工、纺织、水电、航天等部门得到广泛的应用。

例如,在汽车工业方面,利用计算机控制机床、控制整个装配流水线,不仅可以实现精度要求高、形状复杂的零件加工自动化,而且可以使整个车间或工厂实现自动化。

5. 人工智能

人工智能(Artificial Intelligence)是计算机模拟人类的智能活动,诸如感知、判断、理解、学习、问题求解和图像识别等。现在人工智能的研究已取得不少成果,有些已开始走向实用阶段。例如,能模拟高水平医学专家进行疾病诊疗的专家系统,具有一定思维能力的智能机器人,等等。

6. 网络应用

计算机技术与现代通信技术的结合构成了计算机网络。计算机网络的建立,不仅解决了一个单位、一个地区、一个国家中计算机与计算机之间的通信,各种软、硬件资源的共享,也大大促进了国际间的文字、图像、视频和声音等各类数据的传输与处理。

1.4　计算机的系统组成

计算机系统由计算机硬件系统和软件系统两部分组成。硬件系统包括中央处理器、存储器和外部设备等;软件系统是计算机的运行程序和相应的文档,它包括系统软件和应用软件。

1.4.1　计算机的硬件系统

计算机硬件系统主要是由运算器、控制器、存储器、输入设备、输出设备这五大功能部件组成。

1. 运算器

运算器又称算术逻辑单元(Arithmetic Logic Unit,ALU)。它是计算机对数据进行加工处理的部件,包括算术运算(加、减、乘、除等)和逻辑运算(与、或、非、异或、比较等)。

2. 控制器

控制器负责从存储器中取出指令,并对指令进行译码;根据指令的要求,按时间的先后顺序,负责向其他各部件发出控制信号,保证各部件协调一致地工作,一步一步地完成各种操作。控制器主要由指令寄存器、译码器、程序计数器、操作控制器等组成。

硬件系统的核心是中央处理器(Central Processing Unit,CPU)。它主要由控制器、运算器等组成,并采用大规模集成电路工艺制成的芯片,又称微处理器芯片。

3. 存储器

存储器是计算机记忆或暂存数据的部件。计算机中的全部信息,包括原始的输入数据,经过初步加工的中间数据以及最后处理完成的有用信息都存放在存储器中。而且,指挥计算机运行的各种程序,即规定对输入数据如何进行加工处理的一系列指令也都存放在存储器中。存储器主要分为内存储器(内存)和外存储器(外存)两种。内存储器又叫主存储器,如内存条,它具有容量小,存取速度快的特点;外存储器又叫辅助存储器,如硬盘,它具有容量大，存取速度慢的特点。在运算过程中，内存直接与 CPU 交换信息，而外存不能直接与 CPU 交换信息，必须将它的信息传送到内存后才能由 CPU 进行处理。

4. 输入设备

输入设备是给计算机输入信息的设备。它是重要的人机接口，负责将输入的信息（包括数据和指令）转换成计算机能识别的二进制代码，送入存储器保存。输入设备的种类很多，如键盘、鼠标、扫描仪等。

5. 输出设备

输出设备是输出计算机处理结果的设备。在大多数情况下，它将这些结果转换成便于人们识别的形式。输出设备可以是打印机、显示器、绘图仪等。

1.4.2 计算机的软件系统

计算机软件系统包括系统软件和应用软件两大类。

1. 系统软件

系统软件是指控制和协调计算机及其外部设备，支持应用软件的开发和运行的软件。其主要的功能是进行调度、监控和维护系统等。系统软件是用户和裸机的接口，主要包括：

(1)操作系统软件，如 DOS、WINDOWS XP、WIN7、Linux、Netware 等。

(2)各种语言的处理程序，如低级语言、高级语言、编译程序、解释程序。

(3)各种服务性程序，如机器的调试、故障检查和诊断程序、杀毒程序等。

(4)各种数据库管理系统，如 SQL Sever、Oracle、Informix、Foxpro 等。

2. 应用软件

应用软件是用户为解决各种实际问题而编制的计算机应用程序及其有关资料。应用软件主要有以下几种：

(1)用于科学计算方面的数学计算软件包、统计软件包。

(2)文字处理软件包(如 WPS、Word) 。

(3)图像处理软件包(如 Photoshop、3DS Max) 。

(4)各种财务管理软件、税务管理软件、工业控制软件、辅助教育等专用软件。

1.4.3 硬件和软件的关系

硬件和软件是一个完整的计算机系统互相依存的两大部分，它们的关系主要体现在以下几个方面。

1. 硬件和软件互相依存

硬件是软件赖以工作的物质基础，软件的正常工作是硬件发挥作用的唯一途径。计算机系统必须要配备完善的软件系统才能正常工作，且充分发挥其硬件的各种功能。

2. 硬件和软件无严格界线

随着计算机技术的发展，在许多情况下，计算机的某些功能既可以由硬件实现，也可以由软件来实现。因此，硬件与软件在一定意义上说没有绝对严格的界线。

3. 硬件和软件协同发展

计算机软件随硬件技术的迅速发展而发展，而软件的不断发展与完善又促进硬件的更新，两者密切地交织发展，缺一不可。

1.4.4 计算机的工作原理

现在使用的计算机,其基本工作原理是存储程序和程序控制,它是由世界著名数学家冯·诺依曼提出来的。

"存储程序控制"原理的基本内容:

(1) 采用二进制形式表示数据和指令。

(2) 将程序(数据和指令序列)预先存放在主存储器中(程序存储),使计算机在工作时能够自动高速地从存储器中取出指令,并加以执行(程序控制)。

(3) 由运算器、控制器、存储器、输入设备、输出设备五大基本部件组成计算机硬件体系结构。

计算机工作过程如下:

第一步:将程序和数据通过输入设备送入存储器。

第二步:启动运行后,计算机从存储器中取出程序指令送到控制器去识别,分析该指令要做什么事。

第三步:控制器根据指令的含义发出相应的命令(如加法、减法),将存储单元中存放的操作数据取出送往运算器进行运算,再把运算结果送回存储器指定的单元中。

第四步:当运算任务完成后,就可以根据指令将结果通过输出设备输出。

1.4.5 衡量计算机性能的常用指标

衡量一台计算机性能的优劣是根据多项技术指标综合确定的。其中,既包含硬件的各种性能指标,又包括软件的各种功能。下面列出硬件的主要技术指标。

机器字长:机器字长是指 CPU 一次能处理的二进制数据的位数,通常与 CPU 的寄存器位数有关。字长越长,数的表示范围也越大,精度也越高。机器的字长也会影响机器的运算速度。倘若 CPU 字长较短,又要运算位数较多的数据,那么需要经过两次或多次的运算才能完成,这样势必影响整个计算机的度。

存储容量:存储容量即存储器的容量,应该包括主存容量和辅存容量。主存容量是指主存中存放二进制代码的总位数,即存储容量=存储单元个数×存储字长。现代计算机中常以字节数描述容量的大小,因为一个字节已被定义为 8 位二进制代码,故用字节数便能反映主存容量。辅存容量通常也用字节数来表示。

运算速度:运算速度是衡量计算机性能的一项重要指标。通常所说的计算机运算速度(平均运算速度),是指每秒钟所能执行的指令条数,一般用"百万条指令/秒"(MIPS, Million Instruction Per Second)来描述。一般说来,主频越高,运算速度就越快。

1.4.6 微型计算机的构成

微型计算机系统也是由硬件系统和软件系统两大部分组成的。微机的硬件系统由运算器、控制器、存储器、输入设备和输出设备五大部件组成的。但是它有自己明显的个性特征。在微机中,运算器和控制器就不是两个独立的部件,它们从开始就做到一块微处理器芯片上,称为 CPU 芯片(中央处理器)。中央处理器 CPU 和主存储器构成计算机的主体,称为主机。主机以外的大部分硬件设备都称为外围设备或外部设备,简称外设。它包括输入/输出设备、外存储器(辅助存储器)等。如图 1.1 所示。

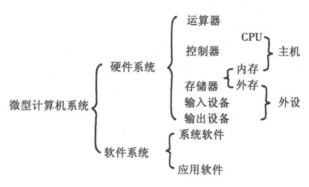

图 1.1　微型计算机系统的构成

1.5　数据表示与数制转换

1.5.1　数制

在日常生活中，人们习惯于用十进制计数法。其实人们有时也常用别的计数法，如十二进制（一打）、六十进制（60 秒即 1 分钟，60 分即 1 小时）、24 进制（24 小时即一天）。用若干数位（由数码表示）的组合去表示一个数，各个数位之间是什么关系，即逢"几"进位，这就是进位计数制的问题，也就是数制问题。数制，即进位计数制，是人们利用数字符号按进位原则进行数据大小计算的方法。通常是以十进制来进行计算的，另外，还有二进制、八进制和十六进制等。

1. 数制的基本概念

在计算机的数制中，要掌握 3 个概念，即数码、基数和位权。下面简单地介绍这 3 个概念。

● 数码：一个数制中表示基本数值大小的不同数字符号。例如，八进制有 8 个数码：0、1、2、3、4、5、6、7。

● 基数：一个数值所使用数码的个数。例如，八进制的基数为 8，二进制的基数为 2。

● 位权：一个数值中某一位上的 1 所表示数值的大小。例如，八进制的 123，1 的位权是 64，2 的位权是 8，3 的位权是 1。位权常常以基数的次幂来表示，例如，十进制的 345，从个位起，位权分别是：10^0、10^1、10^2。

（1）十进制：十进制数，它的数码是用 10 个不同的数字符号 0，1，…，8，9 来表示的。由于它有 10 个数码，因此基数为 10。数码处于不同的位置表示的大小是不同的，如 3468.795 这个数中的 4 就表示 $4×10^2=400$，这里把 10^n 称作位权，简称为"权"，十进制数又可以表示成按"权"展开的多项式。例如：$3468.795 = 3×10^3 + 4×10^2 + 6×10^1 + 8×10^0 + 7×10^{-1}+9×10^{-2}+5×10^{-3}$，十进制数的运算规则是：逢 10 进 1。

（2）二进制：计算机中的数据是以二进制形式存放的，二进制数的数码是用 0 和 1 来表示的。二进制的基数为 2，权为 2^n，二进制数的运算规则是：逢 2 进 1。对于一个二进制数，也可以表示成按权展开的多项式。例如：

$$10110.101=1×2^4+0×2^3+1×2^2+1×2^1+0×2^0+1×2^{-1}+0×2^{-2}+1×2^{-3}$$

（3）八进制:八进制数的数码是用 0，1，…，6，7 来表示的。八进制数基数为 8，权为 8^n，八进制数的运算规则是：逢 8 进 1。

（4）十六进制:十六进制数的数码是用 0，1，…，9，A，B，C，D，E，F 来表示的。十六进制数的基为 16，权为 16^n，十六进制数的运算规则是：逢 16 进 1。其中符号 A 对应十进制中的 10，B 表示 11，…，F 表示十进制中的 15。

2. 计算机中采用二进制的原因

在计算机中，二进制并不符合人们的习惯，但是计算机内部却采用二进制表示信息，其主要原因有如下 4 点：

（1）可行性。

在计算机中，若采用十进制，则要求处理 10 种电路状态，相对于两种状态的电路来说，是很复杂的。而用二进制表示，则逻辑电路的通、断只有两个状态。例如：开关的接通与断开，电平的高与低等，这两种状态正好用二进制的 0 和 1 来表示。

（2）可靠性。

在计算机中采用二进制，用电信号表示数码的两个状态，数码越少，电信号就越少、越简单，数字的传输和处理越不容易出错，计算机工作的可靠性越高。

（3）简易性。

在计算机中，二进制运算法则很简单。例如：相加减的速度快，求和法则有 3 个，求积法则也只有 3 个。

求和法则（3个）　　　　　　求积法则（3个）

0+0=0　　　　　　　　　　0×0=0

0+1=1　　　　　　　　　　0×1=1×0=0

1+1=10（有进位）　　　　　1×1=1

（4）逻辑性强。

二进制只有两个数码，正好代表逻辑代数中的"真"与"假"，而计算机工作原理是建立在逻辑运算基础上的，逻辑代数是逻辑运算的理论依据。用二进制计算具有很强的逻辑性。

鉴于以上四个原因，在计算机中都使用二进制数。但人们更习惯于使用十进制，例如，我们习惯用十进制数表示 2012 年，而不习惯用二进制数 11111011100 来表示 2012 年。因此，用户通常还是用十进制（或八进制、十六进制数）与计算机打交道，然后由计算机自动实现不同进制数之间的转换。为此，对于使用计算机的人员来说，了解不同进制数之间的转换方法是很有必要的。

1.5.2 数制的转换

同数进制之间进行转换，若转换前两数相等，转换后仍必须相等，数制的转换要遵循一定的规律。

1. 非十进制数转换为十进制数

位权法：把各非十进制数按权展开求和结果即为十进制数。

例 1：把 $(1101100.111)_2$ 转换为十进制

解：$(1101100.111)_2 = 1×2^6 + 1×2^5 + 1×2^3 + 1×2^2 + 1×2^{-1} + 1×2^{-2} + 1×2^{-3}$

$$= 64 + 32 + 8 + 4 + 0.5 + 0.25 + 0.125$$

$$= (108.875)_{10}$$

例2：把$(652.34)_8$转换成十进制。

解：$(652.34)_8 = 6 \times 8^2 + 5 \times 8^1 + 2 \times 8^0 + 3 \times 8^{-1} + 4 \times 8^{-2}$

$$= 384 + 40 + 2 + 0.375 + 0.0625$$

$$= (426.4375)_{10}$$

例3：将$(19BC.8)_{16}$转换成十进制数。

解：$(19BC.8)_{16} = 1 \times 16^3 + 9 \times 16^2 + B \times 16^1 + C \times 16^0 + 8 \times 16^{-1}$

$$= 4096 + 2304 + 176 + 12 + 0.5$$

$$= (6588.5)_{10}$$

2. 十进制转换为非十进制数

● 整数部分的转换

除基数取余法：除基数取余数、由下而上排列。

例：将（126）$_{10}$转换成二进制数。

```
2 | 126  …………  余  0
2 | 63   …………  余  1
2 | 31   …………  余  1
2 | 15   …………  余  1
2 | 7    …………  余  1
2 | 3    …………  余  1
2 | 1    …………  余  1
    0
```

结果为：$(126)_{10} = (1111110)_2$

● 小数部分的转换

乘基数取整法：用十进制小数乘基数，当积为0或达到所要求的精度时，将整数部分由上而下排列。

例：将十进制数$(0.534)_{10}$转换成相应的二进制数。

```
    0. 5 3 4
×       2
─────────────
    1. 0 6 8  …………………………  1
×       2
─────────────
    0. 1 3 6  …………………………  0
×       2
─────────────
    0. 2 7 2  …………………………  0
×       2
─────────────
    0. 5 4 4  …………………………  0
×       2
─────────────
    1. 0 8 8  …………………………  1
    …………………………
```

结果为：$(0.534)_{10} = (0.10001)_2$

例：将$(50.25)_{10}$转换成二进制数。

分析：对于这种既有整数又有小数部分的十进制数，可将其整数和小数分别转换成二进制数，然后再把两者连接起来即可。

因为$(50)_{10} = (110010)_2$，$(0.25)_{10} = (0.01)_2$

所以$(50.25)_{10} = (110010.01)_2$

3. 八进制与二进制数之间的转换

● 八进制转换为二进制数（见表1.1）

八进制数转换成二进制数所使用的转换原则是"一位拆三位"，即把一位八进制数对应于三位二进制数，然后按顺序连接即可。

例：把八进制数$(2376.14)_8$转换为二进制数。

八进制1位	2	3	7	6	.	1	4
二进制3位	010	011	111	110	.	001	100

$(2376.14)_8 = (10011111110.0011)_2$

● 二进制数转换成八进制数（见表1.1）

二进制数转换成八进制数可概括为"三位合一位"，即从小数点开始向左右两边以每三位为一组，不足三位时补0，然后每组改成等值的一位八进制数即可。

例：把二进制数$(11110010.1110011)_2$转换为八进制数。

二进制3位分组：	011	110	010	.	111	001	100
转换成八进制数：	3	6	2	.	7	1	4

$(11110010.1110011)_2 = (362.714)_8$

4. 二进制数与十六进制数的相互转换

● 二进制数转换成十六进制数（见表1.1）

二进制数转换成十六进制数的转换原则是"四位合一位"，即以小数点为界，整数部分从右向左每4位为一组，若最后一组不足4位，则在最高位前面添0补足4位，然后从左边第一组起，将每组中的二进制数按权数相加得到对应的十六进制数，并依次写出即可；小数部分从左向右每4位为一组，最后一组不足4位时，尾部用0补足4位，然后按顺序写出每组二进制数对应的十六进制数。

例：把二进制数$(110101011101001.011)_2$转换为十六进制数。

二进制4位分组：	0110	1010	1110	1001	.	0110
转换成十六进制数：	6	A	E	9	.	6

$(110101011101001.011)_2 = (6AE9.6)_{16}$

● 十六进制数转换成二进制数（见表1.1）

十六进制数转换成二进制数的转换原则是"一位拆四位"，即把1位十六进制数写成对应的4位二进制数，然后按顺序连接即可。

例：将$(C41.BA7)_{16}$转换为二进制数。

C	4	1	.	B	A	7
1100	0100	0001	.	1011	1010	0111

结果为：$(C41.BA7)_{16} = (110001000001.101110100111)_2$

表 1.1　　　　　　　　　　　　　二进制与八、十六进制关系

二　进　制	八　进　制	二　进　制	十　六　进　制
000	0	0000	0
001	1	0001	1
010	2	0010	2
011	3	0011	3
100	4	0100	4
101	5	0101	5
110	6	0110	6
111	7	0111	7
		1000	8
		1001	9
		1010	A
		1011	B
		1100	C
		1101	D
		1110	E
		1111	F

1.5.3　计算机中的数据单位

在计算机内部，数据都是以二进制的形式存储和运算的。计算机中常用的数据单位有以下几种：

1. 位

二进制数据中的一个位（bit）简写为 b，音译为比特，是计算机存储数据的最小单位。一个二进制位只能表示 0 或 1 两种状态，要表示更多的信息，就要把多个位组合成一个整体，一般以 8 位二进制组成一个基本单位。

2. 字节

字节是计算机数据处理的最基本单位，并主要以字节为单位解释信息。字节（Byte）简记为 B，规定一个字节为 8 位，即 1B=8bit。每个字节由 8 个二进制位组成。一般情况下，一个 ASCII 码占用一个字节，一个汉字国际码占用两个字节。

3. 字

一个字通常由一个或若干个字节组成。字（Word）是计算机进行数据处理时，一次存取、加工和传送的数据长度。由于字长是计算机一次所能处理信息的实际位数，所以，它决定了计算机数据处理的速度，是衡量计算机性能的一个重要指标，字长越长，性能越好。

4. 数据的换算关系

1Byte=8bit，1KB=1024B，1MB=1024KB，1GB=1024MB。

例如，一台微机，内存为 256MB，软盘容量为 1.44MB，硬盘容量为 80GB，则它实际的存储字节数分别为：

内存容量=256×1024×1024B=268435456B

软盘容量=1.44×1024×1024B=1509949.44B

硬盘容量=80×1024×1024×1024B=85899345920B

1.5.4 数值数据在计算机中的表示

1. 数的表示

（1）机器数和真值。

在计算机中，使用的二进制只有 0 和 1 两种值。一个数在计算机中的表示形式，称为机器数。机器数所对应的原来的数值称为真值，由于采用二进制必须把符号数字化，通常是用机器数的最高位作为符号位，仅用来表示数符。若该位为 0，则表示正数；若该位为 1，则表示负数。机器数也有不同的表示法，常用的有 3 种：原码、补码和反码。

机器数的表示法：用机器数的最高位代表符号（若为 0，则代表正数；若为 1，则代表负数），其数值位为真值的绝对值。假设用 8 位二进制数表示一个数，如图 1.2 所示。

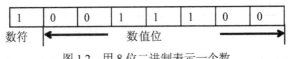

图 1.2　用 8 位二进制表示一个数

在数的表示中，机器数与真值的区别是：真值带符号如－0011100，机器数不带数符，最高位为符号位，如 10011100，其中最高位 1 代表符号位。

例如：真值数为－0111001，其对应的机器数为 10111001，其中最高位为 1，表示该数为负数。

（2）原码、反码、补码的表示（计算机专业适用）。

在计算机中，符号位和数值位都是用 0 和 1 表示，在对机器数进行处理时，必须考虑到符号位的处理，这种考虑的方法就是对符号和数值的编码方法。常见的编码方法有原码、反码和补码 3 种方法。下面分别讨论这 3 种方法的使用。

● 原码的表示

一个数 X 的原码表示为：符号位用 0 表示正，用 1 表示负；数值部分为 X 的绝对值的二进制形式。记 X 的原码表示为[X]原。

例如：当 X＝＋1100001 时，则[X]原＝01100001。

当 X＝－1110101 时，则[X]原＝11110101。

在原码中，0 有两种表示方式：

当 X＝＋0000000 时，[X]原＝00000000。

当 X＝－0000000 时，[X]原＝10000000。

● 反码的表示

一个数 X 的反码表示方法为：若 X 为正数，则其反码和原码相同；若 X 为负数，在原码的基础上，符号位保持不变，数值位各位取反。记 X 的反码表示为[X]反。

例如：当 X＝＋1100001 时，则[X]原＝01100001，[X]反＝01100001。

当 X＝－1100001 时，则[X]原＝11100001，[X]反＝10011110。

在反码表示中，0 也有两种表示形式：

当 X＝＋0 时，则[X]反＝00000000。

当 X＝－0 时，则[X]反＝10000000。

● 补码的表示

一个数 X 的补码表示方式为：当 X 为正数时，则 X 的补码与 X 的原码相同；当 X 为负数时，则 X 的补码，其符号位与原码相同，其数值位取反加 1。记 X 的补码表示为[X] 补。

例如：当 X＝＋1110001，[X]原＝01110001，[X]补＝01110001。

当 X＝－1110001，[X]原＝11110001，[X]补＝10001111。

（3）BCD 码（计算机专业适用）。

在计算机中，用户和计算机的输入和输出之间要进行十进制和二进制的转换，这项工作由计算机本身完成。在计算机中采用了输入/输出转换的二～十进制编码，即 BCD 码。

在二～十进制的转换中，采用 4 位二进制表示 1 位十进制的编码方法。最常用的是 8421BCD 码。"8421"的含义是指用 4 位二进制数从左到右每位对应的权是 8、4、2、1。BCD 码和十进制之间的对应关系如表 1.2 所示。

表 1.2　　　　　　　　　　　　BCD 码和十进制数的对照表

十进制数	0	1	2	3	4	5	6	7	8	9
BCD 码	0000	0001	0010	0011	0100	0101	0110	0111	1000	1001

例如：十进制数 765 用 BCD 码表示的二进制数为：0111　0110　0101。

1.5.5　字符和汉字在计算机中的表示

计算机中使用的数据有数值型数据和非数值型数据两大类。数值数据用于表示数量意义；非数值数据又称为符号数据，包括字母和符号等，对非数值的文字和其他符号进行处理时，要对文字和符号进行数字化，即用二进制编码来表示文字和符号。在计算机中，其中西文字符最常用到的编码方案有 ASCII 编码。对于汉字，我国也制定的相应的编码方案。这里介绍两种符号数据的表示。

1. 字符数据的表示: ASCII 码

计算机中用得最多的符号数据是字符，它是用户和计算机之间的桥梁。用户使用输入设备，通过键盘向计算机内输入命令和数据，计算机把处理后的结果也以字符的形式输出到屏幕或打印机等输出设备上。对于字符的编码方案有很多种，但使用最广泛的是 ASCII 码（American Standard Code for Information Interchange）。ASCII 码开始时是美国国家信息交换标准字符码，后来被采纳为一种国际通用的信息交换标准代码。ASCII 码占一个字节，有 7 位 ASCII 码和 8 位 ASCII 码两种，7 位 ASCII 码称为标准 ASCII 码（规定最高位为 0），8 位 ASCII 码称为扩充 ASCII 码。7 位二进制数给出了 128 个不同的组合，表示 128 个不同的字符。其中 95 个字符可以显示：包括大小写英文字母、数字、运算符号和标点符号等。另外 33 个字符是不可见的控制码，编码值为 0～31 和 127。例如回车符（CR），编码为 13。

如表 1.3 所示为 7 位 ASCII 字符编码表。

表 1.3　　　　　　　　　　　　　　　　ASCII 字符编码表

$d_3d_2d_1d_0$ ＼ $d_6d_5d_4$	000	001	010	011	100	101	110	111
0000	NUL	DEL	SP	0	@	P	、	P
0001	SOH	DC1	!	1	A	Q	a	q
0010	STX	DC2	"	2	B	R	b	r
0011	EXT	DC3	#	3	C	S	c	s
0100	EOT	DC4	$	4	D	T	d	t
0101	ENQ	NAK	%	5	E	U	e	u
0110	ACK	SYN	&	6	F	V	f	v
0111	BEL	ETB	,	7	G	W	g	w
1000	BS	CAN	(	8	H	X	h	x
1001	HT	EM	)	9	I	Y	i	y
1010	LF	SUB	*	:	J	Z	j	z
1011	VT	ESC	+	;	K	[	k	{
1100	FF	FS	,	<	L	\	l	⊥
1101	CR	GS	-	=	M	]	m	}
1110	SD	RS	.	>	N	∧	n	~
1111	SI	US	/	?	O	_	o	DEL

2. 汉字的存储与编码

英语文字均由 26 个字母拼组而成，所以使用一个字节表示一个字符足够了。但汉字的计算机处理技术比英文字符复杂得多，由于汉字有一万多个，常用的也有六千多个，所以编码采用两字节来表示。

● 汉字交换码

汉字交换码主要是用作汉字信息交换的。以国家标准局 1980 年颁布的《信息交换用汉字编码字符集——基本集》（代号为 GB2312-80）规定的汉字交换码作为国家标准汉字编码，简称国标码。

国标 GB2312-80 规定，所有的国际汉字和符号组成一个 94×94 的矩阵。在该矩阵中，每一行称为一个"区"，每一列称为一个"位"，这样就形成了 94 个区号（01～94）和 94 个位号（01～94）的汉字字符集。国标码中有 6763 个汉字和 628 个其他基本图形字符，共计 7445 个字符。其中规定一级汉字 3755 个，二级汉字 3008 个，图形符号 682 个。一个汉字所在的区号与位号简单地组合在一起就构成了该汉字的"区位码"。在汉字区位码中，高两位为区号，低两位为位号。因此，区位码与汉字或图形符号之间是一一对应的。一个汉字由两个字节代码表示。

● 汉字机内码

汉字机内码又称内码或汉字存储码。该编码的作用是统一了各种不同的汉字输入码在计算机内的表示。汉字机内码是计算机内部存储、处理的代码。计算机既要处理汉字，又要处理英文，所以必须能区别汉字字符和英文字符。英文字符的机内码是最高位为 0 的 8 位 ASCII

码。为了区分，把国标码每个字节的最高位由 0 改为 1，其余位不变的编码作为汉字字符的机内码。

一个汉字用两个字节的内码表示，计算机显示一个汉字的过程首先是根据其内码找到该汉字字库中的地址，然后将该汉字的点阵字型在屏幕上输出。

汉字的输入码是多种多样的，同一个汉字如果采用的编码方案不同，则输入码就有可能不一样，但汉字的机内码是一样的。有专用的计算机内部存储汉字使用的汉字内码，用以将输入时使用的多种汉字输入码统一转换成汉字机内码进行存储，以方便机内的汉字处理。在汉字输入时，根据输入码通过计算机或查找输入码表完成输入码到机内码的转换。如汉字国际码（H）＋8080（H）＝汉字机内码（H）。

● 汉字输入码

汉字输入码也叫外码，是为了通过键盘字符把汉字输入计算机而设计的一种编码。

英文输入时，想输入什么字符便按什么键，输入码和内码是一致的。而汉字输入规则不同，可能要按几个键才能输入一个汉字。汉字和键盘字符组合的对应方式称为汉字输入编码方案。汉字外码是针对不同汉字输入法而言的，通过键盘按某种输入法进行汉字输入时，人与计算机进行信息交换所用的编码称为"汉字外码"。对于同一汉字而言，输入法不同，其外码也是不同的。例如，对于汉字"啊"，在区位码输入法中的外码是 1601，在拼音输入中的外码是 a，而在五笔字型输入法中的外码是 KBSK。汉字的输入码种类繁多，大致有 4 种类型，即音码、形码、数字码和音形码。

● 汉字字形码

汉字在显示和打印输出时，是以汉字字形信息表示的，即以点阵的方式形成汉字图形。汉字字形码是指确定一个汉字字形点阵的代码（汉字字形码）。一般采用点阵字形表示字符。

目前普遍使用的汉字字型码是用点阵方式表示的，称为"点阵字模码"。所谓"点阵字模码"，就是将汉字像图像一样置于网状方格上，每格是存储器中的一个位，16×16 点阵是在纵向 16 点、横向 16 点的网状方格上写一个汉字，有笔画的格对应1，无笔画的格对应0。这种用点阵形式存储的汉字字型信息的集合称为汉字字模库，简称汉字字库。

1.5.6 其他信息在计算机中的表示

具有多媒体功能的计算机除可以处理数值和字符信息外，还可以处理图形和声音信息。在计算机中，图形和声音的使用能够增强信息的表现能力。

1. 图形的表示方法

计算机通过指定每个独立的点(或像素)在屏幕上的位置来存储图形，最简单的图形是单色图形。单色图形包含的颜色仅仅有黑色和白色两种。为了理解计算机怎样对单色图形进行编码，可以考虑把一个网格叠放到图形上。网格把图形分成许多单元，每个单元相当于计算机屏幕上的一个像素。对于单色图，每个单元(或像素)都标记为黑色或白色。如果图像单元对应的颜色为黑色，则在计算机中用 0 来表示；如果图像单元对应的颜色为白色，则在计算机中用 1 来表示。网格的每一行用一串 0 和 1 来表示。对于单色图形来说，用来表示满屏图形的比特数和屏幕中的像素数正好相等。所以，用来存储图形的字节数等于比特数除以 8；若是彩色图形，其表示方法与单色图形类似，只不过需要使用更多的二进制位以表示出不同的颜色信息。

2. 声音的表示方法

通常，声音是用一种模拟(连续的)波形来表示的，该波形描述了振动波的形状。表示一个声音信号有三个要素，分别是基线、周期和振幅。声音的表示方法是以一定的时间间隔对音频信号进行采样，并将采样结果进行量化，转化成数字信息的过程。声音的采样是在数字模拟转换时，将模拟波形分割成数字信号波形的过程，采样的频率越大，所获得的波形越接近实际波形，即保真度越高。

1.6 多媒体技术

1.6.1 多媒体与多媒体技术的概念

"多媒体"一词源于英文 multimedia，它是指具有文本、图形、图像、音频、视频和动画等两种或两种以上的信息表现形式的综合体。由于计算机的数字化及交互式处理能力，极大地推动了多媒体技术的发展，所以，现在人们谈论的多媒体技术往往与计算机联系起来，即多媒体技术大多指的是多媒体计算机技术。在计算机领域中，多媒体技术是指通过计算机综合处理多种媒体信息，包括文本、图形、图像、音频、视频和动画等，使之建立逻辑连接，集成为一个系统并具有交互性的相关技术。多媒体就是指通过计算机综合处理的，具有文本、图形、图像、音频、视频和动画等两种或两种以上信息表现形式，并具有交互功能的综合体。

1.6.2 多媒体技术应用

多媒体涉及文本、图形、图像、声音、视频和动画等与人类社会息息相关的信息处理，因此它的应用领域极其广泛，已经渗透到了计算机应用的各个领域。不仅如此，随着多媒体技术的发展，一些新的应用领域正在开拓，前景十分广阔。

1. 多媒体在教育领域中的应用

（1）多媒体教室综合演示平台。

多媒体教室综合演示平台又称多媒体教学系统，其核心设备是多媒体计算机。除此之外，它还集成了中央控制器，液晶投影机，投影屏幕以及多种数字音频和视频设备等。

多媒体教室综合演示平台可以使用计算机进行多媒体教学，呈现教学内容的文、图、声、像；可以播放视频信号，播放录像带、DVD（VCD）等音像内容；还可以利用实物展台将书稿、图表、照片、文字材料、实物等投影到银幕上进行现场实物讲解。在平台上通过多媒体中央控制器，完成电动屏幕、窗帘、灯光、设备电源的控制。

（2）多媒体教育软件。

多媒体教育软件，是指根据教学大纲要求和教学需要，经过严格的教学设计，并以多媒体的表现方式编制而成的课程软件。

2. 多媒体在商业领域中的应用

随着人类社会步入高度信息化时代，多媒体在商业领域中的应用越来越多。其中"商业展示"显示出多媒体在传递信息方面的重要价值。商业展示实质上是专业人士为了展示企业文化或创造商业经济效益加入了多媒体技术等科技手段，从而使人们在短时间内最大限度地接收信息的一种传播方式。

3. 多媒体在大众娱乐领域中的应用

多媒体在大众娱乐领域的应用堪称目前计算机在家庭应用领域中最主要的应用。主要体现在数字化音乐欣赏，影视作品点播和电脑游戏互动等方面。

4. 多媒体在其他领域的应用

除了上述教育，商业和大众娱乐领域之外，多媒体还广泛应用于医疗、军事、电子出版、办公自动化，航空航天和农业生产等领域。譬如，多媒体远程医疗就是多媒体技术在医疗领域中应用的典型代表。

1.7　计算机安全

随着计算机在应用领域的深入和计算机网络的普及，计算机已经把人类推向了一个崭新的信息时代。只有正确、安全的使用计算机，加强维护保养，预防和清除计算机病毒，才能充分发挥计算机的功能。

1.7.1　计算机安全规范

1. 道德规范

在使用计算机时，应该养成良好的道德规范，做到六个"不"。不利用计算机网络窃取国家机密，盗取他人密码，传播、复制色情内容等；不利用计算机所提供的方便，对他人进行人身攻击、诽谤和诬陷；不破坏别人的计算机系统资源；不制造和传播计算机病毒；不窃取别人的软件资源；不使用盗版软件。

2. 法律法规

我国政府和有关部门制定了《计算机软件保护条例》、《中华人民共和国计算机信息系统安全保护条例》、《中华人民共和国计算机信息网络国际联网管理暂行规定》、《计算机信息网络国际联网安全保护管理办法》、《计算机病毒防治保护管理办法》、《互联网电子公告服务管理规定》和《互联网上网服务营业场所管理条例》等多个与计算机使用相关的法律法规，以规范计算机使用者的行为。

1.7.2　计算机病毒

随着计算机技术的迅速发展，计算机的应用已经深入到各个领域。计算机的普及，网络技术的发展，信息的共享，伴随着也出现了计算机病毒。

"计算机病毒"与医学上的"病毒"不同，它不是天然存在的，是某些人利用计算机软、硬件所固有的脆弱性，编制的具有特殊功能的程序。由于它与生物医学上的"病毒"同样有传染和破坏的特性，因此这一名词是由生物医学上的"病毒"概念引申而来。

根据 1994 年 2 月 18 日我国正式颁布实施的《中华人民共和国计算机信息系统安全保护条例》第二十八条中的定义："计算机病毒，是指编制或者在计算机程序中插入的破坏计算机功能或者毁坏数据，影响计算机使用，并能自我复制的一组计算机指令或者程序代码。"

计算机病毒这种程序不是独立存在的，它隐蔽在其他可执行的程序之中，既有破坏性，又有传染性和潜伏性。轻则影响机器运行速度，使机器不能正常运行；重则使机器瘫痪，会给用户带来不可估量的损失。

1. 计算机病毒的特点

计算机病毒具有以下几个特点：

（1）寄生性：计算机病毒寄生在其他程序之中，当执行这个程序时，病毒就起破坏作用，而在未启动这个程序之前，它是不易被人发觉的。

（2）传染性：计算机病毒不但本身具有破坏性，更有害的是具有传染性，一旦病毒被复制或产生变种，其传播速度之快令人难以预防。

（3）潜伏性：有些病毒像定时炸弹一样，让它什么时间发作是预先设计好的。比如黑色星期五病毒，不到预定时间一点都觉察不出来，等到条件具备的时候一下子就爆炸开来，对系统进行破坏。

（4）隐蔽性：计算机病毒具有很强的隐蔽性，有的可以通过病毒软件检查出来，有的根本就检查不出来，有的时隐时现、变化无常，这类病毒处理起来通常很困难。

（5）破坏性：侵占系统资源，降低运行效率，使系统无法正常运行，破坏计算机硬件等。

2. 计算机病毒的表现形式

计算机受到病毒感染后，会表现出不同的症状，下面把一些经常碰到的现象列出来，供用户参考。

（1）机器不能正常启动。加电后机器根本不能启动，或者可以启动，但所需要的时间比原来的启动时间变长了。有时会突然出现黑屏现象。

（2）运行速度降低。如果发现在运行某个程序时，读取数据的时间比原来长，存文件或调文件的时间都增加了，那就可能是由于病毒造成的。

（3）磁盘空间迅速变小。由于病毒程序要进驻内存，而且又能繁殖，因此使内存空间变小甚至变为"0"，用户什么信息也存不进去。

（4）文件内容和长度有所改变。一个文件存入磁盘后，本来它的长度和其内容都不会改变，可是由于病毒的干扰，文件长度可能改变，文件内容也可能出现乱码。有时文件内容无法显示或显示后又消失了。

（5）经常出现"死机"现象。正常的操作是不会造成死机现象的，即使是初学者，命令输入错误也不会死机。如果机器经常死机，那可能是由于系统被病毒感染了。

（6）外部设备工作异常。因为外部设备受系统的控制，如果机器中有病毒，外部设备在工作时可能会出现一些异常情况，出现一些用理论或经验说不清道不明的现象。

其实，计算机受到不同的病毒感染后，表现形式多种多样，以上列出的只是常见的一些。

3. 计算机病毒分类

各种不同种类的病毒有着各自不同的特征，它们有的以感染文件为主，有的以感染系统引导区为主，大多数病毒只是开个小小的玩笑，但少数病毒则危害极大，这就要求我们采用适当的方法对病毒进行分类，以进一步识别它的危害性。

（1）按病毒存在的媒体分类。

根据病毒存在的媒体，可以划分为网络病毒，文件病毒，引导型病毒。网络病毒通过计算机网络传播感染网络中的可执行文件，文件病毒感染计算机中的文件（如：COM，EXE，DOC 等），引导型病毒感染启动扇区（Boot）和硬盘的系统引导扇区（MBR）。还有这三种情况的混合型，例如：多型病毒（文件和引导型）感染文件和引导扇区，这样的病毒通常都具有复杂的算法，它们使用非常规的办法侵入系统，同时使用了加密和变形算法。

（2）按病毒传染的方法分类。

根据病毒传染的方法可分为驻留型病毒和非驻留型病毒，驻留型病毒感染计算机后，把自身的内存驻留部分放在内存（RAM）中，这一部分程序挂接系统调用并合并到操作系统中去，他处于激活状态，一直到关机或重新启动。非驻留型病毒在得到机会激活时并不感染计算机内存，一些病毒在内存中留有小部分，但是并不通过这一部分进行传染，这类病毒也被划分为非驻留型病毒。

（3）按破坏性分类。

按病毒的破坏性可分为良性病毒和恶性病毒。

良性病毒：是指对系统的危害不太大的病毒，它一般只是个小小的恶作剧罢了，如破坏屏幕显示、播放音乐等（需要注意的是，即使某些病毒不对系统造成任何直接损害，但它总会影响系统性能，从而造成了一定的间接危害）。

恶性病毒：是指那些对系统进行恶意攻击的病毒，它往往会给用户造成较大危害，如有的病毒不仅删除用户的硬盘数据，而且还破坏硬件。

（4）按病毒的算法分类。

伴随型病毒，这一类病毒并不改变文件本身，它们根据算法产生 EXE 文件的伴随体，具有同样的名字和不同的扩展名（COM），例如：XCOPY.EXE 的伴随体是 XCOPY-COM。病毒把自身写入 COM 文件并不改变 EXE 文件，当 DOS 加载文件时，伴随体优先被执行到，再由伴随体加载执行原来的 EXE 文件。

"蠕虫"型病毒，通过计算机网络传播，不改变文件和资料信息，利用网络从一台机器的内存传播到其他机器的内存，计算网络地址，将自身的病毒通过网络发送。有时它们在系统存在，一般除了内存不占用其他资源。

寄生型病毒除了伴随型和"蠕虫"型，其他病毒均可称为寄生型病毒，它们依附在系统的引导扇区或文件中，通过系统的功能进行传播，按其算法不同可分为：

练习型病毒：病毒自身包含错误，不能进行很好的传播，例如一些病毒在调试阶段。

诡秘型病毒：它们一般不直接修改 DOS 中断和扇区数据，而是通过设备技术和文件缓冲区等对 DOS 内部修改，不易看到资源，使用比较高级的技术。利用 DOS 空闲的数据区进行工作。

变型病毒（又称幽灵病毒）：这一类病毒使用一个复杂的算法，使自己每传播一份都具有不同的内容和长度。它们一般是由一段混有无关指令的解码算法和被变化过的病毒体组成。

1.7.3　计算机安全保证

我们在这里仅讨论的是个人电脑安全防护策略。

1. 安装杀（防）毒软件

病毒的发作给全球计算机系统造成巨大损失。对于一般用户而言，首先要做的就是为电脑安装一套正版的杀毒软件。

现在不少人对防病毒有个误区，就是对待电脑病毒的关键是"杀"，其实对待电脑病毒应当是以"防"为主。目前绝大多数的杀毒软件都是电脑被病毒感染后杀毒软件才去发现、分析和治疗。这种被动防御的消极模式远不能彻底解决计算机安全问题。杀毒软件应立足于拒病毒于计算机门外。因此，应当安装杀毒软件的实时监控程序，应该定期升级所安装的杀毒软件（如果安装的是网络版，在安装时可先将其设定为自动升级），给操作系统打相应补丁、升级引擎和病毒定义码。由于新病毒的出现层出不穷，现在各杀毒软件厂商的病毒库更新十分频繁，应当设置每天定时更新杀毒实时监控程序的病毒库，以保证其能够抵御最新出现的病毒的攻击。

每周要对电脑进行一次全面的杀毒、扫描工作，以便发现并清除隐藏在系统中的病毒。当用户不慎感染上病毒时，应该立即将杀毒软件升级到最新版本，然后对整个硬盘进行扫描操作，清除一切可以查杀的病毒。如果病毒无法清除，或者杀毒软件不能做到对病毒体进行清晰的辨认，那么应该将病毒提交给杀毒软件公司，杀毒软件公司一般会在短期内给予用户满意的答复。而面对网络攻击之时，我们的第一反应应该是拔掉网络连接端口，或按下杀毒软件上的断开网络连接钮。

2. 安装个人防火墙

如果有条件，安装个人防火墙（Fire Wall）以抵御黑客的袭击。所谓"防火墙"，是指一种将内部网和公众访问网（Internet）分开的方法，实际上是一种隔离技术。防火墙是在两个网络通讯时执行的一种访问控制尺度，它能允许你"同意"的人和数据进入你的网络，同时将你"不同意"的人和数据拒之门外，最大限度地阻止网络中的黑客来访问你的网络，防止他们更改、拷贝、毁坏你的重要信息。防火墙安装和投入使用后，并非万事大吉。要想充分发挥它的安全防护作用，必须对它进行跟踪和维护，要与商家保持密切的联系，时刻注视商家的动态。因为商家一旦发现其产品存在安全漏洞，就会尽快发布补救（Patch）产品，此时应尽快确认真伪，并对防火墙进行更新。在理想情况下，一个好的防火墙应该能把各种安全问题在发生之前解决。就现实情况看，这还是个遥远的梦想。目前各家杀毒软件的厂商都会提供个人版防火墙软件，防病毒软件中都含有个人防火墙，所以可用同一张光盘运行个人防火墙安装，重点提示防火墙在安装后一定要根据需求进行详细配置。合理设置防火墙后应能防范大部分的蠕虫入侵。

3. 分类设置密码并使密码设置尽可能复杂

在不同的场合使用不同的密码。网上需要设置密码的地方很多，如网上银行、上网账户、E-mail、聊天室以及一些网站的会员等。应尽可能使用不同的密码，以免因一个密码泄露导致所有资料外泄。对于重要的密码（如网上银行的密码）一定要单独设置，并且不要与其他密码相同。

设置密码时要尽量避免使用有意义的英文单词、姓名缩写以及生日、电话号码等容易泄露的字符作为密码，最好采用字符与数字混合的密码。

不要贪图方便在拨号连接的时候选择"保存密码"选项；如果您是使用 E-mail 客户端软件（Outlook Express、Foxmail 等）来收发重要的电子邮箱，如 ISP 信箱中的电子邮件，在设置账户属性时尽量不要使用"记忆密码"的功能。因为虽然密码在机器中是以加密方式存储的，但是这样的加密往往并不保险，一些初级的黑客即可轻易地破译你的密码。

定期地修改自己的上网密码，至少一个月更改一次，这样可以确保即使原密码泄露，也能将损失减小到最少。

4. 不下载来路不明的软件及程序

不下载来路不明的软件及程序。几乎所有上网的人都在网上下载过共享软件（尤其是可执行文件），在给你带来方便和快乐的同时，也会悄悄地把一些你不欢迎的东西带到你的机器中，比如病毒。因此应选择信誉较好的下载网站下载软件，将下载的软件及程序集中放在非引导分区的某个目录，在使用前最好用杀毒软件查杀病毒。有条件的，可以安装一个实时监控病毒的软件，随时监控网上传递的信息。

不要打开来历不明的电子邮件及其附件，以免遭受病毒邮件的侵害。在互联网上有许多种病毒流行，有些病毒就是通过电子邮件来传播的，这些病毒邮件通常都会以带有噱头的标题来吸引你打开其附件，如果您抵挡不住它的诱惑，而下载或运行了它的附件，就会受到感染，所以对于来历不明的邮件应当将其拒之门外。

5. 警惕"网络钓鱼"

目前，网上一些黑客利用"网络钓鱼"手法进行诈骗，如建立假冒网站或发送含有欺诈信息的电子邮件，盗取网上银行、网上证券或其他电子商务用户的账户密码，从而窃取用户资金的违法犯罪活动不断增多。公安机关和银行、证券等有关部门提醒网上银行、网上证券和电子商务用户对此提高警惕，防止上当受骗。

6. 防范间谍软件

间谍软件是一种能够在用户不知情的情况下偷偷进行安装（安装后很难找到其踪影），并悄悄把截获的信息发送给第三者的软件。它的历史不长，可到目前为止，间谍软件数量已有几万种。间谍软件的一个共同特点是，能够附着在共享文件、可执行图像以及各种免费软件当中，并趁机潜入用户的系统，而用户对此毫不知情。间谍软件的主要用途是跟踪用户的上网习惯，有些间谍软件还可以记录用户的键盘操作，捕捉并传送屏幕图像。间谍程序总是与其他程序捆绑在一起，用户很难发现它们是什么时候被安装的。一旦间谍软件进入计算机系统，要想彻底清除它们就会十分困难，而且间谍软件往往成为不法分子手中的危险工具。

从一般用户能做到的方法来讲，要避免间谍软件的侵入，可以从下面三个途径入手：

（1）把浏览器调到较高的安全等级——Internet Explorer 预设为提供基本的安全防护，但您可以自行调整其等级设定。将 Internet Explorer 的安全等级调到"高"或"中"可有助于防止下载。

（2）在计算机上安装防止间谍软件的应用程序，时常监察及清除电脑的间谍软件，以阻止软件对外进行未经许可的通讯。

（3）对将要在计算机上安装的共享软件进行甄别选择，尤其是那些你并不熟悉的，可以登录其官方网站了解详情；在安装共享软件时，不要总是心不在焉地一路单击"OK"按钮，而应仔细阅读各个步骤出现的协议条款，特别留意那些有关间谍软件行为的语句。

7. 只在必要时共享文件夹

不要以为你在内部网上共享的文件是安全的，其实你在共享文件的同时就会有软件漏洞呈现在互联网的不速之客面前，公众可以自由地访问您的那些文件，并很有可能被有恶意的人利用和攻击。因此共享文件应该设置密码，一旦不需要共享时立即关闭。一般情况下不要设置文件夹共享，以免成为居心叵测的人进入你的计算机的跳板。如果确实需要共享文件夹，一定要将文件夹设为只读。不要将整个硬盘设定为共享，例如，某一个访问者将系统文件删除，会导致计算机系统全面崩溃，无法启动。

8. 定期备份重要数据

对于比较重要的数据，一定要养成定期备份的习惯。

思考题

1．打开一台电脑，了解机箱内部的结构和组成部件。
2．计算机中采用二进制的原因是什么？
3．简述个人电脑安全防护策略。

第2章 操作系统基础

操作系统把计算机硬件和软件紧密地结合在一起，操作系统负责管理计算机资源，并提供人机交互界面。每个用户都是通过操作系统来使用计算机的。每个程序都要通过操作系统获得必要的资源才能被执行。

2.1 操作系统概述

2.1.1 操作系统的概念

操作系统（Operating System，OS）是一种管理计算机系统资源、控制程序运行的系统软件，它是用户与计算机系统之间的接口或界面（环境）。所谓接口或界面是指操作系统规定用户以什么方式、使用哪些命令来控制和操作计算机。操作系统在计算机系统中处于系统软件的核心地位，已经成为计算机系统中不可分割的一部分。

1. 操作系统的分类

根据操作系统在用户界面的使用环境和功能特征的不同，操作系统一般可分为三种基本类型，即批处理系统、分时系统和实时系统。随着计算机体系结构的发展，又出现了网络操作系统和分布式操作系统。

（1）批处理操作系统。

批处理任务，是指在计算机上无须人工干预而执行一系列程序的作业。因为无须人工交互，所有的输入数据预先设置于程序或命令行参数中，这不同于需要用户输入数据的交互程序的概念。

批处理允许多用户共享计算机资源，可以把作业处理转移到计算机资源不太繁忙的时段，避免计算机资源闲置，而且无须时刻有人工监视和干预，在昂贵的高端计算机上，使昂贵的资源保持高使用率，以减低平均开销。

在历史上，批处理广泛应用于大型计算机。由于这种级别的计算机非常昂贵，基于上述理由需要运用批处理。另外一个原因是，在早期的电子计算机上，终端设备界面（以后发展到图形用户界面）的交互程序尚未推广。

（2）分时操作系统。

一般来说，多个计算机用户是通过特定的端口，向计算机发送指令，并由计算机完成相应任务后，将结果通过端口反馈给用户的。

在早期的计算机系统中，计算机处理多个用户发送出的指令的时候，处理的方案即为分时，即计算机把它的运行时间分为多个时间段，并且将这些时间段平均分配给用户们指定的任务。轮流地为每一个任务运行一定的时间，如此循环，直至完成所有任务。这种使用分时的方案为用户服务的计算机系统即为分时系统。

（3）实时操作系统。

实时操作系统是指当外界事件或数据产生时，能够接受并以足够快的速度予以处理，其处理的结果又能在规定的时间之内来控制生产过程或对处理系统作出快速响应，并控制所有实时任务协调一致运行的操作系统。因而，提供及时响应和高可靠性是其主要特点。

（4）网络操作系统。

网络操作系统，是向网络计算机提供服务的特殊的操作系统。它在计算机操作系统下工作，使计算机操作系统增加了网络操作所需要的能力。网络操作系统是网络上各计算机能方便而有效地共享网络资源，为网络用户提供所需的各种服务的软件和有关规程的集合。网络操作系统与通常的操作系统有所不同，它除了应具有通常操作系统应具有的功能外，还能提供高效、可靠的网络通信能力和多种网络服务功能，如：文件传输服务功能、电子邮件服务功能等。

（5）分布式操作系统。

分布式操作系统是分布式系统的重要组成部分，负责管理分布式处理系统资源、控制分布式程序运行、信息传输、控制调度等。

分布式系统是由多台计算机组成，系统中的计算机无主次之分，所有用户共享系统中的资源，一个程序可以分布在几台计算机上并行地运行，互相协作完成一个共同的任务。分布式操作系统需要为协同工作的计算机提供一个统一的界面，标准的接口，其主要特点是分布性和并行性。

2. 操作系统的功能

操作系统的主要目标有两个方面：一是方便用户使用，二是最大限度地发挥计算机系统资源的使用效率。为实现这两个目标，从用户使用操作系统的观点看，操作系统应该具备作业管理功能；从系统资源管理的观点出发，操作系统应该具备处理机管理、存储管理、设备管理、文件管理、作业管理等功能。

（1）处理机管理。

处理机管理也叫 CPU 管理或进程管理，它的主要任务是对 CPU 的运行进行有效的管理。CPU 的速度一般比其他硬件设备的工作速度要快得多，其他设备的正常运行往往也离不开CPU，因此充分利用 CPU 资源也是操作系统最重要的管理任务。

（2）存储管理。

存储器也是重要的系统资源，根据存储系统的物理组织，通常划分为内存和外存。一个作业要在 CPU 上运行，它的代码和数据就要全部或部分地驻在内存中。操作系统也要占据相当大的内存空间。在多道程序系统中，并发运行的程序都要占有自己的内存空间，因此存储管理主要指的是对内存空间的管理。存储管理的任务是对要运行的作业分配内存空间，当一个作业运行结束时要收回其所占用的内存空间。为了使并发运行的作业相互之间不受干涉，操作系统要对每一个作业的内存空间和系统内存空间实施保护。

（3）设备管理。

计算机系统的外围设备种类繁多、控制复杂、价格昂贵，相对 CPU 来说，运转速度又比较慢，如何提高 CPU 和设备的并行性，充分利用各种设备资源，便于用户和程序对设备的操作和控制，长期以来一直是操作系统要解决的主要任务。设备管理的主要任务有设备的分配和回收、设备的控制和信息传输即设备驱动。

（4）文件管理。

文件是计算机中信息的主要存放形式，也是用户存放在计算机中最重要的资源。文件管理的主要功能有文件存储空间的分配和回收、目录管理、文件的存取操作与控制、文件的安全与维护、文件逻辑地址与物理地址的映像、文件系统的安装、拆除和检查等。

（5）作业管理。

请求计算机完成的一个完整的处理任务称为作业，作业管理是对用户提交的多个作业进行管理，包括作业的组织、控制和调度等，尽可能高效地利用整个系统的资源。

2.1.2　常用操作系统简介

现今计算机中配置的操作系统种类有很多，它们的性能和复杂程度各有不同，这里简要介绍有代表性的几种。

1. Unix

Unix 系统于 1969 年问世，是一个多用户、多任务的分时操作系统。最初 Unix 是美国电报电话公司（AT&T）的 Bell 实验室为 DEC 公司的小型机 PDP-11 开发的操作系统。后来，又凭其性能的完善和良好的可移植性，经过不断的发展、演变，广泛地应用在小型机、超级小型机甚至大型计算机上。随着多处理机和分布式网络处理技术的发展，Unix 开始支持多处理机、图形用户界面、分布式处理，安全性也得到进一步加强。

Unix 是一个功能强大、性能全面的多用户、多任务操作系统，可以应用从巨型计算机到普通 PC 机等多种不同的平台上，是应用面最广、影响力最大的操作系统。

2. Linux 操作系统

Linux 是一种类似 Unix 的操作系统。它是由荷兰赫尔辛基大学的学生 Linus Torvalds 在 1991 年开发的。他把 Linux 的源程序在 Internet 上公开，供世界各地的编程爱好者对 Linux 进行改进和合作开发。

现在 Linux 主要流行的版本有：Red Hat Linux、Turbo Linux 及我国自行开发的红旗 Linux、蓝点 Linux 等。

3. Mac OS

Mac OS 是一套运行于苹果 Macintosh 系列电脑上的操作系统，是基于 Unix 内核的图形化操作系统，一般情况下在普通 PC 上无法安装。新系统非常可靠；它的许多特点和服务都体现了苹果公司的理念。

另外，现在的电脑病毒几乎都是针对 Windows 的，由于 MAC 的架构与 Windows 不同，所以很少受到病毒的袭击。Mac OS 操作系统界面非常独特，突出了形象的图标和人机对话。

4. Windows 操作系统

目前，Windows 操作系统是现今计算机上普遍安装使用的典型操作系统。它以形象直观，操作简便备受广大用户的青睐。

Window 是中文"窗口"的意思，而 Windows 则是许多窗口的意思。在 Windows 中将各种不同的任务组织成一个个图标，放在桌面上，每个图标都与一个 Windows 提供的功能相关联。每个图标就像是一扇未打开的窗户。用户用鼠标点击某个图标，就会打开一个新展开的窗口，进入一个新的工作环境，或看到想要了解的具体内容，或得到想要出现的效果。

2.1.3　Windows 的发展历史

1981 年 8 月，IBM 推出 MS-DOS 1.0 的个人电脑。MS-DOS 是 Microsoft Disk Operating

System 的简称，意即由美国微软公司提供的磁盘操作系统。

1985 年 11 月，Windows 1.0 版问世，微软第一次对个人电脑操作平台进行用户图形界面的尝试。

1987 年 12 月，Windows 2.0 发布，这个版本的 Windows 图形界面，有不少地方借鉴了同期的 Mac OS 中的一些设计理念。

1990 年 5 月，Windows 3.0 正式发布，由于在界面/人性化/内存管理多方面的巨大改进，获得用户的认同。

1992 年 4 月，Windows 3.1 发布，这个系统既包含了对用户界面的重要改善也包含了对内存管理技术的改进。

1992 年 3 月，Windows for Workgroups 3.1 发布，标志着微软公司进军企业服务器市场。Windows 3.1 添加了对声音输入输出的基本多媒体的支持和一个 CD 音频播放器，以及对桌面出版很有用的 TrueType 字体。

1993 年 Windows NT 3.1 发布，这个产品是第一款真正对应服务器市场的产品，所以稳定性方面比桌面操作系统更为出色。

1994 年，Windows 3.2 的中文版本发布，由于消除了语言障碍，降低了学习门槛，因此很快在国内流行了起来。

1995 年 8 月，Windows 95 发布，出色的多媒体特性、人性化的操作、美观的界面令 Windows 95 成为微软发展的一个重要里程碑。Windows 95 标明了一个"开始"按钮的介绍以及桌面个人电脑桌面上的工具条，这一直保留到现在视窗后来所有的产品中。后来的 Windows 95 版本附带了 Internet Explorer 3。

1996 年 8 月，Windows NT 4.0 发布，增加了许多对应管理方面的特性，稳定性也相当不错。

1998 年 6 月，Windows 98 发布，这个新的系统在 Windows 95 改良了硬件标准的支持。其他特性包括对 FAT32 文件系统的支持、多显示器、Web TV 的支持和整合到 Windows 图形用户界面的 Internet Explorer，称为活动桌面（Active Desktop）。

1999 年 6 月，Windows 98 SE（第二版）发布，提供了 IE 5、Windows Netmeeting 3、Internet Connection Sharing、对 DVD-ROM 和对 USB 的支持。

2000 年 9 月，Windows ME（Windows Millennium Edition）发布，其名字有两个意思，一是纪念 2000 年，Me 是千年的意思，另外是指个人运用版，Me 是英文中自己的意思。这个系统在 Windows 95 和 Windows 98 的基础上进行了相关的小的改善，但整体性能上较前者并没有显著提升。

2000 年 12 月，主要面向商业的操作系统 Windows NT 5.0 发布，为了纪念特别的新千年，这个操作系统也被命名为 Windows 2000。Windows 2000 包含新的 NTFS 文件系统、EFS 文件加密、增强硬件支持等新特性。

2001 年 10 月，Windows XP 发布。Windows XP 是微软把所有用户要求合成一个操作系统的尝试，和以前的 windows 桌面系统相比稳定性有所提高，而为此付出的代价是丧失了对基于 DOS 程序的支持。

2003 年 4 月，Windows Server 2003 发布；对活动目录、组策略操作和管理、磁盘管理等面向服务器的功能作了较大改进，对 .net 技术的完善支持进一步扩展了服务器的应用范围。

2006 年 11 月，Windows Vista 发布，它采用了玻璃质感的华丽界面及更人性化的操作，并有着更高的安全性。该系统带有许多新的特性和技术，但对计算机硬件配置要求较高。

2009 年 7 月，Windows 7 发布，相比以往的 Windows 系统，无论是系统界面，还是性能和可靠性等方面，Windows 7 都进行了颠覆性的改进。

2012 年，Windows 8 预览版发布，全新的 Metro 风格用户界面，各种应用程序、快捷方式等能以动态方块的样式呈现在屏幕上，用户可自行将常用的浏览器、社交网络、游戏等添加到这些方块中。"Windows 8"还抛弃了旧版本"Windows"系统一直沿用的工具栏和"开始"菜单。

Windows 的发展史如图 2.1 所示。

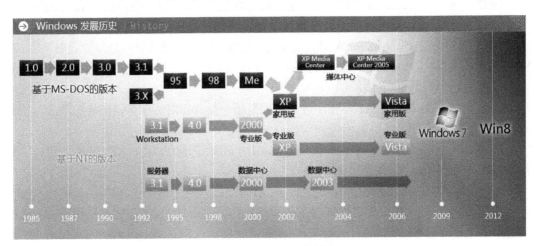

图 2.1　Windows 发展史

2.1.4　Windows XP 的特点

虽然微软公司已经在 2007 年宣布停止对 Windows XP 的免费主流支持服务（主流支持的对象包括 XP 家庭版、专业版以及 Office 2003），但由于其具有较好的硬件兼容性和优秀的多媒体功能，Windows XP 仍然是目前计算机中使用率较高的一款操作系统。Windows XP 之所以取得成功，主要在于它具有以下优点：

1. Windows XP 兼容性好，对新技术、新产品的支持良好

自 2001 年发布起，随着新技术的发展，无论是 64 位技术还是双核技术，WindowsXP 操作系统都能很好地支持。Windows XP 操作系统软件不需要用户为升级新硬件而重新配置系统，无论用户是更换显卡，还是主板，Windows XP 都能良好地运行。并且，它还第一时间为用户所要升级的硬件提供相关的程序下载。

2. Windows XP 较之前版本有更安全，更人性化的保障

Windows XP 操作系统采用较之前的操作系统所不具备的新的技术，使用户的使用与机器的交互更加友好，因而避免了操作系统死机的频繁性。另外，它集成了微软的防火墙技术，即使用户在没有安装任何防病毒软件的情况下，操作系统也能保障用户的电脑使用安全。

3. Windows XP 拥有更加华丽的界面与更加丰富多彩的娱乐功能

虽然比起后推出的 Vista 和 Win 7 的界面逊色，但从界面上，去比较之前的 Windows98 操作系统的界面就能发现 Windows XP 在界面上做了较大改进。

在娱乐功能方面，Windows XP 第一次集成了 Windows Movie Maker 方便用户制作视频文件；自带有 Windows Media Player 也是一款相当不错的影音播放软件。其次，它自带的小游戏如"扫雷"和"纸牌"一直被视为经典。

4. Windows XP 开创了操作系统不同对象版本的先列

微软之前发行的操作系统软件和其他平台上使用的，大多都只是一个单一的版本，而 Windows XP 则破了这个先例。首发两个版本：Windows XP 专业版和 Windows XP 家庭版。这让更多的用户能根据自己的情况选择适合自己的操作系统，从而节省了相关的费用。

5. Windows XP 操作系统对各种各样的程序的完美支持

微软的 Windows 操作系统是当今应用软件最多最丰富的系统软件。至少一半以上的软件公司、游戏公司都只开发微软 Windows 下的软件。虽然也有极少数的公司会开发其他操作系统平台下的软件和游戏，但是和 Windows 相比，仍然太少了。并且在这些系统下的软件，运行效果能达到 Windows 下的，那就更少之又少了。

6. Windows XP 系统的管理更方便快捷

可视化的界面、亲切的向导过程、自动化的模式，在系统管理中，只要点击鼠标，工作即可在瞬间完成。无论是安装软件还是系统重新配置方面，都不需要人为干预。

7. Windows XP 运行速度得到快速的提高，工作效率得到良好的改进

微软在总结之前的操作系统的经验上，更加优化了 Windows XP 的性能，使 XP 系统在运行过程中速度都得到明显的提高，即使用户是在多任务情况下，XP 系统的运行速度也较之以前的系统得到了强有力的提高。

2.2　Windows XP 系统安装

2.2.1　磁盘分区

计算机中存放信息的主要存储设备就是硬盘，但是硬盘不能直接使用，必须对硬盘进行分区，将硬盘的整体存储空间划分成多个独立的区域，如分成 C、D、E 和 F 多个逻辑磁盘，目的是分门别类地存储不同的程序和文件，便于程序和文件的存放和管理。有时为了在一台计算机上安装多个操作系统，用户必须对硬盘进行分区，因为不同的操作系统一般支持不同的文件系统。

在传统的磁盘管理中，将一个硬盘分为两大类分区：主分区和扩展分区。主分区是能够安装操作系统，能够进行计算机启动的分区，这样的分区可以直接格式化，然后安装系统，直接存放文件。通常位于硬盘的最前面一块区域中，构成逻辑 C 磁盘。在一个硬盘中最多只能存在 4 个主分区。如果一个硬盘上需要超过 4 个以上的磁盘分块的话，那么就需要使用扩展分区了。如果使用扩展分区，那么一个物理硬盘上最多只能 3 个主分区和 1 个扩展分区。扩展分区不能直接使用，它必须经过第二次分割成为一个一个的逻辑分区，然后才可以使用。一个扩展分区中的逻辑分区可以任意多个。如图 2.2 所示。

对磁盘进行分区时需要考虑文件系统类型，现在常用的两种为 FAT32 和 NTFS。其中 FAT32 分区的最大容量只有 2TB，单个文件体积更是不能超过 4GB，文件名长度也不可以超过 255 个字符。另外，FAT32 不支持日志、版权管理等高级技术，安全性也很差。NTFS 分区容量最大 256TB，文件体积最大 16TB，不过文件名还是最多 255 个字符。

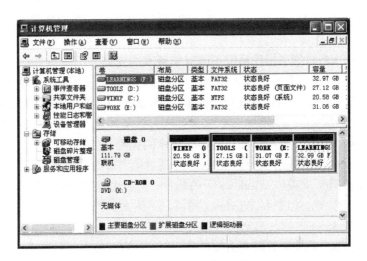

图 2.2 磁盘主分区和扩展分区

如果要在计算机中使用大于 32GB 的分区的话，那么只能选择 NTFS 格式。如果计算机作为单机使用，不需要考虑安全性方面的问题，而更多地注重兼容性，可以选择 FAT32。如果喜欢尝试不同的操作系统，做成多系统启动，这就需要两个以上的分区，一个分区采用 NTFS 格式，另外的分区采用 FAT32 格式，同时为了获得最快的运行速度建议将操作系统的系统文件放置在 NTFS 分区上，其他的个人文件则放置在 FAT32 分区中。

进行硬盘分区，可使用微软 DOS 操作系统中自带的 FDISK 软件，也可以通过第三方软件如硬盘分区魔术师。对于普通用户购置的新电脑都由专业人员按要求分好区，只有在使用过程中需求发生变换时才会再次进行分区。而且 FDISK 的操作命令远不及在 Windows 下可直接鼠标操作的硬盘分区魔术师来得简单方便。如图 2.3 所示，硬盘分区魔术师 8.0 简体中文版软件的工作界面。

图 2.3 PartitionMagic 8.0 工作界面

如需调整分区容量，选择图 2.3 中左窗格里的【调整一个分区的容量】，依据向导提示在弹出的对话框中选择要调整大小的分区如图 2.4 所示，并设置调整后的大小如图 2.5 所示，调整后多出或缺少的容量须指定另一相关分区如图 2.6 所示。调整完成后，确认设置如图 2.7 所示。

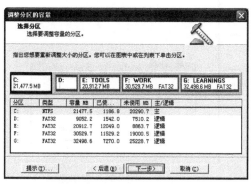

图 2.4 选择分区

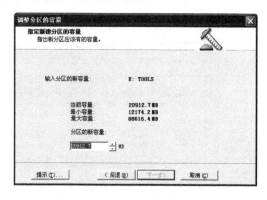

图 2.5 设置分区大小

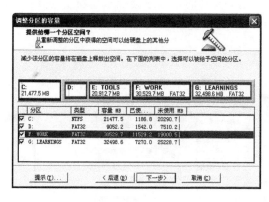

图 2.6 相关分区容量设置

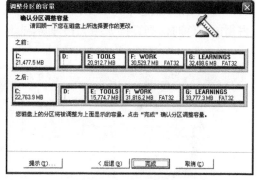

图 2.7 调整前后容量对比

如需合并分区，选择图 2.3 中左窗格里的【合并分区】，要注意的是既是合并必须涉及两个分区。首先选定第一分区如图 2.8 所示，然后选定第二分区如图 2.9 所示，合并后还要指定盘符，被合并的盘符一般作为另一分区中的子文件夹出现，如图 2.10 所示。

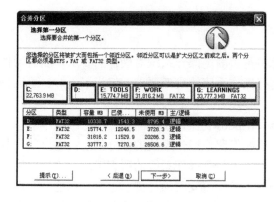

图 2.8 选定第一合并分区

图 2.9 选定第二合并分区

确定执行之前操作，在主窗口中单击【应用】，弹出如图 2.11 所示确认窗口，确认更改后即可由程序完成磁盘分区调整工作。

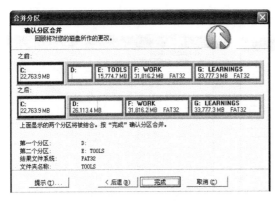

图 2.10　确认分区合并　　　　　　　　　　　图 2.11　应用更改

如果更改过程中需要调用到系统程序所占用的文件时，程序会要求重新启动并在重启时自动进入 DOS 状态下完成更改，如图 2.12 所示。如果更改过程中不需要调用到系统程序所占用的文件时，则直接如图 2.13 所示显示。

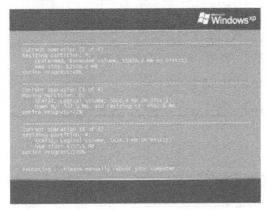

图 2.12　重启进入 DOS 状态完成更改　　　　图 2.13　直接 Windows 下完成更改

2.2.2　Windows XP 系统安装

进行任何系统的安装之前，都要确定计算机是否满足操作系统对硬件的要求。随着硬件技术的飞速发展，现在的硬件已经能够保证运行操作系统的最低要求，但为了更好、更流畅地使用计算机，用户一般可相应提高配置。

安装分为"升级安装"和"全新安装"。对 Windows 操作系统而言，在低级版本的基础之上，可以对其进行升级安装，升级后的操作系统保留原操作系统的部分信息；而全新安装则是将系统盘重新格式化之后进行的安装，清除了上一个操作系统的所有信息。具体安装过程并不复杂，需要用户干预的地方并不多，一般只要跟着安装向导提示进行，都能成功地安装。下面以利用 Windows XP Professional 简体中文版安装光盘进行"全新安装"为例介绍系统安装过程。

（1）检查光驱是否支持自启动。若否，启动计算机后按相应热键进入 BIOS 设置程序，在 BIOS 设置中将第一引导启动设备设置为光驱启动。相应热键根据不同机型而不同，台式机一般按"DEL"或"ESC"，笔记本一般按"F2"，"F1"和"F10"也出现过。

（2）将 Windows XP 的安装光盘放入光驱并重新启动计算机；计算机重启并自检后开始读取光驱。

（3）安装程序会自动开始并完成收集系统信息、检查硬件、加载驱动文件等系列操作，操作完成后进入【欢迎使用安装程序】的蓝色安装界面，如图 2.14 所示。其中确认安装直接按下 Enter 键开始，如果只是对系统进行部分修复按 R 键，若想放弃安装，选择退出。

（4）在接着出现的【Windows XP 许可协议】界面中，只有同意该协议才能继续安装。

（5）确认安装后，需要用户选择【选择安装分区】，可以直接选择已有分区安装，也可在未分配的磁盘空间上创建分区，这里选择一般单系统常选用的【C】分区。如图 2.15 所示。

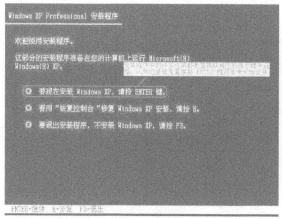

图 2.14　安装选择界面

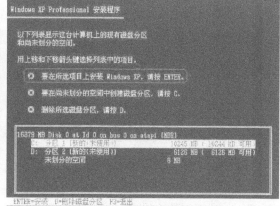

图 2.15　设置安装分区

（6）在接着出现的界面【选择格式化方式】中选择格式化分区或转换分区类型的方式。如图 2.16，图 2.17 所示。为正确读取新系统数据，一般建议用户格式化清除掉之前磁盘上的内容。NTFS 分区格式适合于对数据安全要求较高的用户使用。

（7）安装程序开始格式化分区，整个过程需要消耗一定的时间，磁盘运行状态的优良及空间大小直接影响消耗时间的长短。

（8）格式化完成之后安装程序开始扫描磁盘，待确认磁盘没有物理或逻辑错误并拥有足以容纳 Windows XP 系统的磁盘空间后，就开始往磁盘中复制安装所需的文件。

（9）文件复制完成后，安装程序开始自动初始化系统，并向引导分区写入加载内核需要的必要文件，完成会显示 15 秒后重新启动计算机的提示，直接按下 Enter 键后重启。

（10）重新启动计算机后，会直接进入 Windows XP 的图形安装界面，安装程序（如图2.18 所示）会开始为后面的安装做准备，这个安装过程会自动完成。

（11）接下来的界面会依次要求用户设置区域和语言、个人信息，产品密钥、计算机名和密码、日期和时间，网络和工作组。

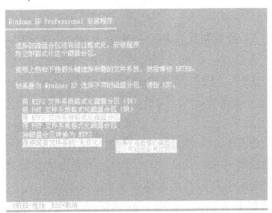
图 2.16　格式化方式

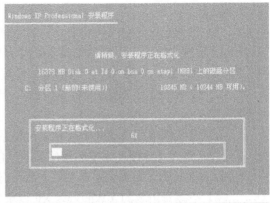
图 2.17　格式化过程

系统安装完成后，重启计算机并不是直接进入登录界面，还需要进行一定的设置。如图2.19 所示。到此，安装过程全部完成。

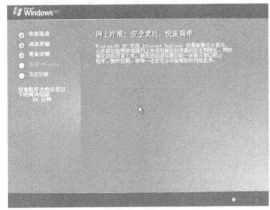
图 2.18　图形安装界面

图 2.19　设置向导

2.3　Windows XP 界面操作

2.3.1　系统的启动与退出

成功安装好操作系统之后，每次打开计算机的电源开关，计算机就开始自检，然后引导系统。当引导成功时，屏幕上一般会出现如图 2.20 所示的登录界面。在该界面中输入登录密码，按回车键开始加载个人配置信息。

正确关闭计算机，这一点很重要，不仅是因为节能，这样还能确保数据得到保存，并有助于计算机更安全。

在关闭计算机之前，要确保正确退出 Windows XP，否则可能会破坏一些未保存的文件和正在运行的程序。如果未退出 Windows XP 就关闭电源，系统将认为这是非正常关机。因此，在下次开机时会自动执行磁盘扫描程序，以修复非法关机时对系统文件造成的损坏。但尽管如此，这样的操作仍可能会造成致命的错误并导致系统的崩溃。

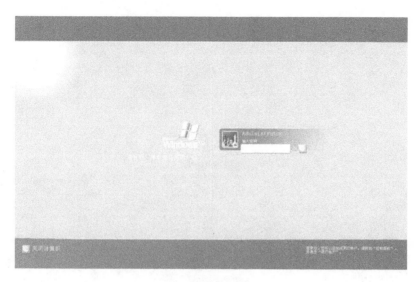

图 2.20　登录界面

退出系统前，先关闭所有正在运行的应用程序，返回到 Windows XP 的桌面后单击【开始】按钮，选择开始菜单中的关闭计算机命令，接下来出现三个选择：关闭、重新启动和待机，如图 2.21 所示。

图 2.21　关闭计算机界面

待机指的是将当前处于运行状态的数据保存在内存中，机器只对内存供电，而对硬盘、屏幕和 CPU 等部件则停止供电。由于数据存储在速度快的内存中，因此进入等待状态和唤醒的速度比较快。不过这些数据是保存在内存中，如果断电则会使数据丢失。

2.3.2　桌面

Windows XP 正常启动后，首先看到的是它的桌面，如图 2.22 所示。桌面是对计算机屏幕（工作区）的形象比喻，通过桌面用户可以有效地管理自己的计算机。Windows XP 的桌面一般由图标、任务栏和开始菜单等组成。

图 2.22　Windows XP 桌面

图标是表示对象的一种图形标记。桌面上的图标有的是系统安装完成后就有的，如"回收站"，有的是后来添加上去的，如快捷方式等。图标的作用是帮助用户区分不同的任务并使计算机的操作变得更加透明。有时当用户将鼠标置于图标上时，还会出现文字性说明。如图 2.22 所示，系统自带的图标有：

"我的文档"：它是一个便于存取的桌面文件夹，其中保存的文档、图形或其他文件，可以被快速访问。操作系统中的所有应用程序，都将我的文档文件夹作为默认的保存位置。它是一个特殊的文件夹，在安装系统时建立，用于存放用户的文件。

"我的电脑"：通过我的电脑，可以配置计算机的软、硬件环境。管理本地计算机的所有资源，进行磁盘、文件夹和文件操作。

"网上邻居"：如果用户将计算机连接到局域网中，双击该图标，可进入网上邻居窗口，查看和访问网络资源。

"回收站"：使用回收站可暂时保存被删除的文件或文件夹等对象。回收站中的对象既可以被恢复，也可以被彻底从计算机中删除。

"Internet Explorer"：Internet Explorer 是 Windows XP 自带的网页浏览器，使用它可以浏览 Internet 上的各种信息。

"Windows Media Player"：用于播放声音、视频等娱乐项目的软件。

2.3.3　【开始】菜单和任务栏

1. 开始菜单

如图 2.23 所示，Windows XP 的开始菜单将用户所要进行的所有操作进行了区域化处理（提供一个选项列表），将常用的程序放在左边。在这里可以启动程序、打开文件、使用"控制面板"、自定义系统。获得帮助和支持、搜索计算机以及完成更多的工作等。开始菜单中各部分的功能介绍如下：

（1）用户名称区。用户名称区显示的是当前登录用户的名称及其图标。例如 Administrator。

（2）固定项目列表区。固定项目列表区中显示的是用户使用最频繁的应用程序列表，用户可根据需要增加或删除该区域中的项目。

（3）历史记录列表区。历史记录列表区中显示的是用户最近使用过的应用程序列表。

（4）所有程序。可打开所有程序子菜单。

（5）系统菜单区。系统菜单区分为上中下 3 个部分，其中，上部是为便于用户管理文档而设置的系统文件夹；中间显示的是系统控制工具；下部用于提供联机帮助以及使用运行命令启动应用程序等。

（6）退出系统区。退出系统区包括两个命令按钮，分别是【注销】和【关闭计算机】。单击注销，可注销当前用户，以便于在多个用户间进行切换；单击关闭计算机按钮，可关闭重新启动计算机或进入待机状态。

图 2.23　开始菜单

2. 任务栏

任务栏是位于屏幕边上的一个矩形框，如图 2.24 所示，它显示了系统正在运行的程序和当前时间等。通过任务栏用户可以完成许多操作，而且还可以对它进行一系列自定义设置。

图 2.24　任务栏

任务栏中各部分功能介绍如下：

（1）"开始按钮"：可以弹出开始菜单。

（2）"快速启动栏"：单击该区域中的图标可以快速启动相应的应用程序。

（3）"应用程序按钮"：该区域中存放了当前所有打开窗口的最小化图标，当前（活动）窗口的图标呈凹下状态。单击各图标可在多个窗口间进行切换，也可以通过按"Alt+Tab"组合键进行切换。

（4）"语言栏"：语言栏中指示用户当前所使用的输入法，用户可以通过单击语言中的输入法按钮在多个输入法间进行切换。

（5）"通知区域"：通知区域中显示时钟、喇叭以及系统的状态图标。单击或双击这些图标，可以更改和查看其相关设置。

任务栏的大小、位置以及包含的工具都是可以调整的，用户在使用过程中，可以根据需要进行调整。

2.3.4　窗口

窗口是屏幕上的可见的矩形区域。所有操作都是围绕窗口展开的。窗口主要由控制菜单按钮、标题栏、菜单栏、工具栏、边框、状态栏、滚动条以及工作区等部分组成。如图 2.25 所示。

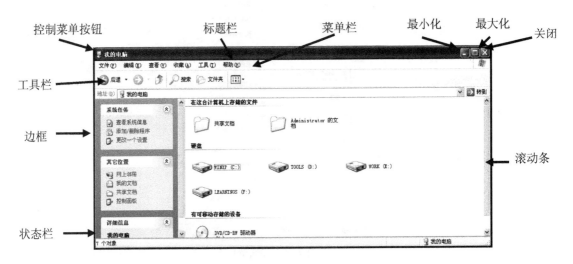

图 2.25　窗口

（1）标题栏：用于显示窗口名称，通过其颜色变化表明窗口是否处于激活状态。

（2）控制菜单按钮：位于标题栏的最左端。当用鼠标单击控制菜单图标或用鼠标右键单击标题栏的任何地方即可弹出一个控制菜单。其中包含"还原"、"移动"、"大小"、"最小化"、"最大化"和"关闭"命令。当双击控制菜单按钮时，将关闭该窗口。

（3）菜单栏：菜单栏是位于标题栏下的水平条。只要单击其中某个项目，就会打开其相应的下拉菜单，不同应用程序菜单栏的项目多少不同。

（4）工具栏：工具栏位于菜单栏下面，其中提供了一些常用工具按钮。

（5）状态栏：位于窗口的最下边，用于显示一些与窗口中的操作相关的提示信息。

（6）边框：包围窗口周围的四条边，用鼠标拖动任意一条边或角可以调整窗口的大小。

（7）滚动条：当窗口无法显示所有内容时，就会在窗口的右边或下边出现垂直或水平滚动条。

另外，窗口右上角有 3 个常用按钮：

（8）最小化按钮：单击该按钮，将窗口缩小成图标放到任务栏上。

（9）最大化按钮：单击该按钮，将窗口放大到它的最大尺寸。

（10）还原按钮：当窗口最大化后，最大化按钮就变成了还原按钮，还原按钮将窗口还原成原来的大小。

（11）关闭按钮：单击该按钮，关闭窗口。同时也将该窗口对应的应用程序关闭。

窗口的基本操作包括移动窗口、改变窗口的大小、使窗口最小化、使窗口最大化、还原窗口、关闭窗口等。

（12）移动窗口：将鼠标指针指向标题栏，按住鼠标左键不放并移动鼠标，将窗口拖动到新的位置，然后释放鼠标按钮。

（13）改变窗口大小：将鼠标指向窗口的边框或窗口角上，当鼠标指针变成双箭头形状时，按住鼠标左键不放并移动鼠标，这时可以看到窗口的边框随鼠标的移动而放大或缩小。当窗口改变到所需要的大小时，释放鼠标。

（14）滚动窗口中的内容：为了上下左右观察窗口中的内容，将鼠标指向垂直滚动条并按住鼠标左键，然后上下移动垂直滚动条；如果要左右滚动窗口中的内容，将鼠标指向水平滚动条并按住鼠标左键，然后左右移动水平滚动条。

（15）排列窗口：Windows 允许同时打开多个窗口，但活动窗口只有一个。活动窗口的标题栏量高亮反显，其他窗口的标题栏呈浅色显示。如果要使其中某个窗口成为活动窗口，只要用鼠标单击该窗口的任一部分即可。当同时打开多个窗口时，为了便于观察和操作，可以对窗口进行重新排列。

2.3.5　对话框及 Windows XP 菜单技术

1. 对话框

对话框是一种特殊的窗口，它是系统或应用程序与用户进行交互、对话的接口。它由标题栏、选项卡（标签）、单选按钮、复选框、数值框、列表框、下拉列表框、命令按钮、文本框和滑块等元素组成。与其他窗口的最大区别在于它没有菜单栏，窗口大小不能调整，对话框的右上角只有"关闭"和"帮助"按钮。

（1）标题栏：拖动标题栏可以移动对话框。

（2）页面式选项卡：有些对话框窗口不止一个页面，而是将具有相关功能的对话框组合在一起形成一个多功能对话框，每项功能的对话框称为一个选项卡，选项卡是对话框中叠放的页，单击对话框选项卡标签可显示相应的内容，称为页面式选项卡。

（3）单选按钮：一般用一个圆圈表示，如果圆圈带有一个黑色实心点，则表示该选项为选中状态；如果是空心圆圈，则表示该项未被选定。单选按钮为一组有多个互相排斥的选项，在某一时刻只能由其中一项起作用，单击即可选中其中一项。

（4）复选框：一般用方形框来表示，用来表示是否选定该选项。当复选框内有一个符号"√"时，表示该项被选中。若再单击一次，变为未选中状态。复选按钮为一组可并存的选项，允许用户一次选择多项。

（5）数值框：用于输入数值信息。用户也可以单击该数值框右侧的向上或向下微调按钮来改变数值。

（6）列表框：列出可供用户选择的选项。列表框常带有滚动条，用户可以拖曳滚动条显示相关选项并进行选择。

计算机系列教材

（7）命令按钮：用来执行某种任务的操作，单击即可执行某项命令。

（8）文本框：是要求输入文字的区域。用户可直接在文本框中输入文字。

（9）滑块：拖曳滑块可改变数值大小。通常向右移动，值将增加；向左移动，值将减小。

（10）帮助按钮：在一些对话框的标题栏右侧会出现一个按钮，单击该按钮，然后单击某个项目，可获得有关该项目的帮助。

图 2.26 及图 2.27 列出了常见的对话框元素。

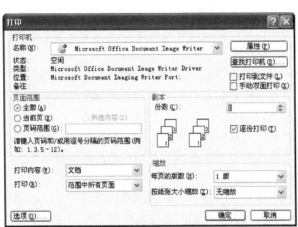

图 2.26 对话框窗口　　　　　　　　　图 2.27 对话框窗口

2. Windows XP 的菜单技术

在 Windows XP 中，用户可以通过菜单下达命令，完成各项操作。菜单完成的功能不同，所以命令选项的名称不同，而且有些命令还带有特殊标志，对于不同的标志，有着不同的意义，如图 2.28 及图 2.29 所示。

（1）命令选项呈现灰色字体：表示该命令在当前不能使用。

（2）命令选项后有...：选择该命令选项后会弹出一个对话框。

（3）命令选项前有√：表示该命令在当前状态下已经起作用。

（4）命令选项前有●：表示该命令已经选用，一般常见于单选项前。

（5）命令选项后带有▶：表示该命令选项后有子菜单（级联菜单）。

图 2.28 菜单标志示例　　　　　　　图 2.29 菜单标志示例

2.4 文件和磁盘管理

2.4.1 文件与文件夹的操作

文件是存储在计算机存储介质上的一组相关信息的集合，是计算机系统中数据组织的基本存储单位。文件夹是文件和子文件夹的容器，具有某种联系的文件和子文件夹存放在一个文件夹中。文件夹中还可以存放子文件夹，这样逐级地展开下去，整个文件文件夹结构就呈现一种树状的组织结构，因此也称为"树形结构"。

1. 文件的命名

在计算机中，系统通过文件的名字来对文件进行管理，所以每个文件必须有一个确定的名字。文件名一般由文件主名和扩展名两部分组成。文件主名和扩展名之间用"."隔开。在 Windows XP 中，文件主名可由最长不超过 255 个合法的可见字符组成，文件的扩展名说明文件所属的类别。Windows XP 文件名命名要注意以下几方面：

（1）\、/、*、:、?、"、<、>、|等 9 种符号不可用。

（2）文件名中的英文字母不区分大小写。

（3）允许出现空格符（扩展名中一般不使用）。

（4）文件名中可多次使用分隔符，但只有最后一个分隔符的后面是扩展名。例如，os.txt.txt。

（5）系统规定在同一个文件夹内不能有相同的文件名，而在不同的文件夹中则可以重名。

借助扩展名，可以判定用于打开该文件的应用软件。一般应用程序在创建文件时自动给出扩展名，对应每一种文件类型，一般都有一个独特的图标与之对应。

在对文件进行查找、替换操作时，文件名或扩展名中可以使用两个特殊符号"？"和"*"即通配符。其中"？"可代替所在位置的任意一个字符，而"*"可代替所在位置开始的任意多个连续字符。

2. 文件与文件夹的基本操作

文件与文件夹管理是 Windows XP 的一项重要功能，包括新建一个文件（文件夹）、文件（文件夹）的重命名、复制与移动、删除、查看属性等基本操作。

（1）创建文件（文件夹）。

文件通常是由应用程序来创建，启动一个应用程序后就进入创建新文件的过程。或从应用程序的"文件"菜单中选择"新建"命令，新建一个文件。

在"我的电脑"、"资源管理器"或"桌面"的任一文件夹中都可以创建新的空文档文件或文件夹。创建一个空文件或空文件夹有以下两种方法：

①在"我的电脑"、"资源管理器"或"我的文档"窗口中选中一个驱动器符号，双击打开该驱动器窗口，找到要创建文件的位置。然后选择"文件"菜单中的"新建"命令，在展开的下拉菜单中选择新建文件类型或新建一个文件夹。

②在"桌面"或某个文件夹中单击右键，在弹出的快捷菜单中选择"新建"命令，并在下级菜单中选择文件类型或新建文件夹。新建文件（文件夹）时，一般系统会自动为新建的文件（文件夹）取一个名字，默认的文件名类似为"新建文件夹"、"新建文件夹（2）"等，用户可以修改文件或文件夹的名称。

（2）文件及文件夹的选择。

①单个文件或文件夹的选择。找到相应文件或文件夹用鼠标左键单击即可。

②连续的多个文件或文件夹的选择。找到相应的多个文件或文件夹，先用鼠标左键单击第一个文件或文件夹，再按住 Shift 键，单击最后一个文件或文件夹。

或者，用在一片连续的文件夹区域外按住鼠标左键拖动，用出现的虚线框把要选择的多个连续文件或文件夹框起来，这样相应的对象就都被选中。

③不连续的多个文件或文件夹的选择。找到相应的多个对象所在位置，先用鼠标左键单击第一个文件或文件夹，再按住 Ctrl 键，逐个选择其他的文件或文件夹。

另外，还可以通过编辑菜单中的"全部选定"及"反向选择"命令帮助选择。

④取消选定的文件或文件夹。要取消已选中的全部对象，可用鼠标左键单击窗口工作区的空白处；如果只取消部分选中的项目，可以按住 Ctrl 键，单击要取消的项目。

（3）复制文件或文件夹。

复制文件或文件夹的操作是为原文件或文件夹创建一个备份，原文件或文件夹仍然存在。

①可以使用窗口编辑菜单或右键快捷菜单中的复制选项，在目标位置选择编辑菜单或右键快捷菜单中粘贴命令选项。

②使用快捷键 Ctrl+C 复制文件或文件夹，在目标位置使用快捷键 Ctrl+V 粘贴。

③使用工具栏上的工具按钮，复制到目标位置。

④利用"发送到"命令实现把文件或文件夹发送到可移动磁盘，首先应该先把可移动磁盘插入 USB 接口中。

（4）移动文件或文件夹。

移动文件及文件夹操作就是把源文件或文件夹从原来位置移动新位置，操作后原位置的文件或文件夹不保留。

①可以使用窗口编辑菜单或右键快捷菜单中的剪切选项，在目标位置选择编辑菜单或右键快捷菜单中粘贴命令选项。

②使用快捷键 Ctrl+X 剪切文件或文件夹，在目标位置使用快捷键 Ctrl+V 粘贴。

③使用工具栏上的工具按钮，移至目标位置。

（5）文件和文件夹的删除及回收站的操作。

①可以使用窗口文件菜单或右键快捷菜单中的删除选项。

②选中文件或文件夹后，按 Delete 键。

③若桌面回收站图标可见，可以把要删除的项目直接拖进回收站中。

默认情况下，以上方法删除的文件或文件夹并没有从计算机中真正删除，而是放到了回收站文件夹中，这种删除称为逻辑删除。只要回收站容量未满或未被清空，逻辑删除的文件可以随时恢复到原来位置。

（6）重命名文件及文件夹。

用户可以根据需要改变已经命名的文件或文件夹名称，选中需要改名的文件或文件夹，使用文件菜单或右键快捷菜单中的重命名选项，输入新名称按 Enter 键即可。

或者，鼠标左键单击选中需改名文件或文件夹，再次单击其名称，文件名呈编辑状态，此时即可直接输入新名称。

Windows XP 中，能够同时为一批文件进行重命名操作。首先选择需要重命名的一批文件；然后，右键单击第 1 个文件，在弹出的快捷菜单中选择重命名选项；最后，输入一个新名称按 Enter 键即可。多个文件会按顺序排列。

　　（7）查看和设置文件及文件夹属性。

　　一个文件包括两部分内容：一是文件所包含的数据；二是有关文件本身的说明信息，即文件属性。每一个文件（文件夹）都有一定的属性，不同文件类型的"属性"对话框中的信息也各不相同，文件夹的类型、文件路径、占用的磁盘、修改和创建的时间等。一个文件（文件夹）的属性通常只有只读、隐藏、存档等几种。

　　用户选中文件或文件夹，使用文件菜单或右键快捷菜单中的"属性"选项，即可查看相关属性如图 2.30 所示。

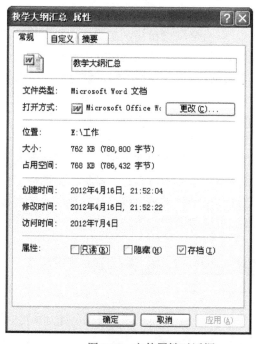

图 2.30　文件属性对话框

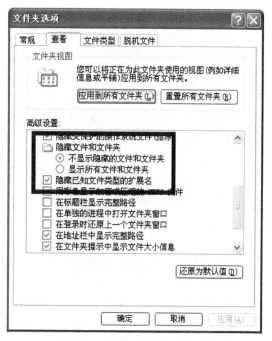

图 2.31　设置文件夹选项

　　（8）设置文件夹选项。

　　对于文件夹的显示方式、浏览方式及查看方式，用户都可根据自身喜好进行设置。打开【我的电脑】→【工具】→【文件夹选项】，通过"常规"及"查看"选项卡进行选择。如图 2.31 所示，完成常用对文件和文件夹的隐藏及对已知文件类型的扩展名的隐藏。

　　（9）给文件或文件夹创建快捷方式。

　　一般来说，除了"我的电脑"、"我的文档"、"回收站"和"IE 浏览器"这几个对象外，桌面上其他对象大多是快捷方式，快捷方式的图标左下角有一个斜向上的箭头，简称快捷图标。快捷方式是一个扩展名为 lnk 的文件，一般与一个应用程序或文档相关联。双击快捷图标可以快速打开相关联的应用程序或文档，以及访问计算机或网络上任何可访问的项目，而不需要执行菜单或是打开重重目录去找到相应的对象，再去执行。

　　快捷图标是一个连接这个对象的图标，不是对象本身，而是指向这个对象的指针。打开快捷方式即意味着打开了相应的对象，删除快捷方式不会影响对象本身。

建好的快捷方式图标可以放在"我的电脑"中的任何位置,一般以将图标放在桌面居多。先找到并选中欲作快捷方式的文件或文件夹,在"文件"菜单中选择"创建快捷方式"选项或是利用右键快捷菜单中的"创建快捷方式",执行指令后,会在当前文件夹中新建一个名为"快捷方式XX"的图标,将其拖放到桌面上。也可直接使用右键快捷菜单"发送到"中"桌面快捷方式"选项。

2.4.2 Windows 资源管理器

我的电脑图标是一个文件管理工具,利用它可以浏览磁盘和光盘上的内容,可对文件和文件夹进行各种操作。Windows 系统提供的"资源管理器"也可用于实现对系统软、硬资源的管理。除了可以非常方便地浏览磁盘和光盘等设备上的文件夹和文件外,可以非常方便地进行文件夹和文件的建立、打开、复制、移动、删除、更名等操作。

Windows 的"资源管理器"窗口如图 2.32 所示,有两个浏览窗格:左窗格和右窗格。左窗格显示的是驱动器和文件夹列表;右窗格中显示的则是所选文件夹的内容。左窗格中文件夹以树形结构表示,从中可以看到一些小方框。方框内的加号"+"表示可以继续展开文件夹;减号"−"表示该文件夹已完全展开。一棵树有一个根,在 Windows XP 中,桌面就是文件夹树形结构的根,根下面的系统文件夹有"我的电脑"、"我的文档"、"网上邻居"、"回收站"和"Internet Explorer"等。

"资源管理器"提供了多种显示文件方式,用户可以根据需要选择使用。当需要改变文件显示方式时,单击菜单栏中"查看"选项,子菜单中 4 种显示方式:大图标、小图标、列表和详细资料。这组菜单项是单选项,每次只能选择其中一种显示。鼠标指针指向两个窗格中间分割条,当鼠标指针变成双向箭头后,左右鼠标可以改变两个窗格的比例。

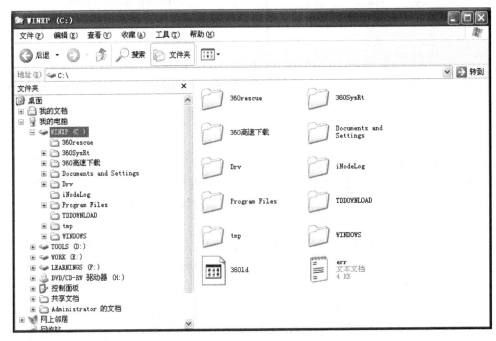

图 2.32 资源管理器窗口

2.4.3　磁盘管理

磁盘是计算机的外存储设备，物理形态包括硬盘、软盘、U盘、移动硬盘等能与计算机连接进行文件读写操作并长期保存信息的设备统称。

1. 查看磁盘属性

通过查看磁盘属性，可以了解到磁盘的总容量、可用空间和已用空间的大小，及该磁盘的卷标（即该磁盘的名字）等信息。还可以为磁盘在局域网上设置共享、进行磁盘压缩等操作，如图2.33所示。工具标签卡中，可以看到与磁盘管理有关的工具的使用，如图2.34所示。查错框中，列出上次磁盘扫描的情况。如果要检查磁盘是否损坏，可单击此框中的"开始检查"，在"备份"框中，可以制作磁盘的备份，在"碎片整理"框中，选择"开始整理"则会整理磁盘碎片。

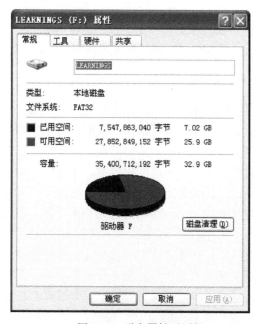

图 2.33　磁盘属性对话框

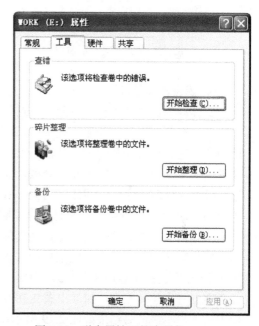

图 2.34　磁盘属性工具选项卡

2. 格式化磁盘

格式化磁盘就是对选定的磁盘以指定的文件系统格式进行重新划分，在磁盘上建立可以存放信息的磁道和扇区的一种操作。一个没有经过格式化的磁盘，操作系统将无法向其中写入信息。格式化还是彻底清除病毒的最有效的方法。

目前，用户新买的存储设备都是已经格式化，若对使用过的磁盘进行重新格式化，一定要慎重，因为格式化将清除磁盘上的全部信息。

格式化方法：

①右击需要格式化的磁盘，出现的快捷菜单中选择格式化命令。

②弹出如图2.35所示对话框，在文件系统下拉列表框中选择文件系统。

③如果需要卷标，在卷标文本框中输入磁盘的卷标。

④如果需要格式化选项，快速格式化在格式化时只删除磁盘上的内容，不检查磁盘中的

错误，一般推荐选择此项。压缩表示将以压缩的格式进行格式化。格式化完毕如图 2.36 所示。

图 2.35　格式化对话框窗口

图 2.36　格式化完成提示

3. 磁盘碎片整理

文件存储在磁盘的存储单元中，这种存储单元被称为分配单元。在正常情况下，磁盘上的文件被存储在连续的分配单元中，但随着对磁盘文件的大量读写操作，其中的某些文件可能会存储在不连续的分配单元中，即出现所谓的"碎片"。文件被"碎片"化，虽然不会影响文件的内容，但由于存储单元的分散，显然会影响对磁盘读写的速度和效率。计算机在读写这种碎片文件时所用的时间比读写无碎片要长得多。当磁盘中出现了较多碎片时，用户可利用 Windows 提供的磁盘碎片整理程序来整理磁盘空间，清除或减少由碎片造成的空隙，通过重新组织磁盘上的文件来实现磁盘性能的优化，提高文件的读写速度。

操作方法如下：单击开始菜单的【程序】→【附件】→【系统工具】→【磁盘碎片整理程序】。即可在弹出窗口（图 2.37）中进行操作。首先单击"分析"按钮进行磁盘扫描，判断是否需要进行碎片整理，如弹出图 2.38 所示结论，建议用户进行碎片整理。整个过程会在窗口中动态显示，最终结果如图 2.39 所示，对比显示整理前后的磁盘空间效果。

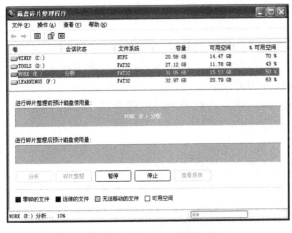

图 2.37　磁盘碎片整理程序窗口

图 2.38　碎片整理分析结果

另外，每当计算机使用一段时间后，用户可利用 Windows 提供的磁盘清理程序对磁盘进行清理，以便删除系统中不需要的文件，从而释放出一些存储空间。操作方法是单击图 2.39 中的"磁盘清理"按钮，在弹出的图 2.40 所示对话框窗口中选择要删除的文件。

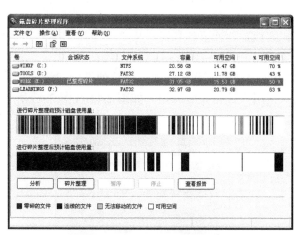

图 2.39　磁盘碎片整理程序窗口

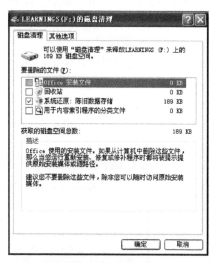

图 2.40　磁盘清理窗口

2.5　控制面板及任务管理

控制面板是一个用来对 Windows 系统环境的设置进行控制的一个工具集，是用来更改计算机硬件、软件设置的一个专用窗口。通过控制面板可以更改系统的外观和功能，可以管理打印机，添加新硬件，添加/删除程序，并进行多媒体和网络设置等。

可以通过三种方法打开控制面板，如图 2.41 所示：

图 2.41　控制面板窗口

①在 Windows 资源管理器左窗格中，单击"控制面板"图标。
②单击"开始"按钮，选择"控制面板"选项。

③在"我的电脑"窗口左侧中单击"控制面板"图标。

1. 显示设置

显示设置包括主题设置、桌面设置、屏幕保护程序设置、外观设置、显示器设置等。在控制面板窗口中单击"显示"图标，在弹出的"显示属性"对话框中包括 5 个选项卡，单击某个选项卡即可出现相应的窗口，根据需要进行显示属性设置。

（1）主题设置。

桌面主题是图标、字体、颜色、声音和其他窗口元素的预定义集合，是显示属性的一个综合设置，它使用户的桌面具有统一的外观。

切换主题的步骤：在对话框的"主题"选项卡中，通过"主题"下拉列表框中选择主题，在示例部分查看满意即可单击"确定"或"应用"按钮完成切换，如图 2.42 及图 2.43 所示。

图 2.42　主题切换前　　　　　　　　　　　　图 2.43　主题切换后

（2）桌面设置。

桌面设置包括桌面背景设置和桌面项目设置。设置步骤如下：在【显示属性】对话框中单击【桌面】选项卡，在【背景】列表框中选择背景图片。也可以通过右侧的【浏览】按钮，从其他文件夹中选择自己喜欢的图片。选中后取出可在上部的预览框中看到背景图片效果，如图 2.44 及图 2.45 所示。

图 2.44　桌面图片选取　　　　　　　　　　　图 2.45　桌面图片改选

　　因为图片大小各异，还可以通过"位置"下拉列表，选择背景图片的显示方式（居中、平铺、拉伸）。在"颜色"下拉列表中，可以设置背景图片的颜色。

　　单击"自定义桌面"按钮，在"桌面项目"对话框中可利用复选框增减桌面图标。如图2.46 所示，修改"网上邻居"图标，单击"更改图标"按钮选择修改桌面图标的形状，单击确定按钮返回"显示属性"对话框，修改结果如图 2.47 所示。

图 2.46　修改桌面图标前

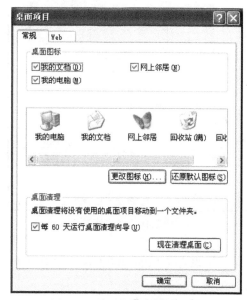

图 2.47　修改桌面图标后

　　（3）屏幕保护程序设置。

　　如果用户长时间未对计算机进行操作，Windows 会自动执行屏幕保护程序来在屏幕上显示动态图案，从而减低显示器功耗。设置方法：在"显示属性"对话框中单击"屏幕保护程序"选项卡，在"屏幕保护程序"下拉列表中选择一种，在"等待"数值框设定等待时间。若选中"在恢复时使用密码保护"选项，执行屏幕保护程序后只能凭密码才能恢复到非保护状态。密码为用户登录时的密码。单击"确定"或"应用"按钮完成设置。

　　（4）外观设置。

　　外观是系统为 Windows 元素（如桌面、图标等）预置的一系列外观方案，用来改变元素的显示效果。设置步骤：在"显示属性"对话框中单击"外观"选项卡，在"窗口和按钮"、"色彩方案"和"字体大小"下拉列表中选择设置，如图 2.48 及图 2.49 所示。这里完成的只是初步设置，如想进一步设置可通过单击"效果"和"高级"按钮打开对应对话框进行详细设置。单击"确定"或"应用"按钮完成设置。

　　（5）显示器设置。

　　显示器设置主要是设置显示器的屏幕分辨率和颜色质量。在 Windows XP 中，用户可选择显卡同时支持的最大颜色数目，较多的颜色数目意味着在屏幕上有较多的色彩可供使用。

　　2. 添加硬件

　　现在大部分都是即插即用（Plug-and-Play）的硬件，即插即用就是在加上新的硬件以后不用为此硬件再安装驱动程序，因为系统里面附带了一些常用硬件的驱动程序。有些硬件，特别是新型硬件，系统不能自动为其安装驱动程序，这就需要用户自己安装。如果 Windows 不带驱动，一般硬件会有驱动光盘，按照说明书手动安装即可。

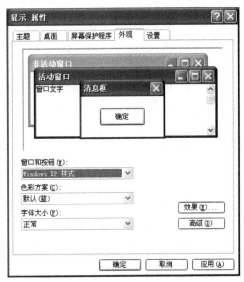 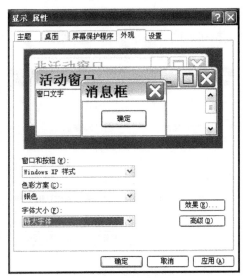

图 2.48　修改外观前　　　　　　　　　图 2.49　修改外观后

有一些非即插即用的设备，或用户希望自己安装驱动程序，可以使用控制面板的"添加硬件向导"安装。

3. 添加或删除程序

计算机系统在进行装入系统后对计算机的各部分程序的完善或修改的过程。其主要目的是对系统各个程序的更新（添加/删除）。它包括了：更改或删除程序、添加新程序、添加/删除 Windows 组件、设定程序访问和默认值等几部分。如图 2.50 所示为添加或删除程序窗口。

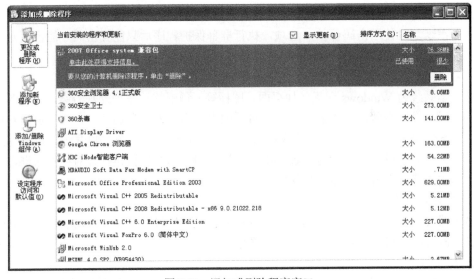

图 2.50　添加或删除程序窗口

2.6　中英文输入

2.6.1　键盘的基本操作

键盘是计算机最主要的输入设备,常用于向计算机键入文本。目前的标准键盘主要有 104 键和 107 键,107 键盘比 104 键多了睡眠、唤醒、开机等电源管理按键。

按功能划分,键盘总体上可分为四个大区,分别为:功能键区,打字键区,编辑键区,小键盘区。如图 2.51 所示。

图 2.51　键盘

功能键区:一般键盘上都有 F1~F12 共 12 个功能键,它们最大的特点是按键即可完成一定的功能,这些键的功能因程序而异。不同的操作系统或不同的应用软件给出了不同的定义,甚至在有的情况下用户可以自定义它们的功能。

打字键区:平时最为常用的键区,包括字母键、数字键、符号键和控制键等,可实现各种文字和控制信息的录入。

打字键区的正中央有 8 个基本键,即左边的“A、S、D、F”键,右边的“J、K、L、;”键,其中的 F、J 两个键上都有一个凸起的小棱杠,以便于盲打时手指能通过触觉定位。

基本键指法:开始打字前,左手小指、无名指、中指和食指应分别虚放在“A、S、D、F”键上,右手的食指、中指、无名指和小指应分别虚放在“J、K、L、;”键上,两个大拇指则虚放在空格键上。基本键是打字时手指所处的基准位置,击打其他任何键,手指都是从这里出发,而且打完后又须立即退回到基本键位。

其他键的手指分工:左手食指负责的键位有 4、5、R、T、F、G、V、B 共八个键,中指负责 3、E、D、C 共四个键,无名指负责 2、W、S、X 键,小指负责 1、Q、A、Z 及其左边的所有键位。右左手食指负责 6、7、Y、U、H、J、N、M 八个键,中指负责 8、I、K、, 四个键,无名指负责 9、O、L、。四键,小指负责 0、P、;、/及其右边的所有键位,如图 2.52 所示。击打任何键,只需把手指从基本键位移到相应的键上,正确输入后,再返回基本键位即可。

编辑键区:包括四个方向键、“Home”、“End”、“PageUp”、“PageDown”、“Delete”和“Insert”等。其中两个特殊键“PrintScreen”,按下后可将整个桌面复制到计算机内存中的剪贴板里。若使用组合键“Alt+PrintScreen”,则只将当前活动窗口复制到剪贴板里。然后通过“粘贴”操作可将图片复制到其他程序中。“Insert”键表示插入并覆盖状态,一般情况下,Windows 系统默认光标位置插入字符,而光标向后移动对光标后字符无影响。但是当"Insert"键按下后再输入,光标后的字符会被当前输入字符替换掉,再次按下后则会还原到默认插入状态。

图 2.52　指法示意图

小键盘区：若使用在打字键区一字排开的数字键进行大量数字录入，操作不便；为了方便集中输入数据，而将数字键集中放置在小键盘区，可实现单手快速键入大量数字。

2.6.2　汉字输入法简介

英文和汉字差异较大，使用计算机处理汉字信息的前提是把汉字输入到计算机中，因此需要利用键盘的英文键，把一个汉字拆分成几个键位的序列，对汉字代码化。常用的汉字输入码可分为 4 种：

（1）序号码：这是一类基于国标汉字字符集的某种形式的排列顺序的汉字输入码。将国标汉字字符集以某种方式重新排列以后，以排列的序号为编码元素的编码方案即是汉字的序号码。这种方法适合某些专业人员。

（2）音码：以汉字的汉语拼音为基础，以汉字的汉语拼音或其一定规则的缩写形式为编码元素的汉字输入码统称为拼音码。全拼、智能 ABC 及紫光拼音属于此类。这种输入符合听想习惯，编码反应直接，非常适合普通的电脑操作者。缺点是重码率高，速度不太快。

（3）形码：以汉字的形状结构及书写顺序特点为基础，按照一定的规则对汉字进行拆分，从而得到若干具有特定结构特点的形状，然后以这些形状为编码元素"拼形"而成汉字的汉字输入码统称为拼形码。典型代表是五笔字型输入法。

（4）音形码：这是一类兼顾汉语拼音和形状结构两方面特性的输入码，它是为了同时利用拼音码和拼形码两者的优点，一方面降低拼音码的重码率，另一方面减少拼形码需较多学习和记忆的困难程度而设计的。音形码的设计目标是要达到普通用户的要求，重码少，易学，少记，好用。音形码虽然从理论上看很具有吸引力，但具体设计尚存在一定的困难。

中文输入在进行中文文字处理工作时经常要用到。用户可通过不同的输入法将中文字符输入到文档中。Windows XP 在安装时提供了"微软拼音"、"全拼"、"郑码"、"智能 ABC"等多种中文输入法。用户还可根据需要添加或删除某种输入法。目前，还可以从网上下载一些拼音输入法软件，如：搜狗拼音输入法、QQ 拼音输入法等。安装完成后，用户可以根据个人喜好设置词库、外观等属性。

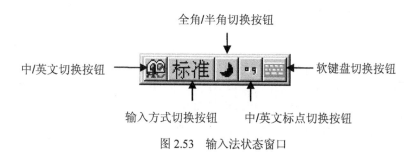

图 2.53 输入法状态窗口

打开某种输入法后，出现如图 2.53 所示的输入法状态窗口。中文输入法状态窗口由"中英文切换"、"输入方式切换"、"全/半角切换"、"中英文标点切换"和"软键盘"等 5 个按钮组成。

中英文切换：用鼠标单击该按钮或按"Ctrl+Space"组合键，可在中文和英文输入法之间进行切换。

输入方式切换：用鼠标单击该按钮或按"Ctrl+Shift"组合键，可在已装入的各种输入法之间切换。

全/半角切换：用鼠标单击该按钮或按"Ctrl+空格"组合键，可在中文输入方式的全角与半角之间切换。全角是指一个字符占用两个标准字符位置，而半角是指一字符占用一个标准的字符位置。Windows XP 系统的初始输入法一般都默认为英文输入法，这时处在半角状态下，无论是输入英文字母、数字还是标点符号，始终都只占一个英文字符的位置。若切换到中文输入法状态中，就会有全角半角两种选择。对中文字符来说，这两种选择对其没有影响，它始终都要占两个英文字符的位置，但对此状态下输入的英文字母、数字还是标点符号来说，就会有显著不同。其形状为"半月"的是半角，"圆月"的是全角。

中/英文标点切换：用鼠标单击该按钮或按"Ctrl+小数点"组合键，可在中/英文标点符号之间进行切换。当按钮上显示中文的句号和逗号时，表示当前输入状态为中文。当按钮上显示英文的句号和逗号时，则表示当前输入状态为英文。中英文标点符号对应关系如表 2.1 所示。

表 2.1　　　　　　　　　　　　中/英文标点符号对应表

键面符	中文标点	键面符	中文标点
,	，逗号	.	。句号
<	《左书名号	>	》右书名号
?	？问号	/	、顿号
;	；分号	:	：冒号
'	''单引号	"	""双引号
(	（左括号	)	）右括号
–	-破折号	^	……省略号
!	！感叹号	$	￥人民币符

软键盘按钮：用鼠标单击该按钮，可弹出软键盘菜单，如图 2.54 所示。软键盘中提供了 13 种软键盘布局。当用户选择了某种格式后，相应的软键盘即可显示在屏幕上。在软键盘中单击所需符号对应按钮，即可将其输入到屏幕上，如图 2.55 所示。

| 图 2.54 软键盘 | 图 2.55 软键盘布局 |

对于很多用户来说，习惯只常用一种输入法就可以满足日常需要。为了更加方便高效地使用，可以把不常用的输入法暂时删除掉，只保留一个最常用的那种输入法即可。要删除不需要的输入法，或者将某输入法重新添加回系统，按照以下方法操作：【控制面板】→【区域和语言选项】→【语言】→【详细信息】。在"已安装的服务"中，选择希望删除的输入法，然后点击"删除"键。要注意，这里的删除并不是卸载，以后还可以通过"添加"选项重新添加回系统，如图 2.56 所示。

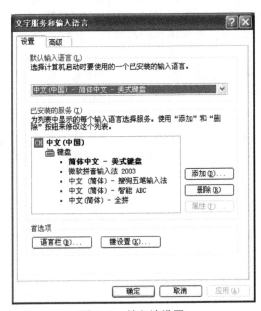

图 2.56 输入法设置

2.7 系统备份及还原

为了保证计算机中的数据不丢失，或防止硬盘突然损坏造成不可估计的损失，用户一般都要将重要的文件进行数据备份。一般说来，用计算机进行的工作越多，备份的必要性也就越大。

如果一次需要备份的文件非常多，容量也较大，建议用户先将文件压缩后再进行备份，这样不仅可以节约磁盘空间，还可以加快传输速度。

Ghost（General Hardware Oriented Software Transfer）是 Symantec 公司推出的一个硬盘备份工具，它可以实现两个硬盘间的相互复制、两个硬盘分区的相互复制和制作映像文件等。因此很多用户为保证操作系统的安全，对操作系统所在的硬盘分区进行备份，以防止因意外情况出现的分区丢失或数据丢失等。若用户已使用 Ghost 对系统所在硬盘分区进行了备份，当操作系统受到破坏时，就可以使用备份文件恢复操作系统，这样就大大减少了重新安装系统的麻烦。

Windows XP 还自带了一个系统还原功能，使用该功能，用户就可将硬盘中的任意一个或多个分区设立还原点，然后在需要的时候将分区还原到创建还原点时的状态。

2.8 Windows 7 介绍

Windows 7 是微软公司最新发布的一款视窗操作系统。它拥有绚丽的界面、方便快捷的触摸屏功能等，更加人性化。虽然 Windows 7 的操作界面比 Windows Vista 更华丽，但它的资源消耗却是较低的，在保持华丽界面的同时，保持了优秀的运行速度，因此微软称其为最绿色、最节能的系统。

微软共提供了七个版本的 Windows 7 系统：入门版、家庭普通版、家庭高级版、专业版、企业版、旗舰版和家用服务器版。其中只有家庭高级版、专业版和旗舰版广泛的在零售市场售卖，其他的版本则针对特别的市场。

Windows 7 同时支持 32 位和 64 位系统，最低配置需要 32 位系统、1GHz 处理器、1GB 内存、16GB 硬盘、支持 WDDM 1.0 的 DirectX 9 显卡。64 位系统需要 1GHz 处理器、2GB 内存、20GB 空硬盘空间、支持 WDDM 1.0 的 DirectX 9 显卡。

1. Windows 7 系统特点

（1）硬件需求降低：Windows 7 对硬件的需求比 Windows Vista 对硬件的需求低，因此无须新一代高性能的计算机平台，在现有平台上即可发挥出其优势。

（2）响应速度提高：Windows 7 减少了后台任务所关联的服务启动项，同时减少了系统内核组件，大幅提升了系统的响应速度。

（3）安全性更高：Windows 7 增加了操作中心这一新功能，集成了安全中心、Windows 更新、防火墙、诊断、网络访问保护、数据备份与还原和用户账户控制等功能，使 Windows 7 操作系统更安全。

（4）兼容性更强：Windows 7 增加了对软硬件的兼容性，确保用户以前的设备能在 Windows 7 平台上正常运行，而且还可以通过系统更新获取符合微软认证的驱动，从而保证平台的稳定性，从而降低用户操作的复杂性。

2. Windows 7 操作界面

Windows 7 的工作界面较 Windows XP 有相当大的改进，桌面、计算机窗口、工作界面、控制面板如图 2.57~图 2.60 所示。

图 2.57　Windows 7 桌面

图 2.58　Windows 7 "计算机" 窗口

图 2.59　Windows 7 工作界面

图 2.60 Windows 7 控制面板

3. Windows 7 与 Windows XP 比较

Windows 7 系统虽然好，但不是所有的用户都有必要升级到 Windows 7。那些购买了最新硬件的用户因为难以找到 XP 系统的驱动程序，因此只能选择升级到 Windows 7 系统。另外热衷于电脑研究的用户，或者从事 IT 行业的用户也会做此尝试。如果不属于上述任何一类，而且 XP 系统使用上没有感到任何的不满意，就不必更换系统。

Windows 7 日趋完善，将它与 Windows XP 进行比较，具有以下特点：

（1）真正的 x64 支持。

尽管 Windows XP 在后期也有推出 64 位版本，不过那时 64 位的应用环境才刚开始，软硬件兼容性及支持范围非常有限，一直到现在凡是使用 Windows XP 的几乎都是 x86 版本。

而 Windows 7 则自从发布那一刻起，就同时推出 x86/x64 两个版本，虽然目前的 x64 软件和驱动还是不完善，可能部分驱动或软件还是难找，但硬件环境几乎都已原生支持 64 位运算，为了支持更大的内存、更高的精度，势必推动 Windows 7 64 位版本的流行及一些配套软件发展。

（2）Aero 桌面。

Aero Desktop 是 Windows 7 法宝，其实就是若隐若现、朦朦胧胧的半透明效果，对于总是调整成 Windows 经典主题的用户来说，体现不了它的优越性，另一方面，Aero 较耗资源。

而 Windows XP 默认是个简单的蓝色主题，整体设计上也是非常简洁高效，这一点正是 Windows XP 在全世界取得傲人业绩的核心。

（3）任务栏和资源管理器。

相对于 Windows XP，Windows 7 的任务栏，变化相当大，比如缩略图预览功能、快速启动栏及相当宽的任务栏横条。

Windows 7 的资源管理器增加了预览窗格，而在 WindowsXP 上只可以通过大图标、缩略图等方式查看，在 Windows 7 上则有预览功能，而且还可以随时关闭。

（4）Documents and Settings。

Documents and Settings 是 Windows XP 系统默认用户文档和配置文件夹，在 Windows 7 上已经看不到了，取而代之的是一个通用的 Users 文件夹。

（5）鼠标拖曳和鼠标抖动。

鼠标拖曳窗口自动排列（水平并排、全屏显示等）和鼠标抖动最小化非激活窗口功能。

（6）Windows 7 库。

Windows 7 引入库的概念，使得对计算机文件管理更加方便，比如音乐、图片文件、文档文件等，结合库一起使用非常高效。库的设计绝对可以让用户感觉到便利，这在 Windows XP 上是没有的。

（7）DirectX 11。

Windows 7 已经支持 DirectX 11，而 Windows XP 则不支持，最高只支持到 DirectX 9。今后很多游戏厂商在开发游戏时，为了让游戏更加特色，肯定会逐渐使用 DirectX11 的新特性。DirectX 9 会随着 Windows XP 的支持到期而逐渐被人淡忘。

（8）家庭组。

家庭组的概念也是从 Windows 7 引入的，主要是面向家庭用户组网，支持多种类型的访问模式和加密方式，这在 Windows XP 上也是没有的。

（9）触控支持。

虽然触摸技术已经早就流行市场很多年了，但 Windows 7 还是第一个完美支持触控操作的系统，使得 Windows 7 在很多公共场所设备、演示设备上可以一展拳脚，包括平板电脑，就个人用户而言，触摸的意义不大。

（10）备份和还原。

Windows 7 的备份和还原设计非常完善，在 Windows XP 上的还原监视功能还少有人用，而在 Windows 7 备份和还原功能不仅仅只是保护系统，有时候还可以作为恢复数据用。

思考题

1. 什么是操作系统？常用操作系统有哪几种？
2. 如何进行系统安装？
3. 磁盘分区及合并如何操作？
4. 对话框要素有哪些？分别举实例说明。菜单选项的特殊标志各代表什么含义？
5. 如何通过资源管理器完成文件及文件夹的相关操作？
6. 磁盘管理有哪些常用功能，如何操作？
7. 常用控制面板功能如何设置？
8. 如何设置常用输入法？

第 3 章 文字处理软件 Word 2007

3.1 Word 2007 概述

3.1.1 Office 2007 简介

1. 认识 Office

Microsoft Office 是一套由微软公司开发的办公软件，它为 Microsoft Windows 和 Apple Macintosh 操作系统而开发。与办公室应用程序一样，它包括联合的服务器和基于互联网的服务。Office 最初出现于 20 世纪 90 年代早期，最初是一个推广名称，指一些以前曾单独发售的软件的合集。当时主要的推广重点是购买合集比单独购买要省很多钱。最初的 Office 版本包含 Word、Excel 和 PowerPoint。另外一个专业版包含 Microsoft Access。Microsoft Outlook 当时尚不存在。随着时间的流逝，Office 应用程序逐渐整合，共享一些特性，例如拼写和语法检查、OLE 数据整合和微软 Microsoft VBA(Visual Basic for Applications)脚本语言。

Office 2007 是微软公司于 2007 年推出的一个庞大的办公软件和工具软件的集合体，为适应全球网络化需要，它融合了最先进的 INTERNET 技术，具有更强大的网络功能。Office 2007 在总体上是以用户为中心，使信息工作者能够更好的体验到办公美学，能帮助企业提升团队协作能力，辅助企业进行内容管理、项目管理、资料搜索，能全面满足大中小型企事业、家庭用户及教师、学生的需求。

2. Office 2007 的主要组件

Office 2007 产品分为很多版本，每个版本都根据使用者的实际需要，选择了不同的组件。但对大多数用户而言，最常用的组件主要有以下几个。

（1）Word 2007 是一种集编辑、制表、插入图形及绘图、排版、打印于一体的文字处理系统。它被认为是 Office 2007 最主要的组件之一。它在文字处理软件市场上拥有统治份额。他不仅有丰富的全屏编辑功能，还提供了各种控制输出格式及打印功能，使文稿能基本满足各种文书的打印需求。

（2）Excel 2007 是 Office 2007 套件中用于创建和维护电子表格的组件，利用它可制作各种复杂的电子表格，完成繁琐的数据计算，将枯燥的数据转换为彩色的图形形象地显示出来，大大增强了数据的可视性，并且具备简单的数据库管理功能，是财务、统计、审核、人事等不可或缺的助手。

（3）PowerPoint 2007 是一种演示文稿图形程序， PowerPoint 通过文本、图形、动画、图像、声音等多媒体手段，可以创建内容丰富、形象生动、图文并茂、层次分明的幻灯片，能给用户留下深刻的感受。广泛应用于各种产品推介、新成果发布、报告会、多媒体教学演示等场合。

（4）Access 2007 是一个中、小型的数据库管理系统，具有强大的交互性，用户不用编程就能够创建整个数据库，利用它可以将信息保存在数据库中，可以对数据进行统计、查询，并且它可以方便地利用各种数据源，生成窗体（表单）、查询、报表和应用程序等。

3.1.2 Word 2007 的应用

Word 2007 是办公自动化套件 Office 2007 中的一个重要组成部分，是 Microsoft 公司推出的一款功能强大的、优秀的文字处理软件。它主要用于日常办公、文字处理，如书写编辑信函、公文、简报、试卷、文稿和论文、个人简历、商业合同、Web 页等，具有处理各种图、文、表格混排的复杂文件，实现类似杂志或报纸的排版效果等功能。Word 2007 在保留旧版本功能的基础上新增和改进了许多功能，使得更易于学习和使用。

1. 全新的界面

在 Office 2007 出现之前，几乎所有的 Windows 应用程序都采用了菜单和工具栏的方式调用软件提供的各种功能，如图 3.1 所示；而在 Office 2007 中，几乎彻底取消了下拉菜单和工具栏，取而代之的是全新的功能区，即横跨 Word 顶部的区域，如图 3.2 所示。功能区中包含若干选项卡，每个选项卡中包含若干组，每个组中又包含若干按钮。

图 3.1　Word 2003 菜单和工具栏

图 3.2　Word 2007 功能区

2. 新增的浮动工具栏

字体、字号等设置工具是 Word 中最常用的工具，为了加强人机交互，Word 2007 为用户提供了更加实用的浮动工具栏，如图 3.3 所示。用户只要选定文本，在屏幕上就会出现浮动工具栏，可以让用户以最快的速度、最短的鼠标移动距离来设置字体字号。

图 3.3　Word 2007 的浮动工具栏

3. 新增的实时预览功能

为了让用户在第一时间看到文稿的样子，Word 2007 为用户提供了实时预览功能。不论是设置字体、字号，还是使用各种样式，或者为图片、表格设置各种格式，只要在功能区指向需要选择的格式，文档中的对象就会实时显示为这种格式，这样用户就可以非常直观地看到实际效果。

4. 全新的文件格式

用户在使用 Microsoft Office 97 至 Microsoft Office 2003 时，对保存 Word 文档时生成的".doc"格式文档非常熟悉，而新发布的 Microsoft Office 2007 改变了部分文档格式，Word 文档的默认保存格式为".docx"，改变格式后文档占用空间将有一定程度的缩小。此外，在这种格式的文档中，用户不能保存可执行代码，如宏、ActiveX 等，因此即使是宏病毒也无法破坏它，打开这类文件是非常安全的。

5. 全新的 SmartArt 图形系统

借助全新的 SmartArt 图形和图表功能，用户将可以在短时间内创建具有很强视觉冲击效果的文档。Word 2007 为用户提供了 7 类 100 多种预置效果的 SmartArt 图形，用户既可以直接使用这些图形创建专业水准的插图，也可以对其进行修改，达到自己的需要。

3.1.3　Word 2007 的启动和退出

Office 2007 中的各个组件的启动和退出的方法基本相同，下面为大家介绍 Word 2007 组件的启动和退出方法。

1. 启动

常用的启动方法有如下几种：

方法一：在 Windows 桌面左下角，单击【开始】→【程序】→【Microsoft Office】→【Microsoft Office Word 2007】。

方法二：双击桌面上 Word 2007 的快捷方式图标。

方法三：双击打开一个现成的 Word 文档，也可以启动 Word 2007 并显示文档内容在其窗口。

2. 退出

常用的退出方法有如下几种：

方法一：单击 Word 2007 窗口右上角的关闭按钮。

方法二：单击"Office 按钮" ，在下拉菜单中选择【退出 Word】命令。如果在该下拉菜单中选择【关闭】命令，则只是关闭当前文档窗口，而非退出 Word 2007 应用程序。

方法三：使用快捷键 Alt+F4。

方法四：双击 Office 按钮。

3.2　Word 文档基本操作

3.2.1　窗口界面

启动 Word 2007 后，会看到 Word 默认的界面布局，如图 3.4 所示，为一个标准的 Word 2007 界面。该窗口主要包括 Microsoft office 按钮、快速访问工具栏、功能区、工作区、标尺等。

Microsoft Office按钮　　快速访问工具栏　　标题栏　　窗口控制按钮

功能区

标尺

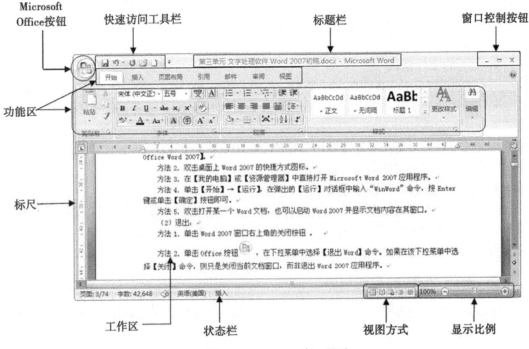

工作区　　状态栏　　视图方式　　显示比例

图 3.4　Word 2007 窗口界面

1. Microsoft Office 按钮

"Office 按钮"是 Word 2007 新增加的功能按钮，位于窗口界面左上角，有点类似于 Windows 系统的"开始"按钮。单击 Office 按钮，将弹出 Office 菜单。Word 2007 的 Office 菜单中包含了一些常见的命令，例如新建、打开、保存和发布等，如图 3.5 所示。

图 3.5　Office 菜单

2. 快速访问工具栏

默认情况下，快速访问工具栏位于 Word 窗口的顶部，如图 3.6 所示。Word 2007 的快速访问工具栏中包含了最常用操作的快捷按钮，使用它可以快速访问用户频繁使用的工具。在默认状态下，快速访问工具栏中包含 3 个快捷按钮，分别为"保存"按钮、"撤销"按钮、"恢复"按钮。当然，也可以自定义快速访问工具栏中的按钮。

图 3.6　快速访问工具栏

3. 功能区（由选项卡、组和命令组成）

在 Word 2007 中，功能区是菜单和工具栏的主要替代控件。为了便于浏览，功能区包含若干个围绕特定方案或对象进行组织的选项卡，而每个选项卡的控件又细化为几个组，如图 3.7 所示。

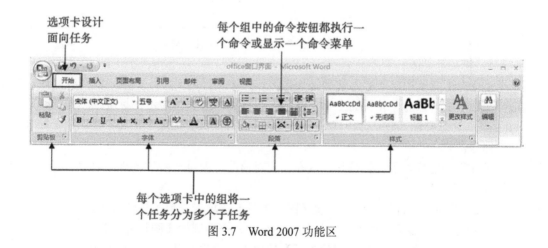

图 3.7　Word 2007 功能区

选项卡：在顶部有若干个基本选项卡，每个选项卡代表一个活动区域。在默认状态下，功能区主要包含"开始"、"插入"、"页面布局"、"引用"、"邮件"、"审阅"、"视图" 7 个基本选项卡。

组：每个选项卡都包含若干个组，这些组将相关项显示在一起。

命令：是指按钮、用于输入信息的框或者菜单。

选项卡上的任何项都是根据用户活动慎重选择的。例如，"开始"选项卡中包含最常用的所有项，如"字体"组中有用于设置文本字体格式的命令："字体"、"字号"、"加粗"、"倾斜"等。

功能区将 Word 2007 中的所有选项巧妙地集中在一起，以便于用户查找。然而，有时用户并不需要查找选项，而只是想处理文档并希望拥有更多空间来进行工作，这时，用户可以方便地临时隐藏功能区，就像使用功能区一样简单。

若要临时隐藏功能区，可以双击活动选项卡，组便会消失，从而为用户提供更多空间。如果需要再次查看所有命令，可以再次双击活动选项卡，组就会重新出现。

4. 对话框启动器

在某些组的右下角有一个小对角箭头，该箭头称为对话框启动器。单击对话框启动器将打开相应的对话框或任务窗格，其中提供了更多与该组相关的选项。例如，单击【字体】组中的对话框启动器，可以弹出"字体"对话框，如图 3.8 所示。

图 3.8 "字体"组和"字体"对话框

5. 上下文工具

上下文工具使用户能够方便地操作在工作区中选择的对象，如表、图片或绘图。当用户选择文档中的对象时，相关的上下文选项卡将以突出的颜色显示在标准选项卡的旁边，如图 3.9 所示。如选择图片时，会出现一个额外的【图片工具】选项卡，其中显示用于处理图片的几组命令。

若文档中已插入了一幅图片，现在需要对该图片做进一步的处理，可以执行以下步骤：

（1）选择图片。

（2）此时，在标题栏处将出现【图片工具】选项卡，单击该选项卡。

（3）此时将显示用于处理图片的相关组和命令，例如【图片样式】组。

（4）在图片外单击时，【图片工具】选项卡会消失，其他组将重新出现。

图 3.9 上下文工具

6. 工作区

工作区就是编辑文档内容的区域,在此可以输入、编辑文字,插入图表、图形及图片等。在此区域有一个闪烁的竖线称为光标,光标所在位置就是下一个输入字符出现的位置。

7. 标尺

标尺是为度量页面而设置的,分为水平标尺和垂直标尺。标尺的显示与否可通过【视图】选项卡的【显示/隐藏】组中的【标尺】命令来设置。

8. 视图切换区

视图切换区位于工作区的右下角,包含 5 个按钮,单击不同按钮可以将文档切换到不同的视图。从左至右分别为:页面视图、阅读版式、Web 版式视图、大纲视图、普通视图。

3.2.2   创建文档

1. 创建新文档

如同在信纸上写作首先需要一张空白信纸一般,我们要进行文档书写之前,也应该首先创建一个新的文档。启动 Word 2007 时,系统会自动打开一个名为"文档 1"的空白文档,用户可以直接输入内容,进行编辑和排版。在启动了的 Word 2007 中,如果要创建新文档,常用的有三种方法。

(1)使用 Microsoft Office 按钮。

在打开的 Word 2007 中,单击"Office 按钮",然后选择【新建】命令,会弹出"新建"对话框,如图 3.10 所示,选择新建文档的方式。

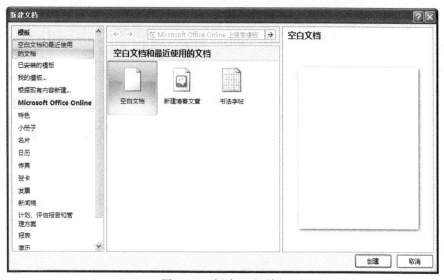

图 3.10   "新建"对话框

①创建空白文档。要创建一个新的空白文档,只需在"新建文档"对话框中双击"空白文档和最近使用的文档"窗格中的【空白文档】图标。或选中【空白文档】图标后单击【创建】按钮。

②新建博客文章。"博客"是当下很流行的网络应用之一，Word 2007 中提供了良好的博客服务集成，可以直接建立自己的博客，发布 BLOG 文档。欲创建博客文章，可以在"新建文档"对话框中双击【新建博客文章】图标，出现如图 3.11 所示的"注册博客账户"对话框，单击【立即注册】按钮，便可以通过 Internet 登录博客账户，登录后将出现博客文章编辑模板，如图 3.12 所示，输入文章标题和文章内容后，单击【发布】按钮便可在博客上发布该文档。

图 3.11 "注册博客账户"对话框

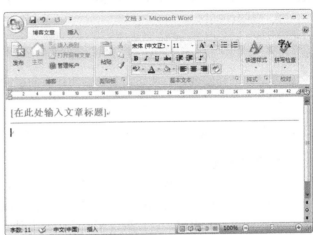

图 3.12 博客文章编辑模板

③ 创建书法字帖。在 Word 2007 中新增了"书法字帖"功能，可以灵活地创建字帖文档，深受书法爱好者的喜欢。要创建书法字帖，在"新建文档"对话框中双击【书法字帖】图标，便可出现一个空白的字帖文档，如图 3.13 所示。

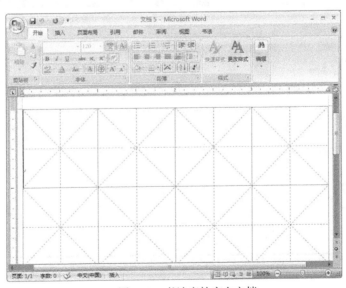

图 3.13 书法字帖空白文档

（2）使用 Ctrl+N 组合键。

（3）在目标文件夹下单击鼠标右键，在快捷菜单中选择【新建】→【Microsoft Office Word

文档】，即可直接在目标文件夹中创建一个新的空白文档。

3.2.3 视图方式

为了满足用户在不同编辑状态下的需要，提高工作效率，节省编写时间，Word 2007 提供了 5 种视图方式：普通视图、Web 版式视图、页面视图、大纲视图、阅读版式。不同的视图方式之间可以进行切换。

1. 切换视图模式

单击文档窗口右下角"视图切换区"中的 5 个按钮，或是选择功能区中【视图】选项卡的【文档视图】组中按钮，可以分别用 5 种视图显示当前文档。

（1）页面视图。

在 Word 2007 中，页面视图是默认视图。在该视图下，文档或其他对象的显示效果与打印出来的效果几乎是完全一样的，也就是所见即所得。例如，在打印稿上，页眉、页脚、栏和文本框等项目会出现在页面视图中相同的位置上。因此，在这种视图下，可以准确地对文档的图形、文字、分栏、页眉页脚等细节进行编辑。

（2）阅读版式视图。

在阅读版式视图模式下，原来的文档编辑区缩小，而文字大小保持不变，如果字数多，它会自动分成多屏。Word 将不显示选项卡、按钮组、状态栏、滚动条等，而在整个屏幕显示文档的内容。这种视图是为用户浏览文档而准备的功能，通常不允许用户再对文档进行编辑，除非用户单击【视图选项】按钮，在弹出的下拉菜单中选择"允许键入"命令。

（3）Web 版式视图。

Web 版式视图可以预览具有网页效果的文本，在这种视图下，你会发现原来换行显示两行的文本，重新排列后在一行中就全部显示出来。比普通视图优越之处在于它显示所有文本、文本框、图片和图形对象；它比页面视图优越之处在于它不显示与 Web 页无关的信息，如不显示文档分页，亦不显示页眉页脚，但可以看到背景和为适应窗口而换行的文本，而且图形的位置与所在浏览器中的位置一致。

（4）大纲视图。

大纲是文档的组织结构，只有对文档中不同层次的内容用正文样式或不同层次的标题样式后，大纲视图的功能才能充分显露出来。在大纲视图中，可以查看文档的结构，可以通过拖动标题来移动、复制和重新组织文本。此外，还可以通过折叠文档来查看主要标题，或者展开文档查看所有标题和正文的内容。当用户进入大纲视图时，会在选项卡中添加一个【大纲】选项卡。

（5）普通视图。

普通视图是 Word 最基本的视图方式，它可以显示完整的文字格式，但不会显示页边距、页眉和页脚、分栏效果、背景、图形（如一些自选图形）等，当然也不能编辑这些内容。这种视图方式简化了页面的布局，使我们可以更加专心、便捷地进行文字的录入和编辑，适合编辑一些内容、格式较为简单的文档，一般用于快速录入文本、表格，并进行简单的排版。

2. 改变文档显示比例

在 Word 2007 中，系统默认文档显示比例为 100%，这也是视图的实际大小比例。还可以根据需要设置文档视图的显示比例，将文档放大或缩小，以便更好地阅读文档。

在功能区中的【视图】选项卡中的【显示比例】组中选择【显示比例】命令，弹出"显示比例"对话框，如图3.14所示。在"显示比例"选区中选择需要的选项，或者在"百分比"微调框中输入具体的数值，在"预览"选区中将显示预览效果，单击"确定"按钮完成设置。

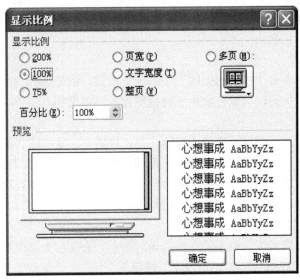

图3.14　"显示比例"对话框

3.2.4　保存文档

新建文档或对旧文档进行编辑修改后，必须进行保存，在 Word 2007 中提供了多种保存文档的方法和格式，具体操作步骤如下：

1. 新建文档的保存

● 单击【快速访问工具栏】中的【保存】按钮。

● 单击"Office 按钮"后，在弹出的菜单中选择【保存】命令。

● 按 Ctrl + S 组合键。

不论是采用上述哪种方法来保存一个新建文档，都将打开【另存为】对话框，在这个对话框中需要指定文档的保存位置和文档名。默认情况下，系统以".docx"作为文档的扩展名。

2. 保存已存在的文档

文档保存后，如果用户要再次对所做的修改进行保存，单击【快速访问工具栏】上的【保存】按钮或按 Ctrl + S 组合键即可，但此时，Word 2007 只会在后台对文档进行覆盖保存，即覆盖原来的文档内容，没有对话框提示。

若希望保留一份文档修改前的副本，此时，用户可以单击"Office 按钮"后在弹出的下拉菜单中选择【另存为】命令，在【另存为】对话框里输入新的文档名称或新的保存位置。

3. 自动保存文档

Word 2007 可以按照某一固定时间间隔自动对文档进行保存，这样大大减少断电或死机时由于忘记保存文档所造成的损失。设置"自动保存"功能的具体操作步骤如下：单击"Office 按钮"，然后在弹出的菜单中选择"Word 选项"命令，弹出"Word 选项"对话框，在该对话框左侧选择"保存"选项，如图3.15所示。

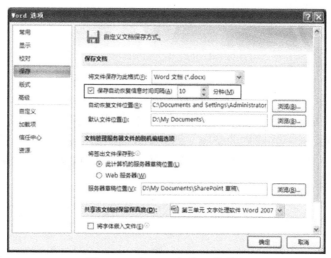

图 3.15 "Word 选项"对话框

3.2.5 打开文档

当要对以前的文档进行排版或者修改时，需要打开此文档才能工作。打开文档的方式有很多，也有多个选项可供选择。

1. 打开文档

要打开某个文件进行编辑，可以采用如下方法：

（1）单击"Office 按钮"，然后从弹出的快捷菜单中可将最近使用的文档打开。

（2）单击"Office 按钮"，选择【打开】命令，或按 Ctrl+O 组合键，即可弹出【打开】对话框，在对话框中选择要打开的文档，单击"打开"按钮即可。

2. 转换文档

在 Word 2007 中可以打开以前使用低版本，如 Word 2003 创建的文档。直接打开后，Word 2007 会自动开启"兼容模式"，在文档窗口的标题栏可以看到"兼容模式"的提示。

在"兼容模式"下处理文档时，不能使用 Word 2007 中新增或增强的功能，但可在"兼容模式"下将文档转换为 Word 2007 文件格式，转换后，就可以在文档中使用 Word 2007 的全部功能。方法如下：

（1）打开使用 Word 早期版本编排的文档。

（2）单击"Office 按钮"，从弹出的菜单中选择【转换】选项。

（3）在出现的对话框中，单击"确定"按钮，如图 3.16 所示。

（4）单击【快速访问工具栏】上的【保存】按钮，即可用 Word 2007 的文件格式替换原始文件。

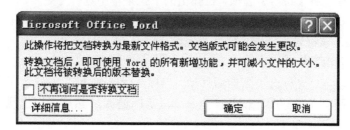

图 3.16 转换对话框

3.3　编辑文档

3.3.1　文档的录入

1. 输入文本

文档新建完毕，接下来在工作区中输入文本内容，文本是指文字、符号、特殊符号、图形等对象的统称。此时在建立的空白文档编辑区的左上角有一个不停闪烁的竖线，称为插入点。输入文本时，文本将显示在插入点处，插入点自动向右移动，如图3.17所示，为新创建的文档编辑窗口。

图3.17　新建文档编辑窗口

2. 选择输入法

在Word 2007文档中输入的文本多数是中英文字符，为了实现快速输入，需要熟悉中英文输入法切换的快捷方式，默认情况下，常用的输入法切换组合键有：

- 打开/关闭中文输入法的组合键为：Ctrl+Space。
- 各种输入法相互切换的组合键为：Ctrl+Shift。

3. 特殊符号的输入

有些符号无法直接通过键盘输入，这时可以在功能区用户界面中的【插入】选项卡中的【特殊符号】组中选择【符号】选项，在弹出的下拉菜单中选择【更多...】选项，弹出"插入特殊符号"对话框，如图3.18所示。在列表框中选择需要的符号，单击"插入"按钮，即可在插入点处插入该符号。

4. 文本的行和段落

随着文本的输入，光标会不断向后移动，当移至行尾时会自动换行，而不需要按回车键。若按下回车键，则会在光标所在位置产生一个段落标记↵；然后光标出现在下一行，产生一个新的段落。

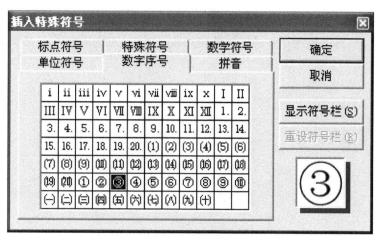

图 3.18　"插入特殊符号"对话框

3.3.2　文本选定与撤销

1. 选定文本

在 Word 2007 中，常需要对文档的某一部分进行操作，这就需要先选取要操作的部分，被选取的文字呈高亮形式显示在屏幕上。选取文本后，用户所作的任何操作都只作用于选定的文本。用户可以使用两种方式进行文本选取：鼠标和键盘。

（1）使用鼠标选定文本。

拖动鼠标选定任意文本。这是最基本、最常用的选取方式，通过拖曳鼠标，用户可以根据自己的需要选取任意数量的文字。操作时，首先把鼠标移到你所要选定的文字的开始处，然后按住鼠标左键不放，拖动鼠标经过你所要选定的文字，一直到所选文字的末尾，然后释放鼠标。如图 3.19 所示，用户要选择第二段的第一句话，则先将鼠标指针放在"人"字的左边，按下鼠标左键拖至第一个句号后面，放开鼠标即可。

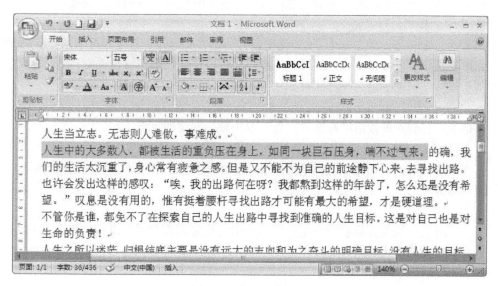

图 3.19　拖动鼠标选择文本

还可利用选定区选择文本。在文档窗口左边界和文本边界之间有一长方形的空白区域，称之为选定区，如图 3.20 所示。当鼠标移动到选定区时，鼠标指针会自动变成向右上方箭头状 $\nearrow$ 。

图 3.20 选定区

● 选定词组

如果要选定的是词或词组，首先将鼠标指针移到目标词或词组所在的地方，然后双击即可选中。

● 选定一个句子

把鼠标移到所要选定的句子的任意地方，按住 Ctrl 键同时单击鼠标左键。

● 选定一行和多行文本

如果要选定的是一行文本，那么，先把鼠标移到左侧该行的选定栏区域，单击左键即可。

如果要选定的是多行文本，同样先把鼠标移到所选文字的第一行选定栏处，然后按住鼠标左键不放向下拖动到最后一行即可。

● 选定一段文字

先把鼠标移到所选段落所在选定栏处，双击鼠标左键即可选中。

● 选定任意一块文字

首先把鼠标移到所选文字的开始处单击，然后按住 Shift 键不放，移动鼠标到所选文字的末尾再单击即可。

● 选定整篇文档

按住 Ctrl 键，同时鼠标移到选定栏中单击即可选定整篇文档；或者在选定栏中快速单击鼠标也可选定整篇文档。

（2）使用键盘选定文本。

Word 2007 提供了一套利用组合键来选定文本的方法。其方法如表 3.1 所示。

表 3.1 　　　　　　　　　　　　　　选定文本的组合键

组合键	选定范围
Shift+→	选定插入点右侧的一个字符
Shift+←	选定插入点左侧的一个字符
Shift+↑	向上选定一行
Shift+↓	向下选定一行
Shift+End	选定到行尾
Shift+Home	选定到行首
Shift+PageUp	选定到上一屏
Shift+PageDown	选定至下一屏
Ctrl+ Shift+→	选定插入点右侧的一个单词
Ctrl+ Shift+←	选定插入点左侧的一个单词
Ctrl+ Shift+↑	选定至段首
Ctrl+ Shift+↓	选定至段尾
Ctrl+ Shift+ End	选定内容至文档结尾
Ctrl+ Shift+ Home	选定内容至文档开始
Ctrl+A	选定整篇文档

2. 撤销选定

若选定的文本有误，只需在文本任意位置单击鼠标左键，即可撤销选定。

3.3.3　删除、移动和复制文本

1. 删除文本

在编辑文本过程中，有时会输入多余或错误的内容，就要对其进行删除操作。

若是将字符一个一个删除，可以使用"Backspace"键或"Delete"键，其中，"Backspace"键删除光标左边的字符，用"Delete"键可删除光标右边的字符。

若是删除大段文本或段落，则可以先选定欲删除的文本，按下"Delete"键即可。

2. 复制文本

有些文字在一篇文档中出现了多次，如果通过 Word 2007 提供的复制与粘贴功能，则能够节省重复输入文本的时间，加快录入和编辑的速度。常用的方法有以下两种：

（1）菜单命令法。先选定要重复输入的文字，使用【开始】选项卡中【剪贴板】组的【复制】命令或右键快捷菜单中的"复制"命令 或快捷键 Ctrl+C 对文字进行复制；然后将光标置于要输入文本的地方，使用右键快捷菜单中的【粘贴】命令 或快捷键 Ctrl+V 可以实现粘贴。

（2）鼠标拖动法。先选定要重复输入的文字，同时按 Ctrl 键和鼠标左键不动，拖动鼠标指针。此时，鼠标指针会变成一个带有虚线方框的箭头，光标呈虚线状。当光标移动到了要插入复制文本的位置后释放鼠标和 Ctrl 键，就可以实现文本的复制。

3. 移动文本

在编辑文档过程中，可能需要将文档部分文本从当前位置移动到其他位置。文本移动的

方法主要有以下两种：

（1）菜单命令法。选择需要移动的文本，使用【开始】选项卡中【剪贴板】组的【剪切】命令或右键快捷菜单中的"剪切"命令 或快捷键 Ctrl+X 对文字进行剪切；然后将光标置于要输入文本的地方，使用右键快捷菜单中的【粘贴】命令或快捷键 Ctrl+V 可以实现粘贴。

（2）鼠标拖动法。如果是近距离移动文本，则可将鼠标移到选定的文本上，点着鼠标左键不动，拖动鼠标至目标位置，然后松开鼠标左键即可。

3.3.4 撤销和恢复

在编辑文档的过程中，可能出现操作错误，例如，误删了一段文本等。Word 2007 提供了撤销和恢复功能，撤销操作是将编辑状态恢复到刚刚所做的插入、删除、复制或移动等操作之前的状态；恢复操作是恢复最近一次被撤销的操作。

1. 撤销

Word 2007 等 Office 组件能自动记录下最新操作和刚执行过的命令。要执行撤销操作，有以下两种情况：

● 单击【快速访问工具栏】中的【撤销】按钮 或者按下 Ctrl+Z 组合键，取消上一步所做的操作。

● 如果要撤销多步操作，可以单击【快速访问工具栏】上【撤销】按钮 右边的下拉箭头，打开下拉列表框，从中选择要撤销的操作步骤，如图 3.21 所示。

图 3.21　撤销下拉列表

2. 恢复

恢复操作是撤销操作的逆过程，也就是说，可以使刚刚执行的"撤销"操作失效，恢复到撤销操作之前的状态。操作方法是单击【快速访问工具栏】中的【恢复】按钮 或者按下Ctrl+Y组合键。

3.3.5 查找和替换

当编辑的文档很长时，人工查找某个字符串将十分困难，利用 Word 2007 提供的"查找"功能会大大节省时间和精力。如果一篇文档中多次重复出现某个词组或符号，需要将它们批量修改为其他的词组或符号，则利用"替换"功能就可以轻松地完成这项任务。

1. 查找

要想在文档中查找内容，可以单击【开始】选项卡中【编辑】组的【查找】命令，也可

以利用快捷键 **Ctrl+F** 来打开"查找和替换"对话框，查找完成后，插入点定位于被找到的文本位置上，具体步骤如下：

（1）设置开始查找的位置（如文档的首部），Word 2007 默认从插入点开始查找。

（2）单击【开始】选项卡中【编辑】组的【查找】命令或按 Ctrl+F 键，打开"查找和替换"对话框，如图 3.22 所示。

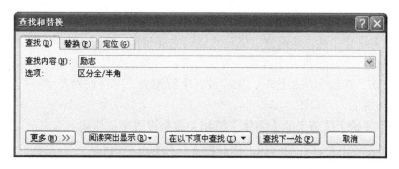

图 3.22　"查找"对话框

（3）在"查找内容"文本框中输入要查找的文本。

（4）单击 查找下一处(F) 按钮，即可在文档中进行查找。如果要继续查找，可以再次单击 查找下一处(F) 按钮。

（5）如果要结束查找，可以单击"取消"按钮，关闭对话框。

2. 替换

要在当前文档中用新的文本替换原来的文本，可以使用 Word 2007 的替换功能。具体步骤如下：

（1）设置开始替换的位置。

（2）单击【开始】选项卡中【编辑】组的【替换】命令或 Ctrl+H 组合键，打开"查找和替换"对话框，如图 3.23 所示。

（3）在"查找内容"文本框中输入要查找的文本，然后在"替换为"文本框中输入新的文本。

（4）若要替换所有查找到的内容，则可以单击 全部替换(A) 按钮。若是对查找到的内容进行有选择的替换，则应单击 查找下一处(F) 按钮，逐个进行查找；如果要替换当前查找到的文本，则单击 替换(R) 按钮，否则单击 查找下一处(F) 按钮继续查找。

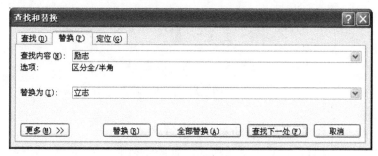

图 3.23　"替换"选项卡

3.4 文档排版

文档编辑完成，还需要对其进行格式的排版，以使得文档更加的清晰美观。文档的排版主要包括字符和段落的格式设置、添加边框和底纹、项目符号和编号的添加，分栏排版等。

3.4.1 字符格式化

字符格式是指字符的外观显示方式，通过设置字体格式，可以使文档的层次分明、结构清晰，让阅读者一目了然，从而便于抓住重点。主要包括：字符的字体和字号；字符的字形，即加粗、倾斜等；字符颜色、下画线、着重号等；字符的阴影、空心、上标或下标等特殊效果；字符的修饰，即给字符加边框、加底纹、字符缩放、字符间距及字符位置等。设置字符格式有三种方式：

1. 利用【开始】选项卡的【字体】组相关命令设置字符格式

● 选择要设置字符格式的字体，然后在【字体】组中的 宋体 下拉列表框中选择一种合适的字体。

● 在【字号】 五号 右边的下箭头，打开"字号"下拉列表，选择需要的字号。

● 在【字体颜色】 A 右边的下箭头，打开"字体颜色"下拉列表，选择需要的字体颜色。

此外【开始】选项卡的【字体】组中还可以设置字符的特殊效果、边框和底纹等。按钮及其功能如下：

B 按钮：设置/取消粗体；

I 按钮：设置/取消斜体；

U 按钮：设置/取消下画线；

A 按钮：设置/取消字符边框；

A 按钮：设置/取消字符底纹；

abc 按钮：为字符添加删除线；

x₂ x² 按钮：设置字符为下标/上标。

2. 通过浮动工具栏设置字符格式

在 Word 2007 中，用鼠标选中文本后，会弹出一个半透明的浮动工具栏，把鼠标移动到它上面，就可以显示出完整的屏幕提示，如图 3.24 所示。通过浮动工具栏可以对字符进行字体、字号、加粗、倾斜、字体颜色、突出显示等设置。

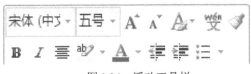

图 3.24 浮动工具栏

3. 利用【字体】组的对话框启动器设置字符格式

如果需要更加全面详细地设置字符格式，则需要利用"字体"对话框来进行设置，具体步骤如下：

（1）选择要设置字符格式的字体，然后打开【字体】组的对话框启动器，打开"字体"对话框，如图 3.25 所示。

（2）在此对话框中分别有"字体"、"字符间距"2 个选项卡，用户可以根据需要进行字符格式的设置。在"字体"选项卡中可以设置字体、字形、字号、字体颜色、基本字体效果等参数。在"字符间距"选项卡中可以设置字符缩放比例、字符之间的距离和字符的位置等。

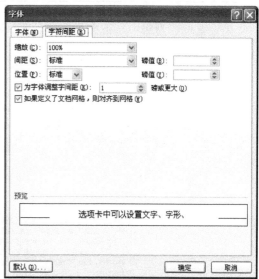

图 3.25　"字体"选项卡

3.4.2　段落格式化

段落是文章划分的基本单位，是文章的重要格式之一，它以段落标记符（↵）为结束标记。段落格式主要包括段落的对齐方式、段落缩进、行距和段间距等。设置段落格式时通常不必选定整个段落，只需将插入点置于段落中任意位置即可；如果同时对多个段落进行排版，则需要选定这些段落。

1. 设置段落对齐方式

在 Word 中常用的段落对齐方式有 5 种，分别是左对齐、居中对齐、右对齐、两端对齐和分散对齐，段落对齐的缺省方式为左对齐。设置段落对齐方式的方法有如下三种方式：

（1）　利用【开始】选项卡中【段落】组的相关命令，如表 3.2 所示。

表 3.2　　　　　　　　　　　　　　　　按钮及对齐方式

按钮	对齐方式	效果
≣	左对齐	段落左边不留空，右边允许不齐
≡	居中	段落从中间开始向两边排版，常用于文档标题的排版

按钮	对齐方式	效果
	右对齐	段落右边不留空，从右向左排版，常用于文档末签名、日期等排版
	两端对齐	段落左右都不留空，系统自动调整字符间距，使段落两边对齐。若最后一行文字不满一行，则从左开始排版
	分散对齐	段落左右都不留空，系统自动调整字符间距，使段落两边对齐。若最后一行文字不满一行，则将字符间距调整到较大来对齐段落左右两边

如设置标题为居中，正文为两端对齐，则示例如图 3.26 所示。

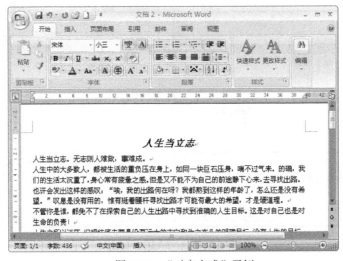

图 3.26　"对齐方式"示例

（2）利用浮动工具栏。

居中对齐是最常用的对齐方式之一，故在浮动工具栏中专门设置了一个【居中对齐】按钮，选定文本内容或将插入点定位到要居中对齐的段落任意位置上，在弹出的浮动工具栏中，单击【居中】按钮即可，如图 3.27 所示。

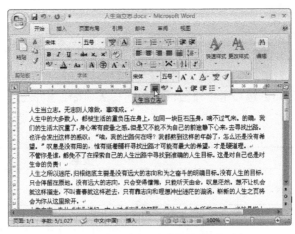

图 3.27　利用浮动工具栏设置居中对齐

（3）利用"段落"对话框。

我们还可以利用【段落】组的对话框启动器进行对齐，具体步骤如下：

①选中要设置对齐方式的段落。

②单击【开始】选项卡中【段落】组的对话框启动器按钮，打开"段落"对话框，选择"缩进和间距"选项卡，在"对齐方式"下拉列表框中选择对齐方式，并单击"确定"按钮完成操作，如图 3.28 所示。

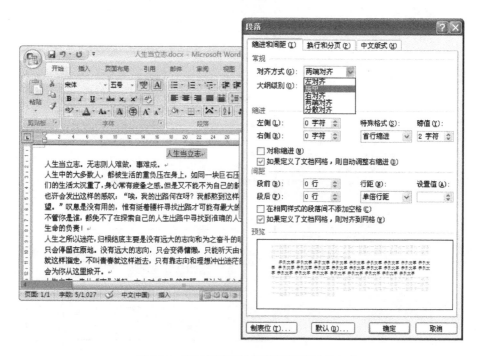

图 3.28　利用"段落"对话框设置对齐方式

2. 设置段落缩进

在实际操作中，为了使某段与其他段落分开以显示不同的层次，需要使用到段落缩进，段落的缩进是指段落两侧与页边的距离。

在 Word 2007 中，段落缩进有四种形式：左缩进、右缩进、首行缩进、悬挂缩进。其中，首行缩进和悬挂缩进在"特殊格式"下拉列表中选择，且缩进的距离在"度量值"微调框中设置。

- 左缩进：可以控制段落左边界的位置。
- 右缩进：可以控制段落右边界的位置。
- 首行缩进：是指段落的第一行从第一个字符开始往右缩进，以此与前一段落区分。
- 悬挂缩进：是指整个段落除了第一行以外的所有行相对页左边距离增加。

设置段落缩进可以分别使用【段落】对话框，【段落】组、标尺三种方法来实现。

（1）利用【段落】对话框。

使用【段落】对话框设置缩进，可以精确地设置段落缩进量，具体步骤如下：

- 选择要设置缩进的段落。
- 选择【开始】选项卡中的【段落】组，单击它的对话框启动器，弹出"段落"对话框。

在"缩进和间距"选项卡中的"缩进"选项区中可以精确地设置缩进量；在"左"、"右"文本框中设置缩进量，可以调整选定段左右边界的大小；在"特殊格式"下拉列表框中设置缩进的格式，其中"首行缩进"只缩进段落首行，而"悬挂缩进"则可以缩进除段落首行外的所有行，如图 3.29 所示。

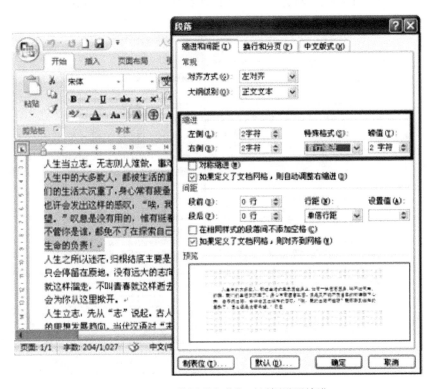

图 3.29　使用【段落】对话框设置缩进

（2）利用【段落】组。

在【开始】选项卡的【段落】组中提供了两个缩进命令，如图 3.30 所示。利用这两个命令可以增加或减少选定段落的缩进量。

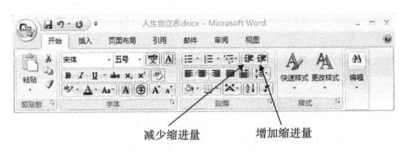

图 3.30　【段落】组中的缩进命令

要增加某个段落的缩进量，只需选定该段落或将插入点定位到要更改缩进量的段落中，然后切换到【开始】选项卡，单击【段落】组中的【增加缩进量】命令，即可使段落与页面左边缘的距离增大。要减少缩进量，只需单击【段落】组中的【减少缩进量】命令 。

（3）利用标尺。

当然利用标尺可以比较直观地设置段落的缩进距离，Word 2007 标尺栏中有 4 个小滑块，它们分别代表 4 种段落缩进方式，通过移动这些缩进标记可改变段落的缩进方式，如图 3.31 所示。

图 3.31　水平标尺各缩进标记的名称

3. 设置段间距

段间距是指相邻的段落之间的距离，包括"段前"间距和"段后"间距。

"段前"间距指该段首行与前一段落末行之间的距离；"段后"间距指该段末行与后一段落首行之间的距离。段前、段后间距的默认值为 0 行，设置段间距的操作步骤如下：

● 把光标定位在要设置段间距的段落中，在【开始】选项卡中的【段落】组中打开"段落"对话框。

● 在对话框的"缩进和间距"选项区中，向"段前"或"段后"微调框中输入需要的数值；然后单击"确定"按钮，这样该段落和后面的段落之间的距离就拉开了。

例如设置各段的"段前""段后"均设为 1 行，如图 3.32 所示。

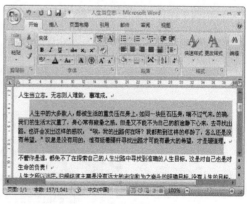

图 3.32　"段前""段后"设置为 1 行

4. 设置行间距

行间距是指段落中行与行之间的垂直距离。行间距的默认值是"单倍行距"，行距将影响选定的所有行。有两种设置方法：

（1）利用"段落"对话框。

一种方式为，选定要设置行间距的段落，单击【开始】选项卡中【段落】组的对话框启动器按钮，打开"段落"对话框，再单击"行距"下拉列表框中的下拉箭头，选择合适的行距，然后单击"确定"按钮即可，如图 3.33 所示。

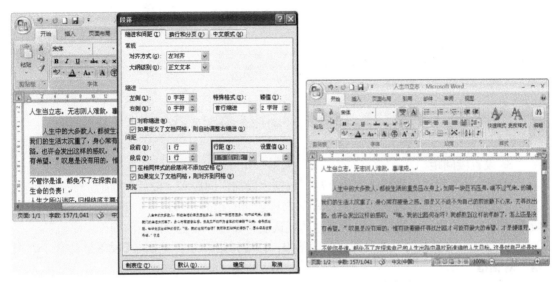

图 3.33　利用【段落】组的对话框设置行距

（2）利用【段落】组。

还可以使用【开始】选项卡【段落】组【行距】按钮，在下拉列表中进行选择，如图 3.34 所示。

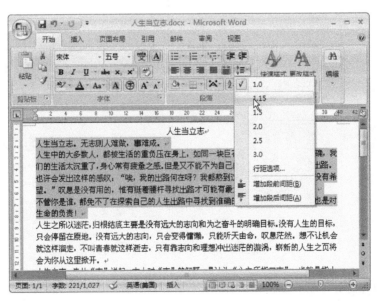

图 3.34　【行距】按钮的下拉列表

3.4.3　项目符号和编号

项目符号和编号是放在文本前的点或其他符号，可以对并列的项目进行组织，起到强调作用。合理地使用项目符号和编号，可以使文档的层次结构更加清晰、更有条理，从而便于阅读和理解文档内容。

1. 添加项目符号和编号

Word 2007 可以在文本原有行中添加项目符号和列表。可以利用【段落】组上的【项目符号】命令按钮或【编号】命令按钮实现。具体操作步骤如下：

（1）选择需要添加项目符号或编号的项目。

（2）单击【开始】选项卡中【段落】组的【项目符号】命令或【编号】命令后的下拉列表，选择合适的项目符号和编号。

2. 更改项目符号和编号的样式

对于已经插入的项目符号或编号列表，可以对其进行修改，步骤如下：

（1）选择要更改项目符号或编号格式的段落。

（2）单击【开始】选项卡中【段落】组的【项目符号】命令或【编号】命令右边的下拉箭头，选择需要使用的项目符号或编号类型。

3. 设置多级编号

对于类似于图书目录中的"1.1"、"1.1.1"等逐段缩进形式的段落编号，可单击【开始】选项卡【段落】组中的【多级列表】按钮来设置。其操作方法与设置单级项目符号和编号的方法基本一致，只是在输入段落内容时，需要按照相应的缩进格式进行输入。

4. 删除项目符号

对于不再使用的项目符号或编号可以即时地将其删除。选择要删除其项目符号或编号的文本，重新单击【开始】选项卡【段落】组中的【项目符号】命令或【编号】命令，即可删除其项目符号或编号；或是将光标置于要删除的项目符号和编号后，按下键盘上的"BackSpace"键即可。

3.4.4　边框和底纹的设置

为了修饰和突出显示某些内容，可以对文本或段落添加边框和底纹。可以应用边框的对象有：页面、文本、表格、表格中的单元格、图形、图片等；可以应用底纹的对象有：字符、段落。

1. 添加边框

文本或段落添加边框，操作步骤如下：

（1）选中需要添加边框的页面元素，比如文本。

（2）选择【开始】选项卡中的【段落】组，在【边框】命令的下拉列表中选择需要添加的边框类型（在此处边框均为文本或单元格边框），或是在该下拉列表中选择"边框和底纹"，弹出 "边框和底纹"对话框，在"边框"选项卡中根据需要选中所需的线型、颜色和宽度等，如图 3.35 所示。

在"设置"选项组中包含 3 种边框样式：方框、阴影、三维。"无"是指不应用边框，"自定义"允许用户设置其他样式的边框。

在"线型"列表框中选择边框线的线型，如单线、双线、点画线等。

图 3.35   "边框"选项卡

在"颜色"下拉列表框中选择边框线的颜色。

在"宽度"下拉列表框中选择边框线的粗细度。

设置完所需的线型、颜色和宽度后，还需根据选定范围，在"应用于"下拉列表中选择所需边框的应用范围是"文字"还是"段落"。还可以在"预览"框中可以预先浏览修改的效果，并且可以设置边框的上、下、左、右线。

2. 为页面添加边框

用户可以对整个页面也设置边框，其操作步骤为：在"边框和底纹"对话框中选择"页面边框"选项卡，在对话框中可以设置页面边框。"页面边框"选项卡中的设置与"边框"选项卡中设置类似，然后单击"确定"按钮。

3. 添加底纹

为文本或段落添加底纹，操作步骤如下：

（1）选定文本或段落；

（2）选择【开始】对话框中【段落】组中的【底纹】命令，设置所选文字或段落等的底纹背景色；或是在【开始】选项卡中的【段落】组中单击【边框和底纹】按钮，在弹出的下拉列表中选择"边框和底纹"选项，弹出"边框和底纹"对话框，打开"底纹"选项卡，进行设置，如图 3.36 所示。

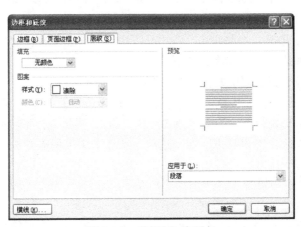

图 3.36   "底纹"选项卡

3.4.5　特殊排版方式

1. 分栏

在阅读报纸和杂志时，经常会发现页面被分成多个栏目，这些栏目有的是等宽的，有的是不等宽的，整个页面布局显得错落有致，更易于阅读。Word 2007提供了分栏功能，分栏后，用户可以对每一栏单独进行格式化和版面设计。

在功能区用户界面中的【页面布局】选项卡中的【页面设置】组中选择【分栏】命令，弹出"分栏"下拉列表，如图 3.37 所示，在该下拉列表中选择栏数，或者选择下拉列表中的【更多分栏】选项，弹出"分栏"对话框，在该对话框中选择栏数，还可以设置精确栏宽、间距及分隔线，如图 3.38 所示。

图 3.37　"分栏"下拉列表

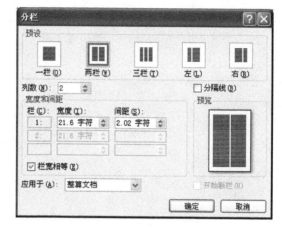

图 3.38　【分栏】对话框

2. 特殊格式

Word 2007 提供了一些特殊的中文版式，如文字方向、首字下沉、拼音指南等特殊版式。应用这些版式可以设置不同的版面格式，下面分别对其进行介绍。

（1）文字方向。

默认的文字排列方向是文字自左向右横向排列，但我们在请柬或仿古书刊中会看到竖排的文字，这可以由"文字方向"来实现。

在功能区用户界面中的【页面布局】选项卡中的【页面设置】组中选择【文字方向】选项，弹出"文字方向"下拉列表，如图 3.39 所示。在该下拉列表中选择需要设置的文字方向格式，或者选择"文字方向选项"选项，弹出"文字方向—主文档"对话框，在该对话框中的"方向"选项组中根据需要选择一种文字方向；在"应用于"下拉列表中选择"整篇文档"，在"预览"框中可以预览其效果。如图 3.40 所示。

（2）首字下沉。

我们经常在书报杂志中看到某些文章的第一个字比较大，占据了几行的位置，这种效果可以使用"首字下沉"进行设置。通过在功能区用户界面中的【插入】选项卡中的【文本】组中选择【首字下沉】命令，弹出"首字下沉"下拉列表，如图 3.41 所示。在该下拉列

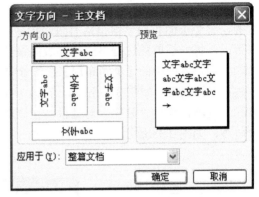

图 3.39　"文字方向"下拉列表　　　图 3.40　"文字方向-主文档"对话框

表中选择需要的格式，或者选择"首字下沉选项"选项，弹出"首字下沉"对话框进行设置，如图 3.42 所示。

图 3.41　"首字下沉"下拉列表　　　图 3.42　"首字下沉"对话框

（3）拼音指南及带圈字符。

在 Word 2007 中可以自动为文档中的汉字标注拼音和插入带圈的字符。通过【开始】选项卡的【字体】组，选择【拼音指南】命令或【带圈字符】命令即可，如图 3.43 所示。

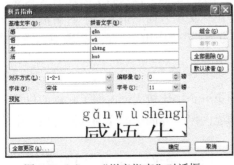

图 3.43（a）　"拼音指南"对话框　　　图 3.43（b）　"带圈字符"对话框

3.4.6 Word 2007 综合实例 1——宣传报制作

宣传广告是众多企业为了帮助消费者了解本企业的主营业务,增强企业的影响力,促进企业业务发展的主要手段之一。接下来,我们以武当山风景区广告宣传册其中的某一页为例,对本节所述的 Word 2007 的排版知识要点进行综合应用。任务样例如图 3.44 所示。

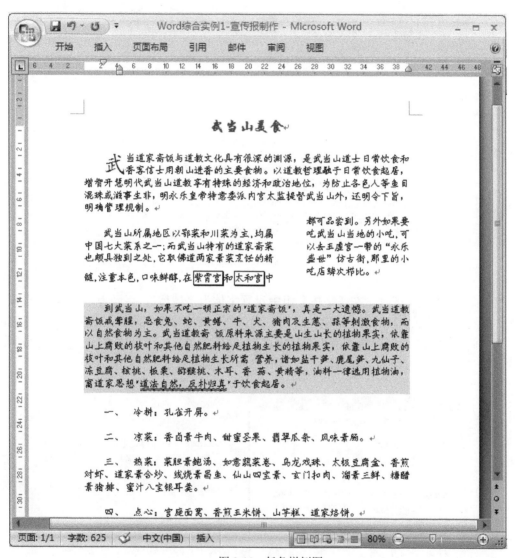

图 3.44 任务样例图

实现该任务,具体操作步骤如下:

(1)单击桌面左下角【开始】菜单,选择【程序】→【Microsoft Office】→【Microsoft Office Word 2007】,系统自动创建一个新的空白文档,单击快速访问工具栏上的【保存】按钮,输入标题,选择保存路径,保存文档。

(2)录入样例中文本内容《武当美食》,并修改错误。

(3)选中标题"武当山美食",在【开始】选项卡中的【字体】组中设置字体为"华文

行楷"，字号为"小二"，加粗，字体颜色为"蓝色"；在【段落】组中设置它为居中。如图
3.45 所示。

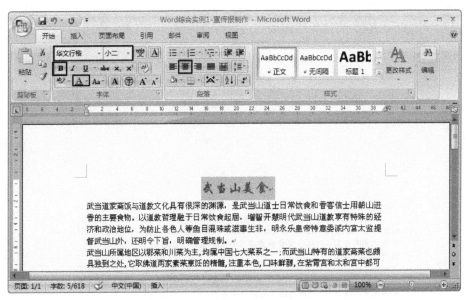

图 3.45　标题设置

（4）选中正文部分，在【字体】组中设置字体为"楷体"，字号为"小四"；单击【段
落】组右下角对话框启动器，启动"段落"对话框，在【缩进和间距】选项卡中设置对齐方
式为"两端对齐"， 特殊格式为"首行缩进"，磅值为"2 字符"，段前段后间距分别为"1
行"和"0 行"， 行距为"单倍行距"。如图 3.46 所示。

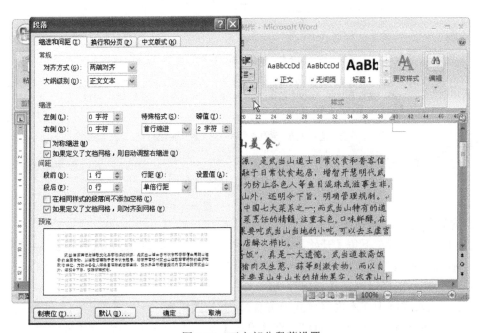

图 3.46　正文部分段落设置

（5）将光标定位到第一段起始位置，选择【插入】选项卡中的【文本】组，单击【首字下沉】命令，在下拉菜单中选"首字下沉选项"，在弹出的对话框中，位置区设置为"下沉"，选项区中的下沉行数设置为"2"，如图 3.47 所示。选中设置了下沉的汉字"武"，将其设置为红色。

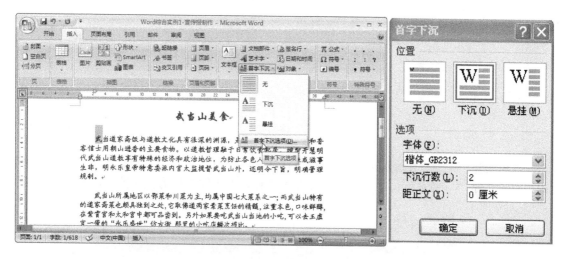

图 3.47　首字下沉设置

（6）选中第二段，选择【页面布局】选项卡中的【页面设置】组，单击【分栏】命令，在弹出的菜单中选择"更多分栏"，在弹出的对话框中，设置列数为"2"，将"栏宽相等"复选框的"√"去掉，在宽度和间距区设置第一栏宽为"23 字符"，间距为"4 字符"。如图 3.48 所示。

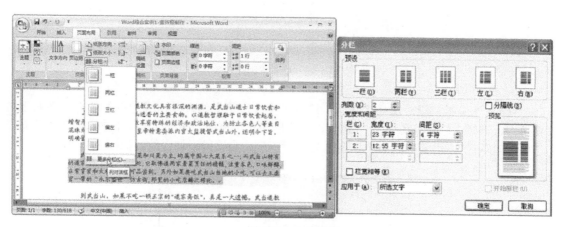

图 3.48　分栏设置

（7）选中第二段中的文字"紫霄宫"，选择【开始】选项卡中【段落】组，单击【边框】命令 ，在其下拉菜单中，选择"边框和底纹…"选项，在弹出的对话框的"边框"选项卡中的设置选区，选择阴影式边框，将"应用于"设置为"文字"，如图 3.49 所示。以同样的方法，为"太和宫"添加阴影边框。

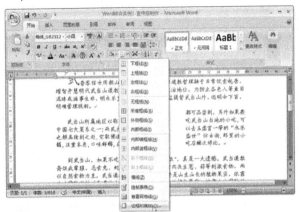

图 3.49　边框设置

（8）选中第三段末尾处的文字"道法自然，返璞归真"，在【开始】选项卡的【字体】组中启动"字体"对话框，然后设置其为红色字体，下画线类型为双波浪线，并加着重符。如图 3.50 所示。

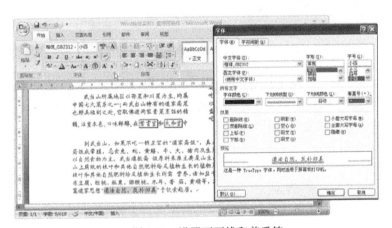

图 3.50　设置下画线和着重符

（9）选中第三段，选择【开始】选项卡中【段落】组，单击【边框】命令，在其下拉菜单中，选择"边框和底纹..."选项，在弹出的对话框的"底纹"选项卡中，设置"填充"选区为"灰色"，设置"应用于"选区为"段落"，为该段添加底纹。如图 3.51 所示。

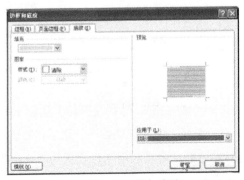

图 3.51　添加底纹

（10）选中四至七段，选择【开始】选项卡中的【段落】组，单击【编号】命令，在弹出菜单中选择一种编号。如图 3.52 所示。

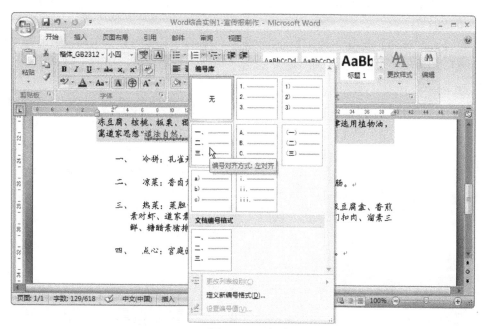

图 3.52　添加编号

3.5　页面设置与文档打印

在实际应用中，我们常常需要将编辑排版好的文档打印出来，这就需要使用到文档的页面设置和打印的设置。在打印文档前对文档的页面布局进行合理的设置，充分利用打印预览查看文档是否令人满意，并对打印机进行必要的设置，从而得到排列整齐、美观实用的输出效果。

3.5.1　页面设置

在 Word 2007 中提供了一系列页面设置工具，以保障用户能打印出规范的文档。用户可以利用功能区【页面布局】选项卡来调用这些设置工具。

1. 设置页边距

页边距是页面周围的空白区域。设置页边距能够控制文本的宽度和长度，还可以预留出装订边。用户可以使用标尺快速设置页边距，也可以使用对话框来设置页边距。

（1）使用标尺设置页边距。

在页面视图中，用户可以通过拖动水平标尺和垂直标尺上的页边距线来设置页边距。具体操作步骤如下：

①在页面视图中，将鼠标指针指向标尺的页边距线，此时鼠标指针变为 ↕ 形状。

②按住鼠标左键不动并拖动，出现的虚线表明改变后的页边距位置，如图 3.53 所示。

③将鼠标拖动到需要的位置后释放鼠标左键即可。

提示：在使用标尺设置页边距时按住"Alt"键，将显示出文本区和页边距的量值。

（2）使用对话框设置页边距。

如果需要精确设置页边距，或者需要添加装订线等，就必须使用对话框来进行设置。具体操作步骤如下：

①在【页面布局】选项卡中的【页面设置】组中的【页边距】下拉列表中选择"自定义边距"选项，弹出"页面设置"对话框，打开"页边距"选项卡，如图3.54所示。

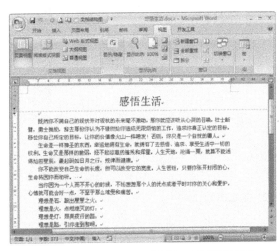

图3.53 使用标尺设置页边距

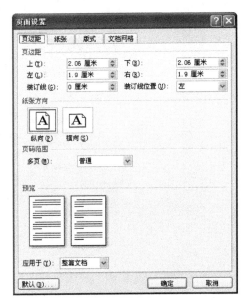

图3.54 "页边距"选项

②在该选项卡中的"页边距"选区中的"上""下""左""右"微调框中分别输入页边距的数值；在"装订线"微调框中输入装订线的宽度值；在"装订线位置"下拉列表中选择"左"或"上"选项。

③在"方向"选区中选择"纵向"或"横向"选项来设置文档在页面中的方向。

④在"页码范围"选区中单击"多页"下拉列表，在弹出的下拉列表中选择相应的选项，可设置页码范围类型。

⑤设置完成后，单击"确定"按钮即可。

2. 设置纸张类型

Word 2007默认的打印纸张为A4，其宽度为210毫米，高度为297毫米，且页面方向为纵向。如果实际需要的纸型与默认设置不一致，就会造成分页错误，此时就必须重新设置纸张类型。

设置纸张类型的具体操作步骤如下：

（1）在【页面布局】选项卡中的【页面设置】组中的【纸张大小】下拉列表中选择"其他页面大小"选项，弹出"页面设置"对话框，打开"纸张"选项卡，如图3.55所示。

（2）在该选项卡中单击"纸张大小"下拉列表，在打开的下拉列表中选择一种纸型。用户还可在"宽度"和"高度"微调框中设置具体的数值，自定义纸张的大小。

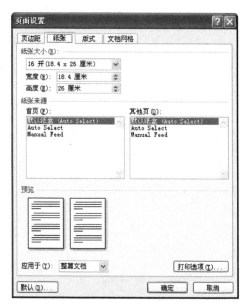

图 3.55　"纸张"选项卡

（3）在"纸张来源"选区中设置打印机的送纸方式，如，"自动送纸"或"人工送纸"；在"首页"列表框中选择首页的送纸方式；在"其他页"列表框中设置其他页的送纸方式。

（4）在"应用于"下拉列表中选择当前设置的应用范围为"整篇文档"或"所选文字"。

（5）单击"打印选项"按钮，可在弹出的"Word 选项"对话框中的"打印选项"选区中进一步设置打印属性。

（6）设置完成后，单击"确定"按钮即可。

3.5.2　添加页眉和页脚

页眉和页脚不属于文档的文本内容，它们用来显示文档的附加信息，例如书名、章节名、标题、页码、日期等。页眉显示在文档中每页的顶端，页脚显示在文档中每页的底端。页眉和页脚的格式化与文档内容的格式化方法相同。

1. 创建页眉页脚

在文档中添加页眉和页脚的方法如下：

（1）打开要添加页眉和页脚的文档。

（2）在【插入】选项卡的【页眉和页脚】组中，单击【页眉】命令，弹出如图 3.56 所示的页眉样式选项，既可以从内置样式中选择一种合适的页眉样式，也可以选择空白页眉将其插入到页面中。

（3）插入页眉后，将自动切换到页眉和页脚的编辑状态，用户便可在页眉区输入需要的页眉文字或是插入图形，如图 3.57 所示。

（4）在上下文工具栏的【设计】选项卡中单击【转至页脚】命令，使插入点移动到页脚编辑区。

图 3.56 "页眉"样式列表

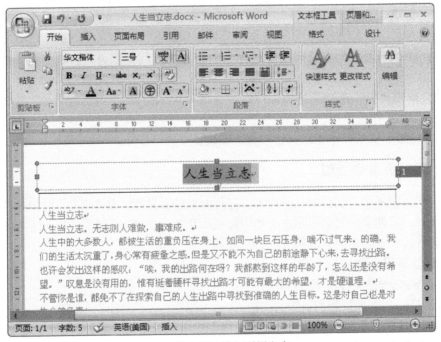

图 3.57 输入页眉文字

（5）单击【设计】选项卡中【页眉和页脚】组中的【页脚】命令，从弹出的页脚样式列表中选择一种页脚样式，如图 3.58 所示。并在页脚区输入需要的文字或插入图形。

（6）单击【设计】选项卡中的【关闭页眉和页脚】命令，返回文档编辑状态。便可看到所有页面中都设置了相同的页眉和页脚信息。

图 3.58　选择页脚样式

2. 设置不同的页眉页脚

默认情况下，同一文档中所有的页眉页脚是相同的，但是有时会根据需要在文档中设置不同的页眉和页脚。

（1）奇偶页不同。

若想使奇偶页使用不同的页眉或页脚，例如，在奇数页上使用文档标题，而在偶数页上使用章节标题。可以在插入页眉或页脚后出现的【页眉和页脚工具】上下文选项卡上，勾选【选项】组的【奇偶页不同】选项，如图 3.59 所示，即可在偶数页上插入用于偶数页的页眉或页脚，在奇数页上插入用于奇数页的页眉或页脚。

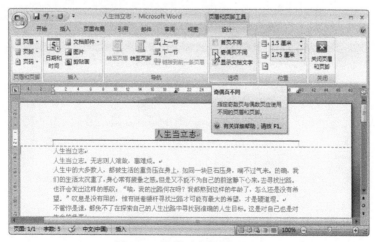

图 3.59　设置"奇偶页不同"

（2）首页不同。

首页不同是指文档的第一页使用单独的页眉页脚。要设置首页不同，则在插入页眉或页脚后出现的【页眉和页脚工具】上下文选项卡上，勾选【选项】组的【首页不同】选项。页眉和页脚即被从文档的首页中删除。

3. 插入页码

有些文章有许多页，这时就可为文档插入页码，这样便于整理和阅读。在【插入】选项卡中的【页眉和页脚】组中的【页码】选项下拉列表中选择"设置页码格式"选项，弹出"页码格式"对话框，如图3.60所示。在该对话框中可设置所插入页码的格式。

图3.60　"页码格式"对话框

3.5.3　设置分隔符

在实际排版和打印文档过程中，有时需要用到一些比较特殊的排版，比如将一个页面的部分内容移到下一页打印等。利用 Word 2007 提供的分隔设置工具，便可轻松完成这些特殊的版式设置。

利用功能区【页面布局】选项卡的【页面设置】组中的【分隔符】命令，可以在页面中指定位置插入"分页符"、"分栏符"、"自动换行符"、"分节符"。将插入点定位在需要插入分隔符的位置，单击【分隔符】按钮，将出现如图3.61所示的"分隔符"列表，选择所需的分隔符即可。

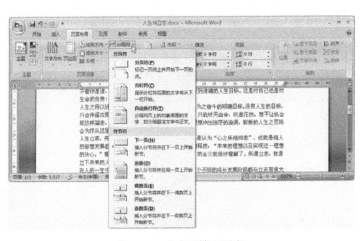

图3.61　"分隔符"列表

1. 用分页符强制分页

通常情况下，页面中的内容必须要录满一页后才能自动切换到下一页，若需要文档从某个位置开始重新起一页，可以先将插入点定位到该位置，然后单击【分隔符】命令，从弹出的列表中选择【分页符】即可。

2. 手工分栏

如果要从某个位置开始，其后面的内容都要安排到下一栏上，可以使用添加分栏符的方法来实现。先将插入点定位到需要分栏的位置，再单击【分隔符】命令，从弹出的列表中选择【分栏符】即可。

3.5.4 插入封面

在 Word 2007 中为用户提供了"插入封面"的功能，可以方便用户插入完全格式化的封面，用户只需更改模板中的标题、作者、日期和其他封面信息便可成为自己的文档封面。具体操作方法如下：

（1）打开要添加封面的文档。在【插入】选项卡的【页】组中，单击【封面】命令，便可出现预设的封面模板列表，如图 3.62 所示。

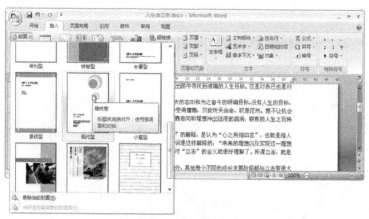

图 3.62 封面模板列表

（2）从列表中选择一种合适的封面模板，便可在文档的第一页之前自动插入该封面模板，将封面中相应提示性内容更改为需要的文字，如标题修改为自己所需要的。如图 3.63 所示。

图 3.63 更改封面标题

3.5.5 打印预览及打印设置

创建、编辑和排版文档的最终目的是将其打印出来，Word 2007 具有强大的打印功能。在打印前用户可以使用 Word 中的"打印预览"功能在屏幕上观看即将打印的效果，如果对预览效果不满意，可以返回编辑界面对文档进行修改，直到符合要求后再打印输出，从而避免不必要的打印纸张和其他打印耗材的浪费。

1. 打印预览

在打印文档之前，必须对文档进行预览，查看是否有错误或不足之处，以免造成不可挽回的错误。单击"Office 按钮" ，然后在弹出的菜单中选择【打印】→【打印预览】命令，即可打开文档的预览窗口，如图 3.64 所示。在打开预览窗口的同时，打开"打印预览"选项卡，如图 3.65 所示。

图 3.64 "打印预览"选项卡

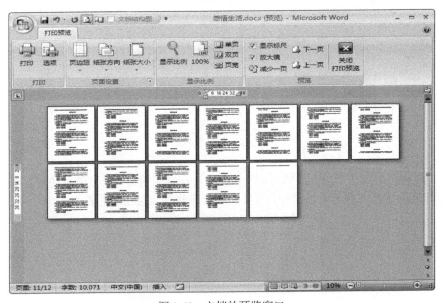

图 3.65 文档的预览窗口

2. 打印

在打印文档之前，应该对打印机进行检查和设置，确保计算机已经正确连接了打印机，并安装了相应的打印机驱动程序。所有设置检查完成后，即可打印文档。

单击"Office 按钮"，然后在弹出的菜单中选择【打印】→【打印】命令，弹出"打印"对话框,如图 3.66 所示。在"打印机"选区中的"名称"下拉列表中可选择打印机的名称,并查看打印机的状态、类型、位置等信息。在"页面范围"选区中设置打印文档的范围;在"份数"微调框中设置打印的份数;在"缩放"选区中设置打印内容是否缩放。

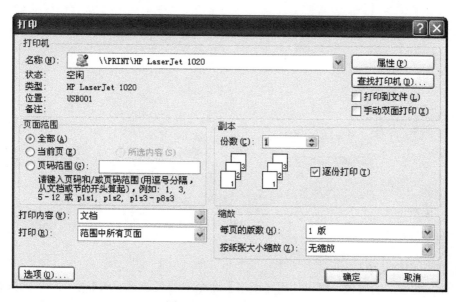

图 3.66　"打印"对话框

3.6　表格

表格可以以一种简洁、直观地方式来组织和显示各种复杂的信息,并可以对其中的信息进行排序和计算。因此在很多工作领域都需要制作各种表格来显示各种信息。例如记录学生基本信息的表格、毕业生简历等等。

3.6.1　插入表格

Word 2007 在功能区的【插入】选项卡中提供了一个【表格】组,可以通过从一组预先设置好格式的表格(包括示例数据)中选择,或通过选择需要的行数和列数来插入表格,同时也可以根据需要手工绘制复杂格式的表格。

1. 使用表格模板

可以使用表格模板插入一组预先设置好格式的表格。表格模板中包含有示例数据,便于用户理解添加数据时的正确位置。具体操作步骤如下:

(1)将光标定位在需要插入表格的位置。

(2)在【插入】选项卡的【表格】组中选择【表格】命令,在弹出的下拉列表中选择【快速表格】,再单击所需要的模板,即可在文档中快速插入一个设置了格式的表格。

(3)将表格模板中各个单元格的数据替换为需要的数据,即可完成表格的创建。如图3.67 所示。

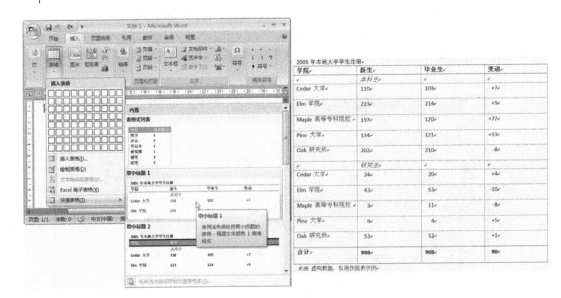

图 3.67　利用模板快速插入表格

2. 使用表格菜单

若没找到合适的模板，可以使用【表格】命令中的菜单"插入表格"下方的预设方格，快速创建行列数较少的规则表格，具体操作步骤如下：

（1）将光标定位在需要插入表格的位置。

（2）在【插入】选项卡的【表格】组中选择【表格】命令，然后在弹出下拉列表中拖动鼠标以选择需要的行数和列数，如图 3.68 所示。

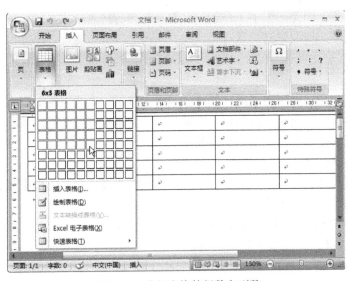

图 3.68　选择表格的行数和列数

3. 使用"插入表格"命令

若要创建的表格行列数较多时，可以使用【插入表格】命令创建表格，具体操作步骤如下：

（1）将光标定位在需要插入表格的位置。

（2）在【插入】选项卡的【表格】组中选择【表格】命令，然后在弹出下拉列表中选择"插入表格"选项，弹出"插入表格"对话框，如图 3.69 所示。

图 3.69 "插入表格"对话框

（3）在"表格尺寸"选区中的"列数"和"行数"微调框中设置插入表格的列、行数。

（4）在"自动调整"选项组中选择以下一个选项：

● 选中"固定列宽"单选按钮，表示列宽是一个确切的值，可以在其后的文本框中指定列宽值。默认设置为"自动"，表示表格宽度与页面宽度相同。

● 选中"根据内容调整表格"单选按钮，就会产生一个列宽由表格中内容而定的表格，当在表中输入内容时，列宽将随内容的变化而相应变化。

● 选中"根据窗口调整表格"单选按钮，表示表格宽度与页面宽度相同，列宽等于页面宽度除以列数。

（5）单击"确定"按钮。

4. 绘制表格

在 Word 文档中，用户可以自己绘制复杂的表格，例如，绘制包含不同高度的单元格的表格或每行的列数不同的表格。具体操作步骤如下：

（1）将光标定位在需要插入表格的位置。

（2）在【插入】选项卡的【表格】组中选择【表格】命令，然后在弹出的下拉列表中选择"绘制表格"选项，此时光标变为 ℓ 形状，将鼠标移动到文档中需要插入表格的定点处。

（3）按住鼠标左键不动并拖动，当到达合适的位置后释放鼠标左键，即可绘制出表格的外边框线。

（4）在外框矩形内上下或左右拖动鼠标，便可自由绘制表格的横线、竖线或斜线，绘制出表格的单元格，如图 3.70 所示。

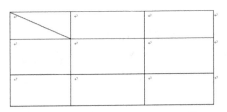

图 3.70　手绘表格效果

（5）若绘制有误，需要擦除表格的某条边框线，可在【表格工具】上下文工具中的【设计】选项卡的【绘图边框】组中选择【擦除】命令，此时光标变为 ⌀ 形状，按住鼠标左键并拖动经过要删除的线，即可删除表格的边框线。

5. 文本转换成表格

在 Word 2007 中，可以将用段落标记、逗号、制表符、空格或者其他特定字符隔开的文本转换成表格，在将文字转换成表格时，Word 2007 自动将分隔符转换成表格列边框线。具体操作步骤如下：

（1）将光标定位在需要插入表格的位置。

（2）选定要转换成表格的文本，在【插入】选项卡的【表格】组中选择【表格】命令，然后在弹出下拉列表中选择"文本框转换成表格"选项，弹出"将文字转换成表格"对话框，如图 3.71 所示。

图 3.71　"将文字转换成表格"对话框

（3）在该对话框中的"表格尺寸"选区中，"列数"微调框中的数值为 Word 自动检测出的列数。用户可以根据情况，在"'自动调整'操作"选区中选择所需的选项，在"文字分隔位置"选区中选择或者输入一种分隔符。

（4）设置完成后，单击"确定"按钮，即可将文本转换成表格。

3.6.2　编辑表格

创建表，不可能一次性到位，往往与实际的需求还存在一定的差距，所以需要对其进行适当的编辑，如插入或删除行、插入或删除列、合并或拆分单元格等。

1. 表格选定

和文本操作一样，在对表格进行编辑之前，必须先选定。在表格中选定单元格、行或列的方法如下：

● 要选定一个单元格，将鼠标指针移到该单元格内的左侧，当鼠标指针变成◥时单击，即可选定该单元格。

● 要选定一行，将鼠标指针移到该行左侧的选定栏中，当鼠标指针变成◿时单击，即可选定该行。

● 要选定一列，将鼠标指针移到该列顶端，当鼠标指针变成↓时单击，即可选定该列。

● 要选定多个单元格、多行或多列，可以用鼠标拖过这些单元格、行或列。

● 要选定整个表格，将插入点置于表格中的任意位置，表格左上角会出现十字标志✛，单击它，即可选定整个表格。

另一种选定的方法是：在【表格工具】上下文工具中的【布局】选项卡中的【表】组中单击【选择】命令，再从弹出的级联菜单中选择"单元格"、"行"、"列"或"表格"命令。

2. 插入行、列、单元格

（1）插入行、列。

向已有的表格中插入新行或列，应先选中插入位置，然后执行插入操作。操作步骤如下：

① 将光标放在某个单元格中，则光标所在行为当前行，光标所在列为当前列；

② 在【表格工具】上下文工具中的【布局】选项卡中的【行和列】组中选择【在上方插入】、【在下方插入】命令或【在左侧插入】、【在右侧插入】命令，如图3.72所示。还可以单击鼠标右键，从弹出的快捷菜单中选择"插入"，进行插入，如图3.73所示。

图3.72　【行列】组命令

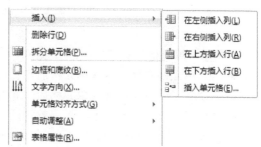

图3.73　右键【插入】菜单

若要向表中插入多行和多列，则可以选中与欲插入行数或列数相同的行或列。例如，若欲插入 2 行，则可选定 2 行，再按照上述第二步做，如图 3.74 所示。

若要在最后行末插入一行，则可先将光标定位于最后一行末尾处，按回车，则可插入 1 行。

（2）插入单元格。

表格数据是存放于不同单元格中的，对单元格进行编辑是表格编辑时最基本的操作。插入单元格步骤如下：

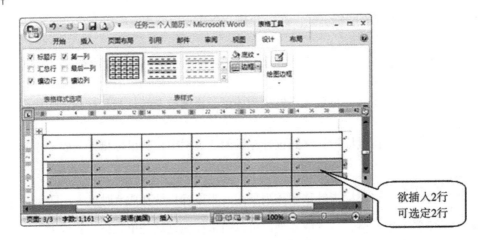

图 3.74　选定 2 行

①将光标放在某个单元格中，则光标所在单元格为当前单元格；

②在【表格工具】上下文工具中的【布局】选项卡中的【行和列】组中单击对话框启动器，弹出"插入单元格"对话框，如图 3.75 所示。

图 3.75　"插入单元格"对话框

"在插入单元格"对话框中，有以下 4 个选项：

● 活动单元格右移：插入单元格后，光标后面的单元格都向右移；

● 活动单元格下移：插入单元格后，光标下面的单元格都向下移；

● 整行插入：在当前行处插入一整行，当前行以下所有行下移；

● 整列插入：在当前列处插入一行，当前列往右所有列右移。

3. 删除行、列、单元格

（1）删除行、列。

在表格中不需要的行列可以进行删除，操作步骤如下：

①选定欲删除的行或列；

②在【表格工具】上下文工具中的【布局】选项卡中的【行和列】组中选择【删除】命令，在弹出的下拉列表中选择"删除行"或"删除列"选项，也可以单击鼠标右键，从弹出的快捷菜单中选择"删除行"或"删除列"命令，即可删除不需要的行或列。

（2）删除单元格。

删除单元格的具体操作步骤如下：

①选定欲删除的单元格；

②在【表格工具】上下文工具中的【布局】选项卡中的【行和列】组中选择【删除】命令，在弹出的下拉列表中选择"删除单元格"选项，或者单击鼠标右键，从弹出的快捷菜单中选择"删除单元格"命令，弹出"删除单元格"对话框，如图3.76所示。

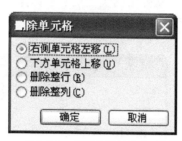

图 3.76　"删除单元格"对话框

"删除单元格"对话框有以下 4 个选项：

● 右侧单元格左移：删除单元格后，原右侧所有单元格左移；

● 下方单元格上移：删除单元格后，原下方所有单元格上移；

● 删除整行：删除当前行；

● 删除整列：删除当前列。

4. 合并与拆分

在表格设计中经常会遇到一些不规则的单元格，可以通过单元格的合并与拆分来完成。合并是将相邻单元格之间的边线擦除，将多个单元格并成一个大的单元格，而拆分则是在一个单元格中添加一条线，形成多个小单元格。

（1）合并单元格。

要合并单元格，步骤如下：

① 选定要合并的单元格；

② 在【表格工具】上下文工具中的【布局】选项卡中，单击【合并】组中的【合并单元格】命令，或者单击鼠标右键，从弹出的快捷菜单中选择"合并单元格"命令，即可清除所选定单元格之间的分隔线，使其成为一个大的单元格，效果如图3.77所示。

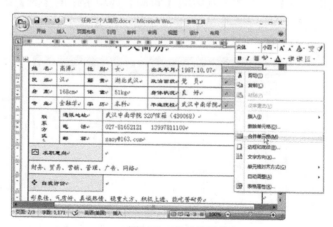

图3.77　合并单元格

（2）拆分单元格。

用户还可以将一个单元格拆分成多个单元格，其具体操作步骤如下：

① 选定要拆分的单元格。

② 在【表格工具】上下文工具中的【布局】选项卡中的【合并】组中单击【拆分单元格】命令，或者单击鼠标右键，从弹出的快捷菜单中选择"拆分单元格"命令，弹出"拆分单元格"对话框，如图3.78所示。

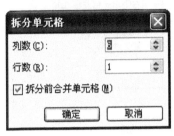

图 3.78　"拆分单元格"对话框

③ 在该对话框中的"列数"和"行数"微调框中输入相应的列数和行数。

④ 如果希望重新设置表格，可选中"拆分前合并单元格"复选框；如果希望将所设置的列数和行数分别应用于所选的单元格，则不选中该复选框。

⑤ 设置完成后，单击"确定"按钮，即可将选中的单元格拆分成等宽的若干小单元格。

（3）拆分表格。

在编辑表格过程中，有时需要将一个表格拆分为多个表格。其具体操作步骤如下：

① 将光标定位在要拆分为两个表格中的下一个表格内的任意单元格中。

② 在【表格工具】上下文工具中的【布局】选项卡中的【合并】组中单击【拆分表格】命令，插入点所在行及以下的部分就从原表格中分离出来，成为一个独立的表格。

5. 绘制斜线表头

为了使表格各部分所展示的内容更加清晰，通常需要为表格绘制斜线表头。绘制斜线表头时，可以根据用户需要选择不同的表头样式，其绘制方法如下：

（1）将光标定位在需要绘制斜线表头的单元格中。

（2）在【表格工具】上下文工具中的【布局】选项卡中的【表】组中选择【绘制斜线表头】命令，弹出"插入斜线表头"对话框，如图 3.79 所示。

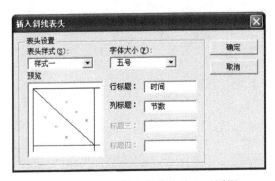

图 3.79　"插入斜线表头"对话框

（3）在该对话框中的"表头样式"下拉列表中选择合适的样式；在"字体大小"下拉列表中选择合适的字号。

（4）设置表头的"行标题"和"列标题"，单击"确定"按钮完成设置。

3.6.3 表格格式设置

格式化表格主要包括调整表格的行高和列宽、对齐方式、自动套用格式、边框和底纹以及混合排版等操作。

1. 列宽、行高设置

Word 2007 在创建表格时，使用默认的行高列宽，但在实际应用中，则需要对其进行调整。改变行高和列宽有两种方法：

（1）利用鼠标更改列宽与行高。

● 如果需要改变列宽，则将鼠标指针指向要改变宽度的列的边框线上，当鼠标指针变为形状 ‖ 时，向左或向右拖动鼠标即可。

● 如果要改变行高，则将鼠标指针指向要改变高度的行的边框线上，当鼠标指针变为形状 ÷ 时，向上或向下拖动鼠标即可。

此种方式简单方便，但不能对行高和列宽进行精确的设置，若要精确设置，则需要利用"表格属性"对话框进行。

（2）利用"表格属性"对话框设置行高。

调整表格行高的具体操作步骤如下：

①选定要调整行高的一行或多行。

②在【表格工具】上下文工具中的【布局】选项卡中的【单元格大小】组中设置表格行高，或者单击鼠标右键，从弹出的快捷菜单中选择"表格属性"命令，弹出"表格属性"对话框，选择"行"选项卡，如图3.80所示。

③选中"指定高度"复选框，在其后的微调框中输入相应的行高值。

④在"行高值是"列表框中，如果选择"最小值"选项，则表示行的高度是适应内容的最小值，当单元格中的内容超过最小行高时，Word会自动增加行高；如果选择"固定值"选项，则表示行的高度是一个确切的值，当单元格中的内容超过设置的行高时，Word将不能完整地显示或打印超出的部分。

⑤要改变选定行的上一行或下一行的行高，可以单击"上一行"按钮或"下一行"按钮。

⑥单击"确定"按钮。

（3）利用"表格属性"对话框设置列宽。

调整表格列宽的具体操作步骤如下：

①将插入点置于要调整列宽的单元格中，或者选定要调整宽度的列。

②在上下文工具【表格工具】中的【布局】选项卡中的【单元格大小】组中设置表格列宽，或者单击鼠标右键，从弹出的快捷菜单中选择"表格属性"命令，弹出"表格属性"对话框，打开"列"选项卡，如图3.81所示。

③选中"指定宽度"复选框，然后输入具体的列宽值。如果想改变列宽的单位，则可以打开"列宽单位"下拉列表框，其中有"厘米"和"百分比"两个选项，"百分比"表示选定列的宽度占表格宽度的比例。

④要设置其他列的宽度，可以单击"前一列"或"后一列"按钮。

⑤单击"确定"按钮。

图 3.80　"列"选项卡

图 3.81　"行"选项卡

2. 表格文本格式的设置

文字是表格中的重要组成部分，我们可以像排版普通文本那样设置表格的文本格式。例如，在改变字体或字号之前，先在表格中选定需要改变字体或字号的文本，然后利用【开始】选项卡中的【字体】组进行设置或是直接在浮动工具栏中设置。

要改变文字的方向，先选定这些文字所在单元格，然后选择【页面布局】选项卡中的【页面设置】组，单击【文字方向】命令实现。

要改变文本在单元格中的位置，可以在选定单元格后，使用右键快捷菜单中的"单元格对齐方式"来实现。

3. 表格中文本对齐方式

对表格中的文本可设置其对齐方式，具体操作步骤如下：

（1）选定要设置对齐方式的单元格区域。

（2）在上下文工具【表格工具】中的【布局】选项卡中的【对其方式】组中设置文本的对齐方式，如图3.82所示，或单击鼠标右键，从弹出的快捷菜单中选择"单元格对齐方式"。

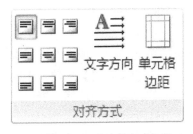
图 3.82　"对齐方式"组

4. 边框和底纹设置

在表格中添加边框和底纹，可以使得表格中的内容更加突出和醒目，文档的外观效果更加美观。为表格添加边框和底纹类似于为字符、段落添加边框和底纹。

（1）设置表格边框，操作步骤如下：

①单击表格左上角的 ⊞ 符号，选定整个表格。

②在上下文工具【表格工具】中的【设计】选项卡中的【表样式】组中单击【边框】命令，或者单击鼠标右键，从弹出的快捷菜单中选择"边框和底纹"命令，弹出"边框和底纹"对话框，打开"边框"选项卡，如图3.83所示。

③在该选项卡中的"设置"选区中选择相应的边框形式；在"样式"列表框中设置边框线的样式；在"颜色"和"宽度"下拉列表中分别设置边框的颜色和宽度；在"预览"区中单击"预览"区中左侧和下方的按钮可以分别设置相应的边框；在"应用于"下拉列表中选择应用的范围。

④设置完成后，单击"确定"按钮。

图 3.83　为表格设置边框

（2）设置单元格底纹，操作步骤如下：

①选定需要设置底纹的单元格。

②在上下文工具【表格工具】中的【设计】选项卡中的【表样式】组中单击【底纹】命令，在弹出的下拉列表中设置表格的底纹颜色，或者单击鼠标右键，从弹出的快捷菜单中选择"边框和底纹"命令，弹出"边框和底纹"对话框，打开"底纹"选项卡，进行设置，如图3.84所示。

5. 表格自动套用格式

在Word 2007 中为用户提供了一些预先设置好的表格样式，这些样式可供用户在制作表格时直接套用，使得表格的制作更加方便美观。

使用表格自动套用格式的具体操作步骤如下：

（1）将光标定位于要进行格式设置的表格中。

（2）选择上下文工具【表格工具】中的【设计】选项卡，在【表样式】组中弹出的"表格样式"下拉列表中选择一种合适的表格的样式，如图3.85所示。

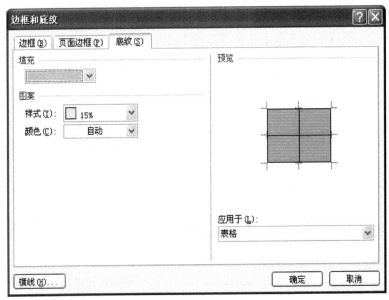

图3.84　为表格设置底纹

（3）在该下拉列表中选择"修改表格样式"选项，弹出"修改样式"对话框，如图3.86所示。在该对话框中可修改所选表格的样式。

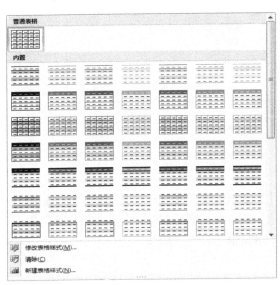

图3.85　"表格样式"下拉列表

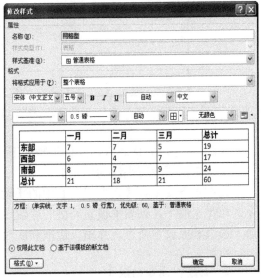

图3.86　"修改样式"对话框

（4）在该下拉列表中选择"新建表格样式"选项，弹出"根据格式设置创建新样式"对话框，如图3.87所示，在该对话框中可以新建表格样式。

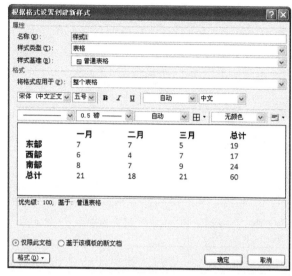

图 3.87　"根据格式设置创建新样式"对话框

3.6.4　表格中的数据计算与排序

Word 2007 中的表格除了可以系统地存放数据外，还具有电子表格的一些简单的功能，可对表格中的数据进行排序、计算等一些简单的操作。下面分别对表格中的运算和排序加以介绍。

1. 表格数据计算

在 Word 2007 中，行号的标识为 1，2，3，4 等，列号的标识为 A，B，C，D 等，所以对应的单元格的标识为 A1，B2，D3，D4 等。利用该单元格的标识符可以对表格中的数据进行计算，例如对如图 3.88 所示的"成绩表"中的"总分"进行数据计算的具体操作步骤如下：

（1）将光标定位在"总分"下方的单元格中。

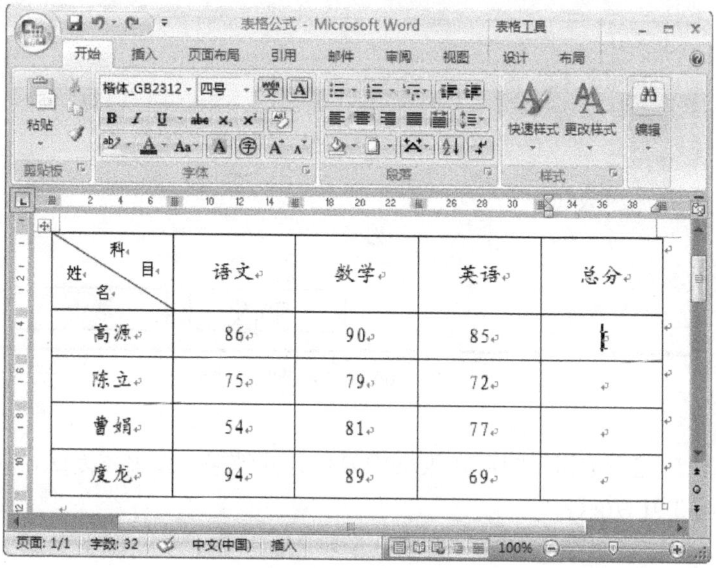

图 3.88　成绩表

（2）在上下文工具【表格工具】中的【布局】选项卡中的【数据】组中单击【公式】按钮，如图 3.89 所示，弹出"公式"对话框。

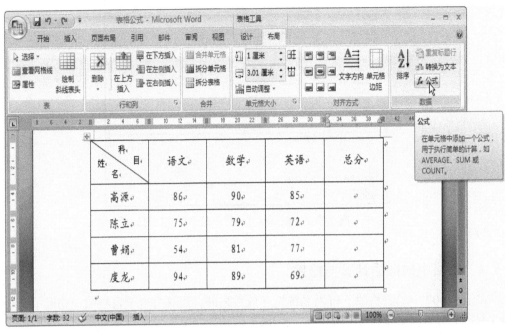

图 3.89　单击【公式】按钮

（3）在弹出的对话框中的"公式"文本框中输入"=SUM(B2:D2)"；在"数字格式"下拉列表中选择一种合适的计算结果格式，如图 3.90 所示。

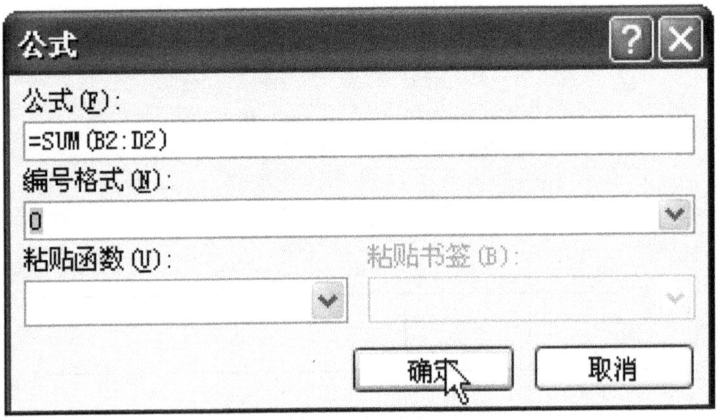

图 3.90　"公式"对话框

（4）单击"确定"按钮，即可在表格中显示计算结果。按上述方法，计算表格中的其他数据，效果如图 3.91 所示。

依照上述方法，可以在"公式"文本框中输入加、减、乘、除等各种公式，来计算相应的值。若是进行其他计算，则可在"公式"文本框中删除 Word 2007 默认的求和公式，并在

"粘贴函数"下拉列表框中选择所需的函数,该选定函数将被粘贴到"公式"文本框中。Word 2007 中常用的函数含义如表 3.3 所示。

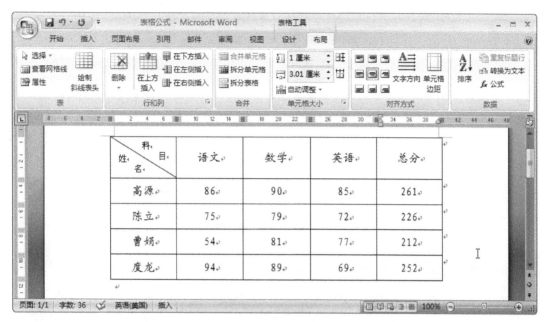

图 3.91 计算结果

表 3.3 函数含义表

函数名	函数含义
AVERAGE	取平均值
COUNT	求一组数的个数
MIN	取一组数中的最小值
MAX	取一组数中的最大值
SUM	求和运算

2. 表格数据排序

在实际操作过程中,经常需要将表格中的内容按一定的规则排列。例如对如图 3.91 所示的计算结果中的"总分"进行排序,具体操作步骤如下:

(1)将光标定位在需要排序的表格中。

(2)在【表格工具】上下文工具中的【布局】选项卡中,选择 【数据】组中的【排序】选项,弹出【排序】对话框。

(3)在该对话框中的"主要关键字"下拉列表中选择一种排序依据,这里选择"总分";在"类型"下拉列表中选择一种排序类型;选中"降序"单选按钮,如图 3.92 所示。

图 3.92   "排序"对话框

（4）单击"选项"按钮，在弹出的如图 3.93 所示的"排序选项"对话框中可设置排序选项。

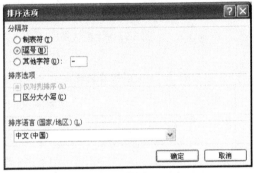

图 3.93   "排序选项"对话框

（5）设置完成后，单击"确定"按钮，效果如图 3.94 所示。

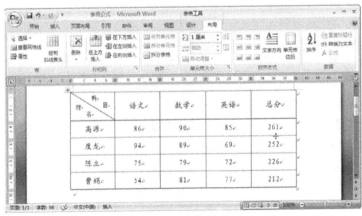

图 3.94   排序结果

3.6.5 Word 2007 综合实例 2——调查情况反馈表

接下来，我们以游客武当山旅游情况反馈表为例，对本节所学的 Word 2007 的表格创建及格式设置等知识要点进行综合应用。任务样例如图 3.95 所示。

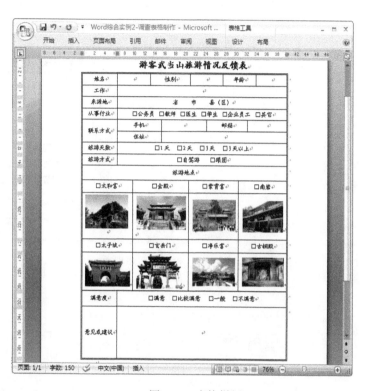

图 3.95 表格样例

实现该任务，具体操作步骤如下：

（1）新建一个 Word 文档，并保存。

（2）在新建的空白文档中，输入标题"游客武当山旅游情况反馈表"。 选中后，在浮动工具栏中设置字体为"楷体"，字号为"小二"，加粗，居中对齐，如图 3.96 所示。

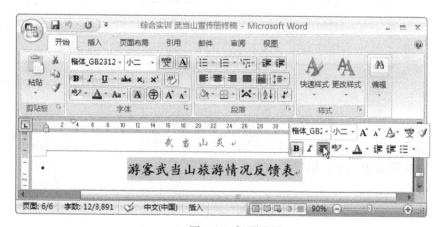

图 3.96 标题设置

（2）将光标定位到第 2 行，在【插入】选项卡中选择【表格】组，单击【表格】命令，在下拉列表中选择【插入表格】命令，在弹出的对话框中设置列数为"6"，行数为"15"，如图 3.97 所示，便可在文档中插入一个 15 行 6 列的表格，如图 3.98 所示。

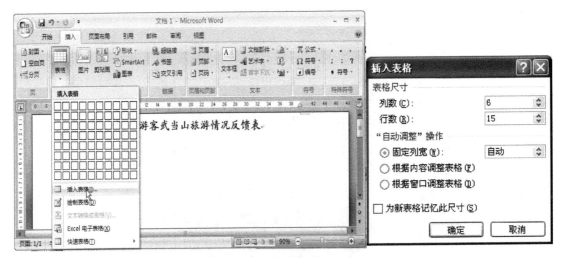

图 3.97　设置行数和列数

图 3.98　插入一个 6 列 15 行表格

（3）选择表格第 2 行的后 5 个单元格，单击鼠标右键，在弹出的快捷菜单中选择"合并单元格"，如图 3.99 所示；以同样的方式分别将第 3、4 行的后 5 个单元格进行合并，效果如图 3.100 所示。

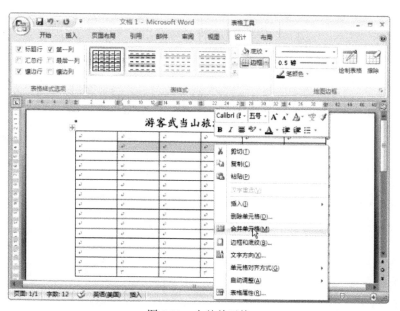

图 3.99　合并单元格

图 3.100　合并单元格后效果

（4）选中表格第 5 行，将后 5 个单元格进行合并，然后单击鼠标右键，选择"拆分单元格"，在弹出对话框中设置列数为"4"，行数为"1"，将 5 个单元格变为 4 个单元格，如图 3.101 所示。

（5）按照（4）中的方式，将第 6 行后 5 个单元格变为 4 个，并将改变后的后 3 个单元格合并为 1 个，如图 3.102 所示。

（6）将第 5、6 行的第 1 列中两个单元格进行合并。

（7）将第 7、8 行的后 5 个单元格分别进行合并。

图 3.101　第 5 行设置

图 3.102　第 6 行设置

（8）将第 9 行 6 个单元格合并为 1 个，如图 3.103 所示。

（9）按照（4）中的方式，分别将第 10 至 13 行的 6 个单元格先进行合并，然后再拆分为 4 个单元格。

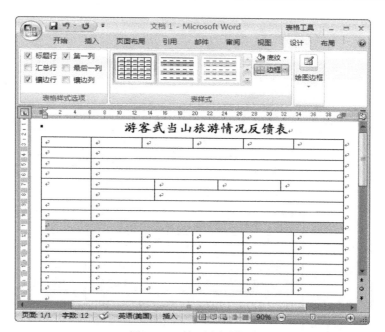

图 3.103　第 5~9 行设置

（10）分别将第 14、15 行的后 5 个单元格进行合并，如图 3.104 所示。

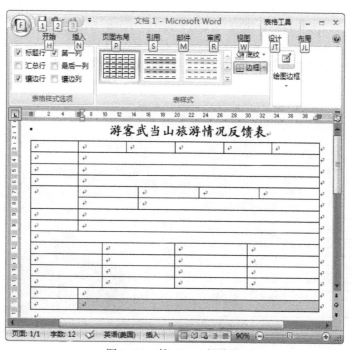

图 3.104　第 10~15 行设置

（11）按照样例图，在相应的单元格内输入内容，并根据需要设置文本的格式为楷体，小四；设置文本在单元格中的对齐方式为居中对齐，如图 3.105 所示。

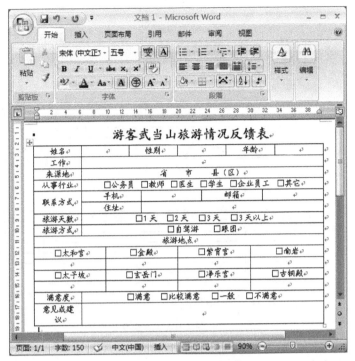

图 3.105　输入文本内容并设置格式

（12）在"□太和宫"正下方单元格中插入一幅图片。将光标定位到第 11 行的第 1 个单元格中，选择【插入】选项卡中的【插图】组，单击【图片】命令，在弹出的对话框中，选择太和宫图片，将该图片插入到对应单元格中，如图 3.106 所示。

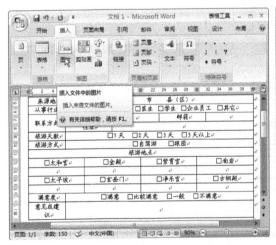

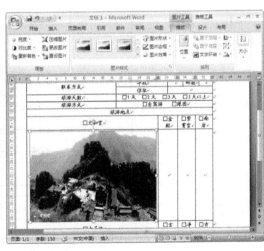

图 3.106　插入图片

（13）选中刚插入的图片，将鼠标定位在图片右下角，当鼠标呈现双箭头 时，点着鼠标左键不动，拖动以调整图片大小到合适；在图片上单击鼠标右键，在快捷菜单中选择"文字环绕"为"紧密环绕型"，调整图片放置在合适的位置。

（14）按照（13）中插入图片的方式，将剩下 7 张图片插入到第 11 行和第 13 行的对应单元格中，并调整图片大小，并将图片的环绕方式设置，如图 3.107 所示。

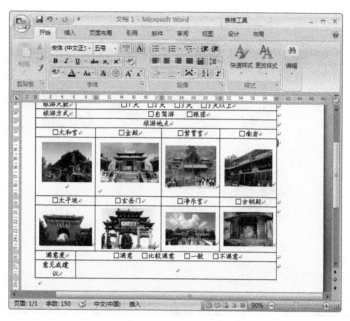

图 3.107　插入图片后效果

（15）选中表格 1 至 10 行、12 行、14 行，选择上下文工具【表格工具】下的【布局】选项卡，在【单元格大小】组中设置行高为 "0.9 厘米"；选中最后一行，设置其行高为 "4 厘米"。

（16）选中整个表格，选择【开始】选项卡中的【段落】组，单击【边框和底纹】命令，在下拉菜单中选择 "边框和底纹" 选项，在弹出的对话框中 "边框页面" 选择样式为 "双边线"，设置合适宽度，在预览区点击上、下、左、右边框按钮，为整个表格加外侧框线；再次选择样式为单线，在预览区，单击中间水平垂直线按钮，为表格加内部框线。

3.7　图文混排

制作一份精美的文档，需要插入一些合适的图形和图片，并在 Word 中设置图片的相关属性，才能使文档达到图文并茂的效果。Word 2007 便具有强大的图文混排功能，它提供了各种图形对象，如图片、剪贴画、自选图形、艺术字、文本框等。

3.7.1　插入图片和剪贴画

1. 图片的插入

在 Word 2007 中可以将已有的图片文件插入到文档中，并对其进行编辑，步骤如下：

（1）将光标定位到需要插入图片的位置。

（2）选择【插入】选项卡，单击【插图】组的【图片】命令。

（3）在弹出对话框的 "查找范围" 下拉列表框中选择图片文件所在的文件夹，然后选定一个要打开的图片文件，如图3.108所示。

图3.108　插入图片

（4）单击"插入"按钮，即可将选定的图片文件插入到文档中。

2. 图片的编辑

插入图片后，图片的大小、位置、效果等属性是否能与文档配合和谐，这是影响文档美观的一个重要因素，因此需要对插入的图片进行编辑。

在插入图片后，word 2007会自动出现一个上下文工具【图片工具】，有关于图片设置的工具都会集中呈现在它的【格式】选项卡上，分为【调整】、【图片样式】、【排列】、【大小】四个组，如图 3.109 所示。

图 3.109　上下文工具【图片工具】

（1）调整：可以对插入的图片进行"亮度"、"对比度"的设置或是更改图片颜色，也可以将图片进行压缩。可以直接点击或在下拉菜单中选择进行操作。

（2）图片样式：这是 Word　2007 图片处理新增的最为出彩的功能，它对图片的样式预设了几十种风格，可以快速更改图片的外形和边框。

选定图片后直接点击需要的图片样式，鼠标移动就可以预览不同样式的效果。

右侧的【图片形状】、【图片边框】命令则可以对图片框线作进一步处理。

【图片效果】命令中更是有多达几十种图片样式。图片效果分为"预设"、"阴影"、"映像"、"发光"、"柔滑边缘"、"三维旋转"等种类繁多十分精彩的预设样式，每一项都有更加详细的个性设置，可以满足自己所需要的各种效果。

（3）排列：可设置图片与文字的环绕方式、位置关系及旋转等。

（4）图片大小：可精确设置图片的高度、宽度，还可以对图片进行剪裁，去掉不需要的部分。

3. 插入编辑剪贴画

在 Word 中提供了一个剪贴画库，里面包含了许多具有特色的图片，如人物图片、动物图片、建筑类图片等，用户可以根据需要在文档中插入剪贴画。

插入和编辑剪贴画的具体操作步骤如下：

（1）将光标定位在需要插入剪贴画的位置。

（2）选择【插入】选项卡，在【插图】组中，单击【剪贴画】命令，在右侧会打开"剪贴画"任务窗格，如图 3.110 所示。

图 3.110　"剪贴画"任务窗格

（3）在该任务窗格中的"搜索文字"文本框中输入要搜索剪贴画的关键字，在"搜索范围"下拉列表中选择搜索范围，在"结果类型"下拉列表中选择剪贴画的类型。

（4）设置完成后，单击"搜索"按钮进行搜索，在"剪切画"任务窗格的列表框中将显示出搜索的结果。

（5）在列表框中双击需要的剪贴画，即可将其插入到文档中。

（6）编辑剪贴画和编辑图片的方法类似。

3.7.2 绘制图形

在 Word 中，提供了一些预设的矢量图形对象，如矩形、圆、箭头、线条、流程图符号、标注等。用户可以将其进行组合绘制出所需要的图形。

1. 添加画布

在 Word 中插入图形对象时，可以将图形对象放置在绘图画布中，以便更好地在文档中排列绘图。绘图画布在绘图和文档的其他部分之间提供了一条框架式边界。在默认情况下，绘图画布没有背景或边框，但可以同处理图形对象一样，对绘图画布应用格式，并且它还能帮助用户将绘图的各个部分进行组合，适用于多个图形的组合情况。

插入和设置绘图画布的步骤如下：

（1）将光标定位到要插入绘图画布的位置。

（2）选择【插入】选项卡，单击【插图】组中的【形状】命令，弹出下拉菜单，在其中选择"新建绘图画布"，如图 3.111 所示，此时将在文档中出现如图 3.112 所示的画布区域。

图 3.111　"绘图"菜单　　　　　　　　图 3.112　画布区域

（3）将鼠标放置在画布的边界或四个角处，单击鼠标左键拖动鼠标，可以调整画布的大小。

（4）切换到【格式】选项卡，单击【形状样式】组中的一种形状样式，可以更改画布的外观。

2. 绘制图形

插入绘图画布后，便可以在画布中绘制各种图形，具体步骤如下：

（1）选择【插入】选项卡，单击【插图】组中的【形状】命令，弹出下拉菜单，如图 3.111 所示，在其中选择需要的形状。

（2）将鼠标移动到画布区域中，此时鼠标指针变成"十"字形，拖动鼠标，即可在画布中绘制一个形状。

（3）以同样的方法绘制其他图形，如图 3.113 所示。

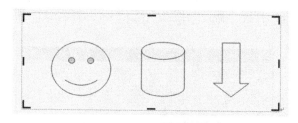

图 3.113　绘制自选图形

3. 编辑图形

在文档中绘制好自选图形后，就可以对其进行各种编辑操作。

（1）在图形中添加文字说明，其操作步骤如下：

选择上下文工具中的【格式】选项卡，单击【插入形状】组中的【添加文字】命令，如图 3.114 所示。或者在插入的自选图形上单击鼠标右键，从弹出的快捷菜单中选择"添加文字"命令，即可输入要添加的文本，效果如图 3.115 所示。

图 3.114　"插入形状"组

图 3.115　为图形添加文本

（2）组合自选图形。

对于绘制的多个自选图形，用户还可以对其进行组合。组合功能可以将不同的部分组合成为一个整体，便于图形的整体移动和其他操作。操作方式为：按着 Shift 键不动，依次拿鼠标选择所要组合的图形，选中全部图形，单击鼠标右键，从弹出的快捷菜单中选择"组合"→"组合"命令，即可将图形组合成一个整体，效果如图 3.116 所示。

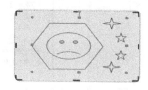

图 3.116　组合图形

反之，若想取消组合，可以先选中组合图形，单击鼠标右键，从弹出的快捷菜单中选择"组合"→"取消组合"命令，即可将组合的图形还原。

（3）设置填充效果。

默认情况下，用白色填充所绘制的自选图形对象。用户还可以用颜色过渡、纹理、图案以及图片等对自选图形进行填充，具体操作步骤如下：

① 选定需要进行填充的自选图形。

② 单击鼠标右键，从弹出的快捷菜单中选择"设置自选图形格式"命令，弹出"设置自选图形格式"对话框，打开"颜色与线条"选项卡，如图 3.117 所示。

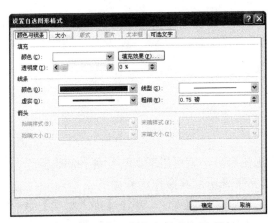

图 3.117　"颜色与线条"选项卡

③ 在该选项卡中的"填充"选区中的"颜色"下拉列表中选择"其他颜色"选项，在弹出的如图 3.118 所示的"颜色"对话框中可设置填充颜色；单击"填充效果"按钮，在弹出的如图 3.119 所示的"填充效果"对话框中可设置图形的填充效果，如图 3.120 所示。

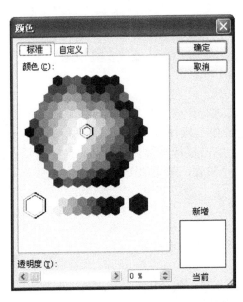

图 3.118　"颜色"对话框

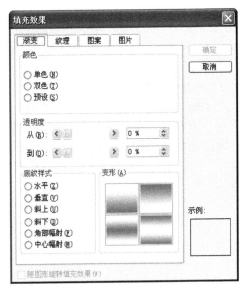

图 3.119　"填充效果"对话框

图 3.120 填充效果

（4）设置阴影效果。

给自选图形设置阴影效果，可以使图形对象更具深度和立体感，并且可以调整阴影的位置和颜色，而不影响图形本身。具体操作步骤如下：

① 选定需要设置阴影效果的图形。

② 选择上下文工具中的【格式】选项卡，单击【阴影效果】组中的【阴影效果】命令，弹出下拉列表，如图 3.121 所示。

③ 在该下拉列表中选择一种阴影样式，即可为图形设置阴影效果；选择"阴影颜色"选项，在弹出的子菜单中可设置图形阴影的颜色。

④ 用户还可以在"阴影效果"选项后对图形阴影的位置进行调整，效果如图 3.122 所示。

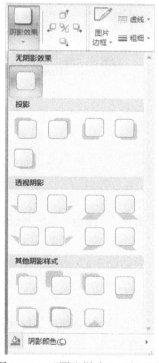

图 3.121 "阴影样式"下拉列表　　　　　　图 3.122 阴影效果

（5）设置三维效果。

为图形设置三维效果可以使图形更加形象、逼真，其具体操作步骤如下：

①选定需要设置三维效果的图形。

②在上下文工具中的【格式】选项卡中的【三维效果】组中选择【三维效果】命令，弹出其下拉列表，如图 3.123 所示。

③在该下拉列表中选择一种三维样式，即可为图形设置三维效果，并可在该下拉列表中设置图形三维效果的颜色、方向等参数。

④用户还可以在"阴影效果"选项后对图形三维效果的位置进行调整，效果如图 3.124 所示。

图 3.123 "三维效果样式"下拉列表   图 3.124 三维效果

（6）设置叠放次序。

当绘制的图形与其他图形位置重叠时，就会遮盖图片的某些重要内容，此时必须调整叠放次序，具体操作步骤如下：

①选定需要调整叠放次序的图片。

②单击鼠标右键，从弹出的快捷菜单中选择【叠放次序】命令，弹出其子菜单，如图 3.125 所示。

③ 在该子菜单中根据需要选择相应的命令，效果如图 3.126 所示。

3.7.3 SmartArt 图形的使用

在 Word 2007 中新增了"SmartArt"工具，用户可以用 SmartArt 图形演示流程、层次结构、循环或是关系。SmartArt 图形包括水平列表、垂直列表、组织结构图以及射线图等，可以使用户更加快捷地做出精美的文档。

1. 插入 SmartArt 图形

创建 SmartArt 图形时，系统将提示用户选择一种 SmartArt 图形类型。SmartArt 图形共有 7 类，而且每种类型包含几个不同的布局。

图 3.125　"叠放次序"子菜单　　　　　图 3.126　设置叠放次序效果

- 列表：用于创建显示无序信息的图示。
- 流程：用于创建在流程或时间线中显示步骤的图示。
- 循环：用于创建显示持续循环过程的图示。
- 层次结构：用于创建结构图，以反映各种层次关系。
- 关系：用于创建对连接进行图解的图示。
- 矩阵：用于创建显示各部分如何与整体关联的图示。
- 棱锥图：用于创建显示与顶部或底部最大一部分之间比例关系的图示。

在文档中插入 SmartArt 图形的具体操作步骤如下：

（1）将光标定位在需要插入 SmartArt 图形的位置。

（2）选择功能区用户界面的【插入】选项卡，单击【插图】组中的【SmartArt】命令，弹出"选择 SmartArt 图形"对话框，如图 3.127 所示。

（3）在该对话框左侧的列表框中选择 SmartArt 图形的类型；在中间的"列表"列表框中选择子类型；在右侧将显示所选择的 SmartArt 图形的预览效果。

（4）设置完成后，单击"确定"按钮，即可在文档中插入 SmartArt 图形，如图 3.128 所示。

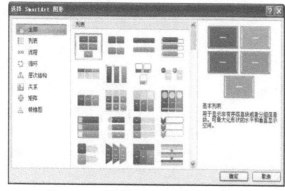

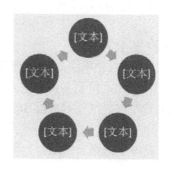

图 3.127　"选择 SmartArt 图形"对话框　　　图 3.128　插入 SmartArt 图形

（5）如果需要输入文字，可在写有"文本"字样处单击鼠标左键，便可输入文字。选中输入的文字，即可像普通文本一样进行格式化编辑。

2. 编辑 SmartArt 图形

在 Word 文档中插入 SmartArt 图形后，还可以对其进行编辑操作。在上下文工具【SmartArt 工具】中的【设计】选项卡中可对 SmartArt 图形的布局、颜色、样式等进行设置，如图 3.129 所示。

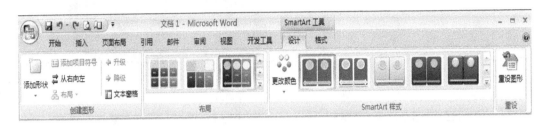

图 3.129　"设计"选项卡

在上下文工具【SmartArt 工具】中的【格式】选项卡中可对 SmartArt 图形的形状、形状样式、艺术字样式、排列、大小等进行设置，如图 3.130 所示。

图 3.130　"格式"选项卡

3.7.4　插入艺术字

为了使文档中的某些文字变得生动活泼，可以使用 Word 2007 的艺术字功能来生成具有特殊视觉效果的文字。在 Word 2007 中，艺术字不是文字而是一种图形对象，所以可以像编辑图形那样编辑艺术字，也可以为艺术字添加边框、底纹、纹理、填充颜色、阴影、三维效果等。

1. 插入艺术字

在文档中插入艺术字，操作步骤如下：

（1）将光标定位到要插入艺术字的位置。

（2）选择功能区用户界面中的【插入】选项卡，单击【文本】组中选择【艺术字】命令，弹出下拉列表，如图 3.131 所示。

（3）在该下拉列表中选择一种艺术字样式，弹出"编辑艺术字文字"对话框，如图 3.132 所示。

图3.131　"艺术字"下拉列表

（4）在该对话框中的"文本"编辑框中输入需要插入的艺术字内容；在"字体"下拉列表中设置艺术字字体；在"字号"下拉列表中设置艺术字大小。

（5）设置完成后，单击"确定"按钮即可在文档中插入艺术字，效果如图3.133所示。

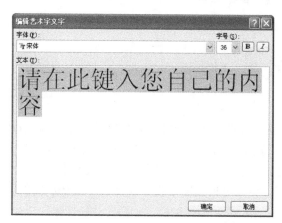

图3.132　"编辑艺术字文字"对话框

图3.133　插入艺术字效果

2. 编辑艺术字

在文档中插入艺术字后，用户可以根据需要对其进行编辑。单击插入的艺术字，在上下文工具【艺术字工具】中的【格式】选项卡中可对艺术字进行各种格式化操作，如图3.134所示。

图3.134　"格式"选项卡

（1）设置艺术字形状。

选择上下文工具【艺术字工具】中的【格式】选项卡，单击【艺术字样式】组中 【更改形状】命令，弹出如图3.135所示的下拉列表，在该下拉列表中选择所需要的艺术字形状。

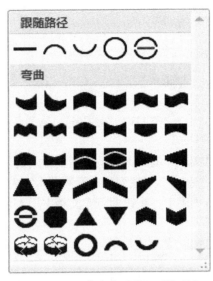

图3.135 "艺术字形状"下拉列表

（2）设置文字环绕方式。

文字环绕方式是指Word 2007文档中艺术字周围的文字以何种方式环绕艺术字，默认设置为"嵌入型"环绕方式。用户可以根据需要设置不同的文字环绕方式，具体操作步骤如下：

选择上下文工具【艺术字工具】中的【格式】选项卡，单击【艺术字样式】组中的【文字环绕】命令，弹出如图3.136所示的下拉列表，用户可根据需要在下拉列表中选择所需的文字环绕方式。

图3.136 "文字环绕"下拉列表

（3）设置艺术字格式。

选中插入的艺术字，单击鼠标右键，从弹出的下拉菜单中选择"设置艺术字格式"命令，弹出"设置艺术字格式"对话框，如图3.137所示。在该对话框中可对艺术字的颜色与线条、大小、版式等进行精确的设置。

图3.137 "设置艺术字格式"对话框

此外，设置艺术字阴影效果及艺术字三维效果的方法同前面自选图形的设置方式，在此就不重复叙述。

3.7.5 插入文本框

文本框是一种用来存放文本或图形的容器，利用它能够将文字和其他图形、图片、表格等对象定位到页面中的任意位置，并可以随意调整其大小。用户还可以在文档中绘制多个文本框，并将它们链接起来。Word 2007中文本框分为两种：横排文本框和竖排文本框。

1. 插入文本框

插入文本框的具体操作步骤如下：

（1）选择功能区用户界面中的【插入】选项卡，单击【文本】组中的【文本框】命令，在弹出的下拉列表中选择"绘制文本框"选项，此时光标变为"十"字形状。

（2）将鼠标指针移至需要插入文本框的位置，单击鼠标左键并拖动至合适大小，松开鼠标左键，即可在文档中插入文本框。

（3）将光标定位在文本框内，就可以在文本框中输入文字；输入完毕，单击文本框以外的任意地方即可。效果如图3.138所示。

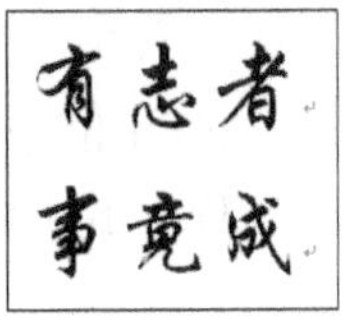

图3.138　插入文本框

（4）单击文本框的边框即可将其选定，此时文本框的四周出现8个句柄，按住鼠标左键拖动句柄，可以调整文本框的大小。

（5）将鼠标指针指向文本框的边框，鼠标指针变成 ✛ 时，按住鼠标左键拖动，可以调整文本框的位置。

（6）要设置文本框的格式，可以右键单击文本框边框，在弹出的快捷菜单中选择"设置文本框格式"命令，出现"设置文本框格式"对话框。使用此对话框可以设置文本框的边框、颜色、边距等属性。

此外，还可以设置文本框的样式、文字方向、阴影效果、三维效果及文字环绕方式，设置方式同艺术字设置方式类似，在上下文工具【文本框工具】中的【格式】选项卡中选择设置。

2. 链接文本框

用户可以在文档中绘制多个文本框，还能够将它们链接起来，成为一个整体，这样，第一个文本框装不下的文字会自动移到第二个文本框中。要在文本框之间创建链接关系，可以按照下述步骤进行操作：

（1）在文档中需要创建链接文本框的位置创建多个空白文本框。

（2）选中第一个文本框，选择上下文工具【文本框工具】中的【格式】选项卡，单击【文本】组中的【创建链接】命令，或者单击鼠标右键，从弹出的快捷菜单中选择"创建文本框链接"命令，此时鼠标指针变为 形状。

（3）将鼠标移至需要链接的下一个文本框中，此时鼠标指针变为 形状，单击鼠标左键，即可将两个文本框链接起来。选定后边的文本框，重复以上操作，直到将所有需要链接的文本框链接起来。

（4）在第一个文本框中输入所需的内容。若该文本框的内容已满，则超出的文字将自动转入下一个文本框中。

（5）若用户需要断开文本框之间的链接，选定要断开链接的文本框，选择上下文工具【文本框工具】中的【格式】选项卡，单击【文本】组中【断开链接】命令，或者单击鼠标右键，从弹出的快捷菜单中选择【断开向前链接】命令即可。断开文本框链接后，文字将在位于断点前的最后一个文本框截止，不再向下排列，所有后续链接文本框都将为空。

3.7.6　Word 2007 综合实例 3——宣传报封面制作

下面，我们以武当山风景区广告宣传册的封面为例，对本节所学的 Word 2007 的图文混排等知识要点进行综合应用。任务样例如图 3.139 所示。

图 3.139　宣传册封面

　　实现该任务，具体操作步骤如下：

　　（1）选择【插入】选项卡中的【页】组，单击【封面】命令，在弹出的菜单中选择"现代型"，为本文档添加封面，如图 3.140 所示。

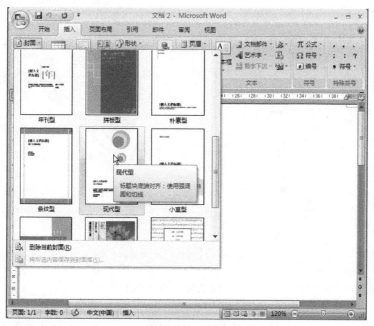

图 3.140　添加封面

（2）将光标定位到封面，选择【插入】选项卡中【文本】组中的【艺术字】命令，在弹出的菜单中选择一种合适的艺术字样式，在弹出对话框中输入"问道武当山"，并设置字体字号字形，点击确定按钮后，便在封面中插入艺术字，如图 3.141 所示。

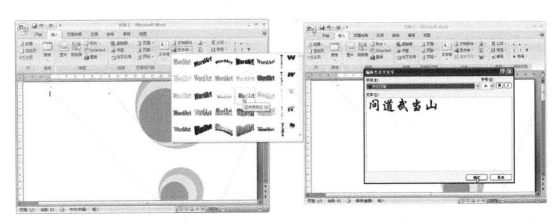

图 3.141　插入艺术字

（3）选中该艺术字，在上下文工具【艺术字工具】下面的【格式】选项卡中设置文字环绕方式为"紧密环绕型"，调整艺术字的大小及位置，如图 3.142 所示。

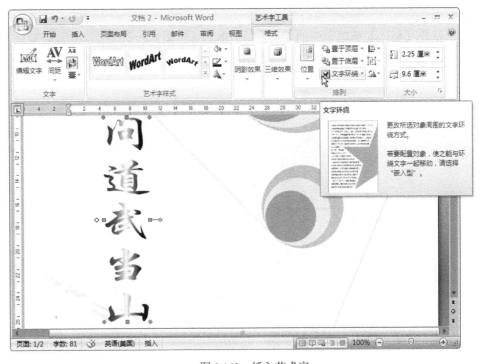

图 3.142　插入艺术字

（4）选中封面模板中提供的三个圆中最内层圆，在上下文工具【绘图工具】的【格式】选项卡中，单击【形状样式】组中的【形状填充】命令，在弹出的菜单中选择"图片"，在弹出的对话框中选择一幅图片，即可将图片嵌入到模板圆形中，如图 3.143 所示。

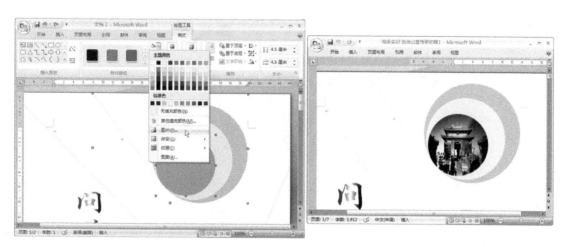

图 3.143　插入图片

（5）删除封面模板中的提示信息，选择【插入】选项卡中【文本】组中的【文本框】命令，在弹出菜单中选择"绘制文本框"选项，将鼠标放在合适位置单击鼠标左键，便在封面上添加一个文本框；在文本框内输入"十堰市武当山旅游风景区管委会 2012 年 1 月 1 日"，设置文本格式，如图 3.144 所示。

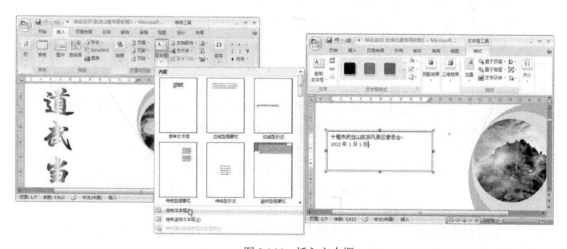

图 3.144　插入文本框

（6）选中文本框，在上下文工具【文本框工具】下的【格式】选项卡中，单击【文本框样式】组的【形状轮廓】命令，在弹出菜单中选择"无轮廓"选项，去掉文本框边框；在【排列】组中设置"文字环绕方式"为"紧密环绕型"，设置文本框大小，并将文本框拖至合适位置，如图 3.145 所示。

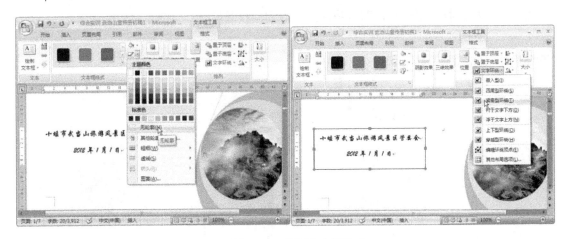

图 3.145　设置文本框格式

3.8　Word 高级应用

3.8.1　设置和使用样式

在实际应用中，我们通常会对文档不同段落分别进行格式的排版，如正文和每一级标题要设置不同的字体、字号、对齐和缩进等格式。若所写的文章短，一段一段分别设置的方法还尚可，若是几十页，就会很麻烦，而且还不易于格式的统一。为了高效地完成长文档的编排，合理使用 Word 2007 提供的样式是最好的解决方法。

简单地说，样式就是一系列预置的排版命令，通常应用于文档的标题、目录、书眉、页码等。样式分为两种：段落样式和字符样式。段落样式控制段落外观的所有方面，如文本对齐、制表位、行间距、边框等。字符样式影响段落内文字的外观，如文字的字体、字号、加粗、倾斜等。即使某个段落已经整体应用了某种段落样式，该段中的字符仍可以有自己的样式。运用样式，能够直接将文字和段落设置成事先定义好的字体、字号以及段落格式，提高编辑效率，并且易于进行文档的层次结构的调整和生成目录。

1. 使用样式

如果想要在文本中应用某种内置样式，其具体操作步骤如下：

（1）选定要应用样式的段落或文本，如若应用于段落，只需将光标定位于该段的任意位置；如若要应用某个字符样式，则需要选定这些字符。

（2）选择【开始】选项卡中的【样式】组，单击其右下角的对话框启动器，会打开"样式"任务窗格，如图 3.146 所示。

（3）从样式列表中选择需要应用的样式，如选择"标题 1"样式，则当前段落便快速格式化为所选样式定义的格式。

2. 修改样式

系统预设的样式十分有限，要满足格式化长文档的需要，一般都要创建若干新的样式，最简单的方式便是在某种内置样式的基础上进行修改。其具体操作步骤如下：

（1）单击【开始】选项卡的【样式】组中的对话框启动器，打开"样式"任务窗格，从现有的样式列表中选择一种样式作为基准样式。

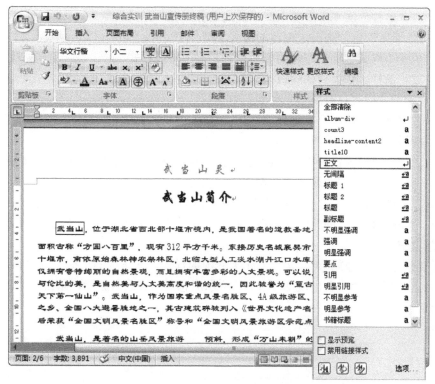

图 3.146　"样式"任务窗格

（2）单击【新建样式】按钮，出现"根据格式设置创建新样式"对话框，如图 3.147 所示。

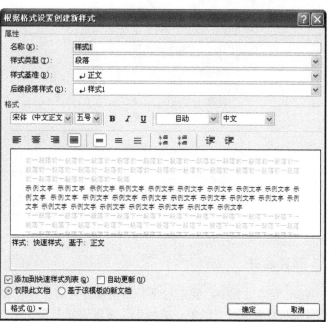

图 3.147　"根据格式设置创建新样式"对话框

（3）在"名称"文本框中输入新样式的名称，在"样式类型"右侧的下拉列表中选择"字符"或"段落"选项来确定创建的样式类型。

（4）单击"样式基准"右侧的下拉列表中更改基准样式。

（5）要将新样式作为默认模板的一部分，应选中"基于该模板的新文档"单选按钮。否则，所设置的新样式只能用于当前文档中。

（6）在"格式"选区中，可以将字体、字号、对齐方式等基本格式指定给新样式，并可以在预览区显示出样式的效果。

（7）若想为新样式设置更多的格式，可以单击"格式"按钮，在弹出菜单中选择所需的格式，具体设置方式和普通文本的设置方法相同。

（8）在"新建样式"对话框中选中"添加到模板"和"自动更新"复选框，单击"确定"按钮，完成新样式的创建，即可在"样式和格式"任务窗格，看到自己新建的样式。

3. 删除样式

如果要删除某一个样式，只需要右击要修改的样式，从出现的快捷菜单中选择"删除××样式"命令即可，此时会出现如图 3.148 所示消息框，若确认删除，单击"是"按钮，便能删除指定的样式。

图 3.148   删除指定样式

3.8.2   邮件合并

在 Word 处理过程中，我们经常会做些重复性的工作，比如为多个用户打印信封，为商品设置标签，做请柬、工资单、成绩单、录取通知书等。它们多数文本都是相同的，只是在称呼、地址等细节方面有所不同，但若一张张设计，又实在过于麻烦。在 Word 2007 中为我们提供的邮件合并功能，可以大大简化这类工作。邮件合并功能的目的旨在加速创建一个文档并发送给多个人的过程，它甚至还能够自定义名字、地址以及其他的一些详细情况。

邮件合并涉及两个文档：第一个文档是邮件的内容，这是所有邮件相同的部分，以下称"主文档"；第二个文档包含收件人的称呼、地址等每个邮件不同的内容，以下称"收件人列表"或数据源。

执行邮件合并操作之前首先要创建这两个文档，并把它们联系起来，也就是标识收件人列表中的各部分信息在主文档的什么地方出现，例如，指定在主文档的哪些位置应当出现收件人列表中的"称呼"。完成以后就可以"合并"这两个文档，为每个收件人创建邮件。以后再次给这些人发信时，只需要创建主文档或修改已有的信件，然后再运行邮件合并功能就可以了，非常方便、快捷。

接下来，我们以学校录取通知书为例，介绍邮件合并的使用方法。

1. 设置主文档

在 Word 2007 中，任何一个普通文档都可以作为主文档来使用。因此，建立主文档的方法与建立普通文档的方法相同，具体操作方法如下：

（1）启动 Word 2007，新建一个空白文档，根据需要设置好纸型、纸张方向、页边距等。

（2）录入文字，设置文本和段落格式，如字体、字号、字符间距、段落缩进、行距等。

（3）如果需要，可设置页眉、页脚中的内容，保存文档。如图 3.149 所示。

图 3.149　主文档

2. 设置数据源

数据源又叫做收件人列表，可看成是一张简单的二维表格。表格中的每一列对应一个信息类别，如姓名、性别、职务、住址等。各个数据域的名称由表格的第一行来表示，这一行称为域名行，随后的每一行为一条数据记录。数据记录是一组完整的相关信息，如某个收件人的姓名、性别、职务、住址等。实际上数据源中不仅仅只是保存收件人信息，还可以包括其他信息。

对于 Word 2007 的邮件合并功能来说，数据源的存在方式很多：一是可以利用 Word 2007 来创建数据源；二是可以通过 Word 表格来制作数据源；三是可以用 Excel 表格制作数据源；四是可以使用 Outlook 或 Outlook Express 的通讯录来制作数据源；五是可以用指定格式的文本文件保存数据源。

（1）使用 Word 2007 自建数据源。

①选择功能区的【邮件】选项卡，在【开始邮件合并】组中单击【选择收件人】命令，在弹出列表中选择"键入新列表"命令。如图 3.150 所示。

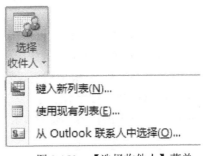

图 3.150 【选择收件人】菜单

②在弹出的"新建地址列表"对话框中，如图 3.151 所示，单击"自定义列"按钮，将原有的字段名重新命名为自己需要的字段名或是删除重新添加，如图 3.152 所示。

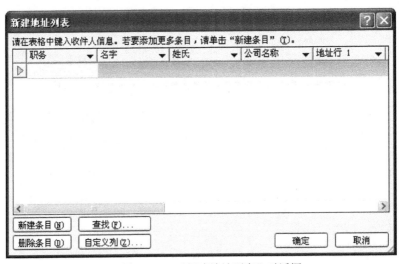

图 3.151 "新建地址列表"对话框

③定义好字段信息后，单击"确定"按钮，回到"新建地址列表"对话框中。

④在"新建地址列表"对话框中，根据字段名输入相关信息，每输完一个字段信息，按下"Tab"键即可输入下一个字段信息，每行输完最后一个字段信息后，按下"Tab"键会自

动增加一个记录。也可以单击"新建条目"按钮来新建记录，单击"删除条目"按钮来删除某条记录。

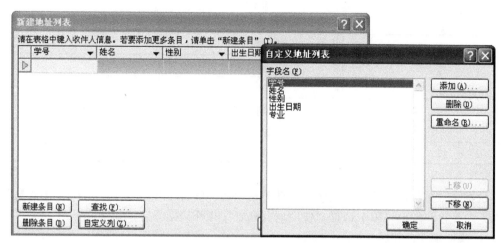

图 3.152　新建自己的地址列表

⑤当数据录入完毕后，单击"确定"按钮，会弹出"保存通讯录"对话框，建议将数据源保存在默认位置。输入保存的文件名，单击"保存"按钮即可。

（2）使用 Outlook 的地址簿作为数据源。

Microsoft Outlook 2007 或者 Outlook Express 都是用户收发邮件的常用工具软件，而这两个软件都带有地址簿功能，把常用的联系人放到地址簿中。而 Word 2007 的邮件合并功能则可以直接使用 Microsoft Outlook 2007 的地址簿，也可以把 Outlook Express 的地址簿导出供 Word 2007 作为数据源。具体操作步骤如下：

①选择功能区的【邮件】选项卡，在【开始邮件合并】组中单击【选择收件人】命令，在下拉菜单中选择"从 Outlook 联系人中选择"命令。

②系统弹出"选择联系人"对话框，单击"确定"按钮。

③系统会弹出"邮件合并收件人"对话框，单击"确定"按钮即可。

（3）使用其他数据源。

Word 2007 还可以使用其他数据源，如 Word 自身制作的表格、Excel 表格和特定格式的文本文件等，但对这些文件有一定要求。

对于 Word 表格来说，该文档只能包含一个表，表格的首行必须包括标题，其他行必须包含要合并的记录。

对于 Excel 表格来说，表格的首行应包含标题，其他行必须包含要合并的记录。Excel 表格中可以包含有多张工作表。

纯文本文档也可以作为数据源，实际上 Outlook Express 导出的通讯簿文件就是一个纯文本文件。对于纯文本文件来说，需要由多行组成，第一行是标题信息，其余的行则是要合并的记录。不论是标题，还是需要合并的记录，在数据之间需要用制表符或逗号分隔开。

当数据源文件建好后，Word 2007 即可在邮件合并功能中使用它，使用已有的数据源的方法：选择【邮件】选项卡，在【开始邮件合并】组中单击【选择收件人】命令，在弹出菜单中选择"使用现有列表"打开数据源文件。

如表 3.4 所示，可以在新建 Word 文档中创建一个表格，并保存。

表 3.4   数据源

姓　名	省　份	专　业
高　源	湖　北	生物工程
张　军	河　南	工　商
陈　立	贵　州	营　销
曹　娟	湖　南	物　流
王建明	湖　北	会　计
何　佳	云　南	计算机科学

设置完数据源后，选择功能区【邮件】选项卡，单击【开始邮件合并】组中的【选择收件人】命令，在弹出菜单中选择"使用现有列表"打开数据源文件。

3. 添加邮件合并域

当主文档制作完毕，数据源添加成功后，就要在主文档中添加邮件合并域了。

（1）打开主文档，将光标定位到文档中需要插入域的地方。如本例中，将光标定位到"同学:"前的横线上，单击【邮件】选项卡中的【插入合并域】命令，在弹出列表中选择"姓名"。

（2）以相同的方式，依次再将"域"中的"省份"、"专业"插入到主文档中对应的位置上。我们可以看到，合并之后的文档中出现了三个引用字段，他们被书名号"包围"了。如图 3.153 所示。

图 3.153　插入域

4. 完成邮件合并

（1）预览邮件合并。

在设置好主文档、设置了数据源、插入了合并域后，怎样才能知道生成的文档是什么样的呢？Word 2007 的预览功能可以直观地在屏幕上显示目的文档。

在功能区的【邮件】选项卡中单击【预览结果】组中的【预览效果】命令，可以看到一封一封已经填写完整的通知书。如果在预览过程中发现了什么问题，还可以进行更改，如对收件人列表进行编辑以重新定义收件人范围等，见图 3.154 所示。

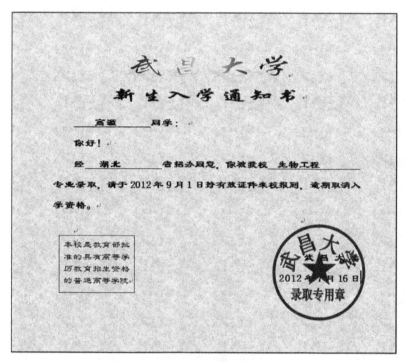

图 3.154　预览效果

（2）完成邮件合并。

预览后，没有错误，即可进行邮件合并。在进行邮件合并时，有两个选项，一是合并到文档中；二是直接把合并的结果用打印机打印出来。

如果要合并到文档中，在功能区【邮件】选项卡的【完成】组中单击【完成并合并】命令，在弹出菜单中选择"编辑单个文档"，Word 会弹出一个对话框，在此对话框中选择"全部"选项，单击"确定"按钮，即可把主文档与数据源合并，合并结果将输入到新文档中。

3.8.3　自动生成目录

在书籍和许多长文档的编辑中，目录是不可缺少的组成部分。它展示了全书内容的分布和结构，便于用户快速了解文档内容及找到需要阅读的文档内容。在 Word 2007 中提供了自动生成目录的功能，使目录的制作变得非常简便，而且在文档发生了改变以后，还可以利用更新目录的功能来适应文档的变化。本任务通过手机说明书目录的制作，学习并掌握 Word 2007 的高级应用——目录制作。

1. 长文档的浏览

在长篇幅文档中，当需要反复查看不同部分的内容时，如果按照一般的方法——通过拉动滚动条来实现，就会费时费力。我们可以通过拆分窗口来同时查看文档的多个部分，或是运用文档结构图和大纲视图等来浏览文档内容。

（1）拆分文档窗口。

在Word 2007中，可以通过拆分文档窗口来同时查看文档的不同部分，具体步骤如下：

①打开要拆分的文档。

②选择功能区的【视图】选项卡，单击【窗口】组中的【拆分】命令 拆分 ，此时工作区的鼠标指针变为 ，如图3.155(a)所示。

③拖动鼠标将拆分条拖动到要拆分文档的位置，则当前文档将被拆分为两个窗口，在每个窗口中用户可以查看到文档的不同部分，如图3.155(b)所示。

④当鼠标移动到拆分条上时，鼠标再次变为 ，拖动鼠标可以调整两个文档窗口大小。

⑤若想撤销窗口的拆分，在拆分线上双击即可恢复为单一窗口。

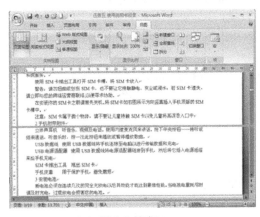 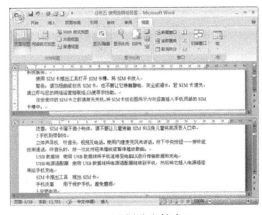

（a）拆分文档窗口 （b）拆分文档窗口

图3.155

（2）文档结构图。

为了方便浏览文档，Word 2007还提供了"文档结构图"来显示文档标题列表，通过单击文档结构图窗格中的标题可以快速跳转到文档的相应位置。

要使用文档结构图来浏览文档时，前提是首先对文档的不同部分应用了内置标题样式（内置标题样式的设置在后面目录制作中讲解）。文档结构图使用具体步骤如下：

①打开要显示文档结构图的文档。

②选择功能区的【视图】选项卡，勾中【显示/隐藏】组中的【文档结构图】复选框，此时在文档窗口左侧出现一个"文档结构图"窗格，如图3.156所示。在该窗格中列出了各级文档标题。

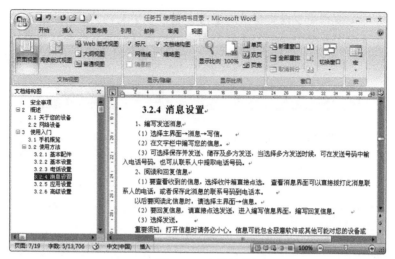

图3.156　文档结构图

③在"文档结构图"中单击一个欲查看的标题，则该标题被选中，而在文档中，光标定位到选中标题处，即可对该部分进行查看。

2. 创建目录

Word 2007一般是利用标题样式或者大纲级别来创建目录的，因此，在创建目录之前，应确保希望出现在目录中的标题应用了内置的标题样式（标题1到标题9）或应用了包含大纲级别的样式。创建目录的具体操作步骤如下：

（1）选中文档中需要应用样式的标题，在【开始】选项卡中的【样式】组中选择一种合适的样式，如标题 1 等。以相同的方式，将各级标题样式应用到文档中的各级标题上。

（2）各级标题的属性（如字体大小、居中、加粗等）可以根据需要自行修改。修改方法：右键单击"标题 1"，在弹出的快捷菜单中选则"修改"，会弹出修改对话框，如图 3.157 所示，根据需要进行修改。

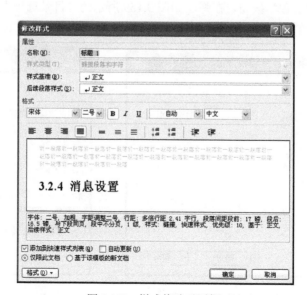

图 3.157　样式修改对话框

（3）将光标定位到需要设置目录的地方，通常位于文档的开头。

（4）选择【引用】选项卡中的【目录】组，单击【目录】命令，在弹出的下拉列表中选择"插入目录"，弹出"目录"对话框，打开"目录"选项卡，如图 3.158 所示。

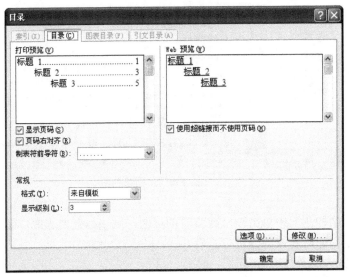

图 3.158　"目录"选项卡

（5）在该选项卡中选中"显示页码"和"页码右对齐"复选框，便可在目录中的每个标题后边显示页码并右对齐。

（6）在"制表符前导符"下拉列表中选择一种分隔符样式。

（7）在"常规"选区中的"格式"下拉列表中选择一种目录风格；在"Web 预览"区中即可看到该风格的显示效果。

（8）在"显示级别"微调框中设置目录中显示的标题层数。

（9）单击"选项"按钮，在弹出如图 3.159 所示的"目录选项"对话框中可设置目录的选项；单击"修改"按钮，在弹出如图 3.160 所示的"样式"对话框中可修改目录的样式。

图 3.159　"目录选项"对话框

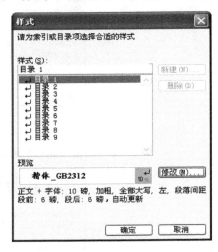

图 3.160　"样式"对话框

（10）设置完成后，单击"确定"按钮，即可将目录插入到文档中。

3. 更新目录

如果对文档进行了修改，则必须更新目录，具体操作步骤如下：

（1）将光标定位在需要更新的目录中。

（2）选择【引用】选项卡，单击【目录】组中的【更新目录】命令，弹出"更新目录"对话框，如图3.161所示。

（3）在该对话框中选中"只更新页码"单选按钮，则只更新现有目录的页码，而不影响目录的增加或修改；选中"更新整个目录"单选按钮，则重新创建目录。

（4）单击"确定"按钮，即可更新目录。

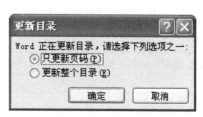

图3.161 "更新目录"对话框

4. 删除目录

当要删除目录时，可以手动选定需要删除的整个目录，然后按Delete键即可。

思考题

1. 仿照如下样图所示，制作一份完整的简历，包括封面、简历表格及自荐信各占一页。简历内容可根据个人实际情况自定。调整每页图文格式，使其美观规则。

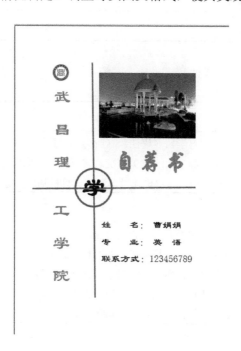

个 人 简 历

姓　名	曹娟娟	性　别	女	出生年月	1990.1.1
民　族	汉	籍　贯	湖北十堰	政治面貌	党　员
身　高	168cm	体　重	50kg	身体状况	良　好
专　业	英语教育	学　历	本科	毕业院校	武昌理工学院
联　系 方　式	通讯地址	武昌理工学院外语系英语教育专业 0812 班（430000）			
	电　话	027-81651111　　1391111111			
	邮　箱	lovetianshangdemen@yahoo.com.cn			

⊠ 求职意向

　　初高中英语教师、高等院校或英语培训机构教师、公司或企业文秘、翻译、行政人员、教育机构或英语培训机构。

❖ 自我评价

　　形象佳、气质好、真诚热情、稳重大方、积极上进、能吃苦耐劳。

▢ 个人能力

　　具有很强的听力基本功和跨文化交际能力，具备相当强的阅读经验和能力，书面表达能力较强，能写出各类体裁的文章。

　　细心认真，具有严谨的学习作风，对工作精益求精。

　　逻辑思维能力强，领悟性高。

　　具有很强的团队合作精神和人际交往能力。

　　能熟练操作 office 办公软件。

⊠ 所获证书及奖励

　　全国英语专业四级。

　　全国普通话水平测试二级甲等证书。

　　全国高等学校计算机二级证书。

📖 专业课程

　　《心理学》、《高级英语》、《教育学》、《语法》、《听力》、《翻译》、《中学英语教材教法》、《语言学概论》、《英语词汇学》、《英语修辞学》、《英美概况》、《语言与文化》、《英语报刊选读》、《外贸英语函电》、《日语》、《教师口语》、《口语》、《电化教学》、《计算机基础》等。

▢ 社会实践

2008 年	参加儿童教育心理咨询公益活动。
2009 年暑假	在市少儿英语培训班任补习教师。
2009 年 11 月	参加"军民鱼水情，绿色军营行"活动。
2010 年	参加"保护母亲河"的环保宣传活动。
2011 年 10～11 月	在湖北省十堰市茅箭区实验学校教育实习。

自 荐 信

尊敬的领导：

　　您好！感谢您在百忙之中抽出宝贵时间来阅读我的材料。

　　我叫曹娟娟，是武昌理工学院英语教育专业的本科生，今年 7 月我将顺利毕业并获得英语学士学位。我希望能有机会加入贵单位，能为贵单位的发展贡献自己的一份力量。

　　四年大学阶段的学习，让我牢固地掌握了各种专业知识及相关知识，并努力学以致用。在这个学与用相互推进的过程中，我的专业基础更加牢固，知识结构更加丰富，学习能力和实际运用能力也进一步得到了加强。

　　作为一名英语专业的学生，多年来与自己喜爱的英语为友，在学习和生活中积累了丰富的经验，打下了牢固的语言基础。具有较强的听力基本功和跨文化交际能力，具备相当的阅读经验和阅读能力，有较强的书面表达能力，能写出各类体裁的文章。另外我还能运用 Office 等办公软件进行相关工作。

　　在大学期间，表现优秀，在学习上积极要求进步，具有较强的上进心；在班级和系里担任多项职务，工作表现突出。具有很强的组织和协调能力，受到学院领导和同学们的一致好评。强烈的事业心和责任感使我能够面对任何困难和挑战。

　　我有很强的事业心和责任感以及积极向上的进取精神。我的择业观是"只要有机会，就决不放弃，从基层做起，努力实现自身价值！"我更坚信一个真正的人才不会被埋没！

　　我真诚地期望您能给我一个机会去施展我的才干和能力，相信有了您的信任和我的努力，会给贵单位带来更大的回报。我将与所有的同仁一起，为贵单位的更加辉煌贡献自己的一份微薄之力。

　　如有机会与您面谈，我将十分感谢！

　　再次感谢您对我的求职信的关注，祝贵单位事业蒸蒸日上！

　　此致

　敬礼

自荐人：曹娟娟

二零一二年二月六日

第4章 电子表格处理软件 Excel 2007

Excel 2007 是 Microsoft Office 系列软件之一，主要用于数据表格的制作，存储、处理和分析，在各行各业均有着重要的应用。本章将介绍如何使用 Excel 2007 软件来进行电子表格的处理。

Excel 2007 是 Office 2007 系列中的核心软件之一，与以前的版本相比，Excel 2007 中新增和改进的功能可以帮助用户进一步提高工作效率，Excel 2007 中主要的新增功能有：

1. 改进的功能区

Excel 2007 中首次引入了功能区的概念，利用功能区可以轻松的查找在以往版本中隐藏较深的功能。如图 4.1 所示。

图 4.1 Excel 2007 中的功能区

2. Office 按钮

"Office 按钮" 是 Microsoft Office 2007 程序中的新增功能，在 Office 按钮的菜单下可以打开、保存、打印、共享和管理文件以及设置程序选项。如图 4.2 所示。

图 4.2 Office 菜单

3. 改进的格式设置

通过使用数据条，色阶和图标集，条件格式设置可以轻松地突出显示所关注的单元格或单元格区域，强调特殊值和可视化数据。如图 4.3 所示。

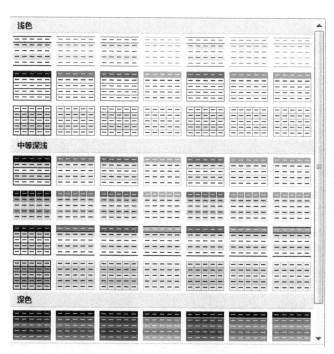

图 4.3　Excel 2007 中的表格格式

4. 改进的筛选功能

快速、有效地找到用户所需的内容是 Excel 2007 必须具备的功能，尤其是对大型工作表，可能需要在上万甚至上百万条记录中进行查找，使用新的筛选器可以大大提高工作效率。如图 4.4 所示。

图 4.4　Excel 2007 中的筛选器

计算机系列教材

除了以上列举的新增功能外，Excel 2007 还有许多新增功能和改进之处，各位读者在使用时要多加体会。

4.1 Excel 2007 概述

4.1.1 Excel 2007 窗口简介

启动 Excel 2007 后，可以看到软件的工作界面。如图 4.5 所示。

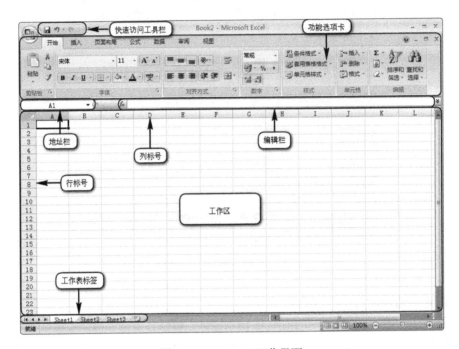

图 4.5 Excel 2007 工作界面

1. 快速访问工具栏

位于窗口标题栏左侧，包含一组独立于当前界面状态的命令按钮，用户可以将常用的按钮命令添加到该工具栏，方便用户快速使用常用功能，提高工作效率。

2. 功能选项卡

位于窗口上部标题栏下方，替代了传统菜单功能，以选项卡的方式显示软件中可以使用的各类命令。默认状态下选项卡有"开始"、"插入"、"页面布局"、"公式"、"数据"、"审阅"、"视图"等。每个选项卡中都有一组相关命令构成的选项组。

3. 地址栏

位于选项卡下方，用于显示当前选择的单元格（单元格区域）的地址或名称。

4. 编辑栏

位于地址栏右侧，用于显示和编辑当前选择的单元格中的内容。

5. 列标号

位于地址栏下方，用于定位当前选择的单元格的列号，设定列宽。

6. 行标号

位于工作区左侧，用于定位当前选择的单元格的行号，设定行高。

7. 工作区

软件界面的主体部分，占据最大的面积，由许多的单元格构成。当 Excel 2007 工作簿窗口最大化时，工作簿窗口和 Excel 2007 应用程序窗口共用一个标题栏，而工作簿窗口的控制按钮则在 Excel 2007 应用程序窗口相应控制按钮的正下方。

8. 工作表标签

位于工作区下方的左侧，默认名称为"Sheet1"、"Sheet2"、"Sheet3"。工作表标签用于显示和切换不同的工作表。在一个 Excel 2007 文件中可以有多个工作表，通过工作表标签，可以选择要显示或编辑的工作，也可以通过工作表标签处的按钮对工作表进行新建、复制或移动等操作。

4.1.2 工作簿的基本操作

Excel 2007 生成、处理的文档称为工作簿，工作簿由若干个工作表组成，而工作表通常是由行列交叉而形成的单元格组成。

工作簿是计算和储存数据的文件，它一般包含有一个或多个工作表，因此可在单个文件中管理各种类型的相关信息。一个工作簿以一个文件的形式存放在磁盘上，扩展名为.xlsx。文件图标如图 4.6 所示。

Book1.xlsx

图 4.6　工作簿文件

启动 Excel 2007 后，会自动生成一个名为"Book1"的工作簿，"Book1"是一个默认的、新建的和未保存的工作簿，当用户在该工作簿输入信息后第一次保存时，Excel 2007 弹出"另存为"对话框，可以让用户给出新的文件名（即工作簿名）。当然，如果用户是通过双击某个 xlsx 文件启动的 Excel 2007，则将直接打开相应文件，而不会有"Book1"生成。

1. 新建工作簿

要创建数据表格，首先需要创建工作簿文件。操作方法如下：

①单击"Office 按钮"；

②选择【新建】选项；

③在弹出的"新建工作簿"对话框中，如图 4.7 所示，双击【空白工作簿】按钮即可。或按下快捷键 Ctrl+N，也能立刻新建一个工作簿。

2. 打开已有工作簿文件

如果要对已有的工作簿文件进行修改，需要打开已有的工作簿文件。操作方法如下：

①单击"Office"按钮；

②选择【打开】选项；

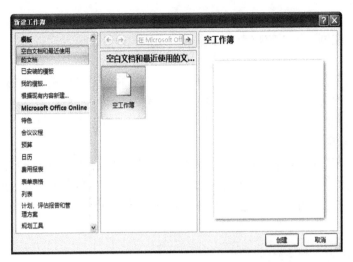

图 4.7 "新建工作簿"对话框

③在弹出的"打开"对话框中选择要打开的文件,如图 4.8 所示;
④单击【打开】按钮即可。或按下快捷键 Ctrl+O,也能弹出"打开"对话框。

图 4.8 "打开"对话框

直接找到 xlsx 文件,双击文件图标,系统会自动调用 Excel 2007 打开文件,此方法更为常用。

3. 保存工作簿

对工作簿内容进行编辑后,应尽快保存文件,并在使用过程中养成随时保存的习惯,以免在计算机出现意外状况时丢失数据。操作方法如下:

①单击"Office"按钮;
②选择【保存】选项;

③ 在"另存为"对话框中选择文件保存的路径，输入文件名，如图 4.9 所示；

④ 单击【保存】按钮即可。

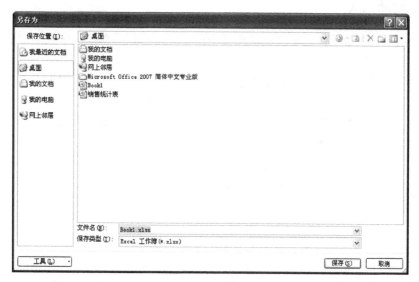

图 4.9　"另存为"对话框

注意：若文件不是初次保存，则不会出现"另存为"对话框，而是直接保存文件。另外，发出保存指令除了上述方法外，还可以使用快捷键 Ctrl+S，或单击快速工具栏中的【保存】按钮，都能进行保存。

如果保存的工作簿文件希望能够在旧版本的 Excel 2007 中打开，需要在文件保存时选择文件类型。操作方法如下：

①单击"Office"菜单；选择【另存为】选项；

②在"另存为"对话框中选择文件类型为"Excel 97-2003 工作簿（*.xls)"；

③单击【保存】按钮即可。如图 4.10 所示。

图 4.10　选择保存格式

4.2 数据的输入与编辑

4.2.1 数据的输入

向单元格中输入数据，先定位要输入数据的单元格，然后直接在单元格中或编辑栏键入数字、文字或其他符号。

任何输入，只要系统不认为它是数值，它就是文本型数据。如果想把任何一串字符当作文本输入，只要输入时，在第一个字母前加单引号'。如想输入学号，为了避免 Excel 2007 将其作为数字处理，应在第一个字母前加单引号'。例如，需要输入编号"001"，则应采用下图中的输入方式。如图 4.11 所示。

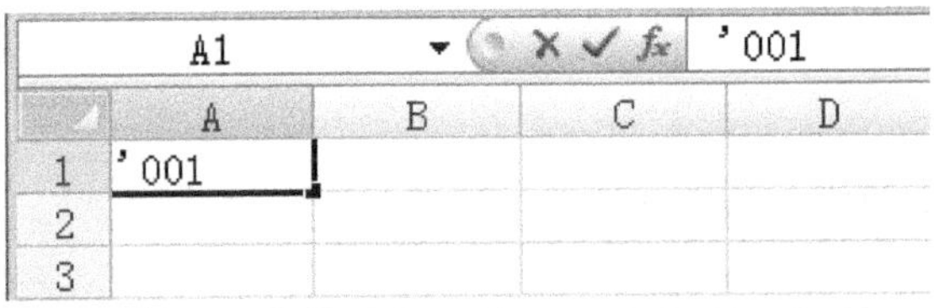

图 4.11　输入文本型数值

选择要开始输入的单元格，直接输入内容后按回车键确认输入，会自动切换到一下单元格继续输入。若需对一个单元格区域输入数据，则应先选择到整个区域后再输入。这样，在一列输入完成后，会返回到下一列继续输入，提高输入效率。如图 4.12 所示。

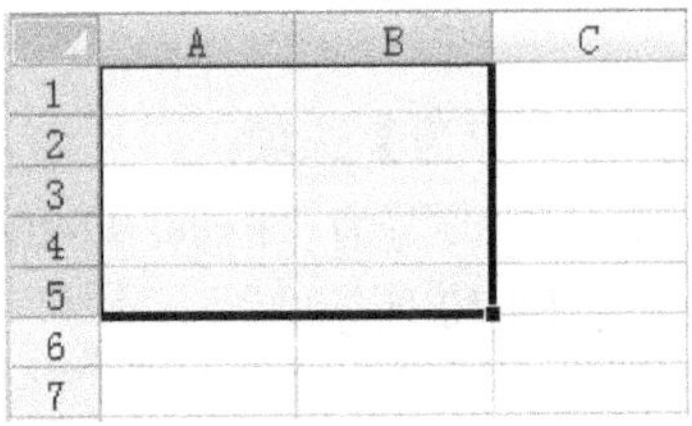

图 4.12　在单元格区域中输入数据

在出现误操作时，可以单击快速工具栏中的【撤销】按钮　或快捷键 Ctrl+Z，撤销上一步的操作，连续点击可撤销多次。当撤销过多时，可单击快速工具栏中的【恢复】按钮　或快捷键 Ctrl+Y 恢复上一步的撤销。

若需要对单元格内的部分内容进行修改，可双击单元格进入修改状态。也可选择单元格后在编辑栏中进行修改。如图 4.13 所示。

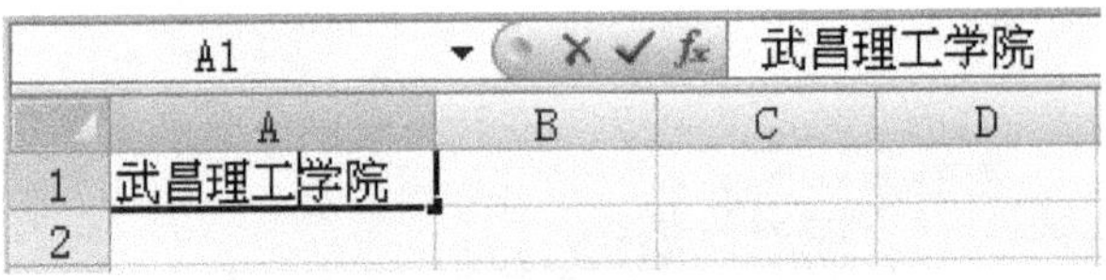

图 4.13　在单元格或编辑栏中修改数据

输入分数时，如"1/2"，Excel 2007 会自动将其转换为日期，此时应在输入前加上数字 0 和空格，再输入分数。如图 4.14 所示。

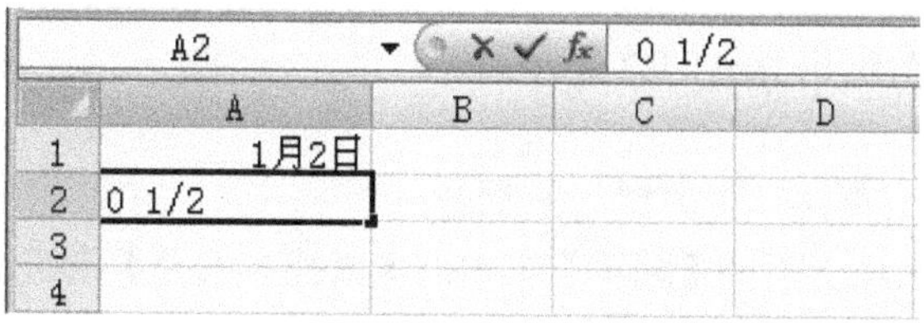

图 4.14　正确输入分数

输入时 Excel 2007 具有记忆功能，当前输入内容若已在表格中出现过，在输入前几个文字时，后面的内容就会自动出现。若有多个开头相同的内容，则可以使用【↓】方向键进行选择。如图 4.15 所示。

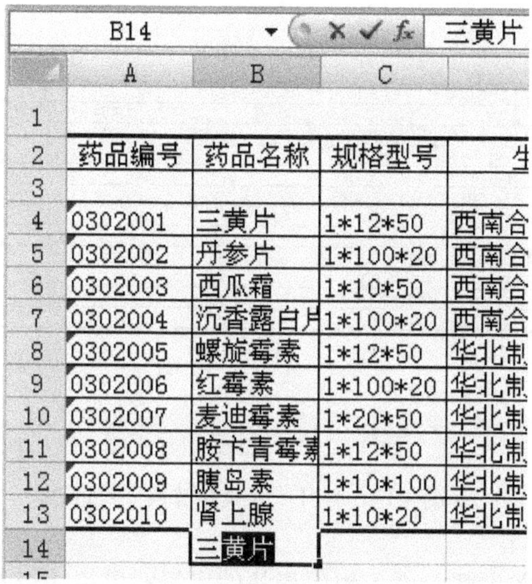

图 4.15　自动输入重复数据

当有多个单元格内容相同时，可先按住 Ctrl 键，同时选择多个单元格后输入一个内容，然后按下 Ctrl+Enter 键确认输入，每个单元格都会出现相同内容。如图 4.16 所示。

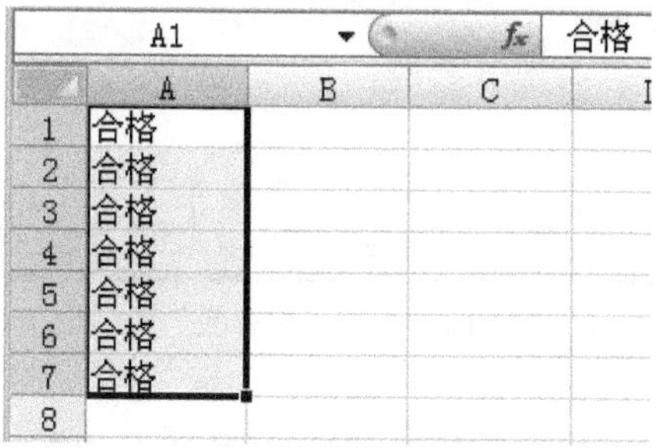

图 4.16　快速相同数据

4.2.2 数据的基本编辑

1. 查找和替换

Excel 2007 提供了查找和替换命令使用户可以在工作表中对所需要的数据进行查找，并且还可以将查找到的数据用另外的数据去替换它。

（1）查找。

要在当前工作表上查找一个数据，步骤是：

①选择【开始】选项卡下的【编辑】组中的【查找和选择】按钮，在弹出菜单中选择【查找】选项，如图 4.17 所示。弹出"查找和替换"对话框。

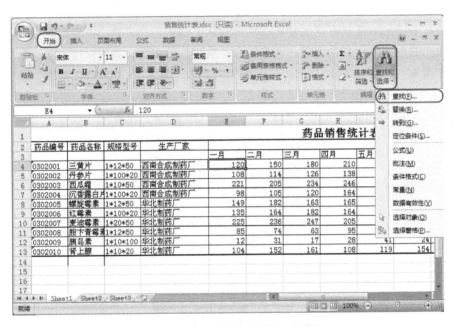

图 4.17 打开"查找和替换"对话框

②在"查找内容"文本框中输入想要查找的字符，单击【查找下一个】按钮，就可以定位到包含有查找内容的单元格。如图 4.18 所示。

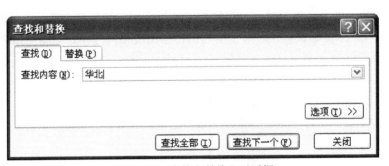

图 4.18 "查找和替换"对话框

③"查找内容"框中可使用通配符？和*。如果需要搜索特殊的格式（带有格式的文字、

数字或单纯格式），单击【选项】按钮，可选择和设定要查找的范围和格式。如图 4.19 所示。

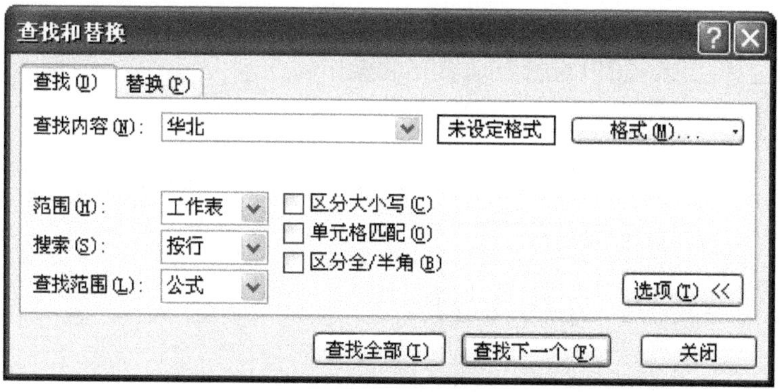

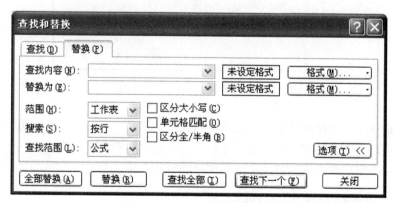

图 4.19 带格式的"查找和替换"对话框

对话框中的"搜索"列表框可设置按行或按列搜索；"范围"列表框可设置查找范围是当前工作表还是在整个工作簿；"查找范围"列表框可以指定是搜索值、公式或批注；"区分大小写"指在查找时要区分大小写；"单元格匹配"将限于只搜索完全匹配的单元格。例如在查找"武昌"时，一般会找出所有含"武昌"的单元格，如："武昌理工学院"、"武昌区"等，但如果选定复选框"单元格匹配"，将只找出仅仅有"武昌"的单元格。

（2）替换。

替换操作与查找操作基本一样。操作方法为：

①选择【开始】选项卡下的【编辑】组中的【查找和选择】选项。

②在弹出菜单中单击【替换】选择，则弹出"替换"对话框。

③在对话框中输入查找值和替换值，然后单击【查找下一个】定位，单击【替换】按钮，可逐一替换；若单击【全部替换】按钮，则一次全部替换所有查找到的内容。同样，也可以进行带有格式的替换，如图 4.20 所示。

图 4.20 "替换"对话框

2. 自动填充

Excel 2007 提供的自动填充功能，可以快速地录入一个数据序列。例如日期、星期、序号等。利用这种功能可将一个选定的单元格，按列方向或行方向给其相邻的单元格填充数据。

（1）填充柄。

填充柄是位于所选区域右下角的小黑方块，如图 4.21 所示。将鼠标指向填充柄时，鼠标的形状变为"+"状。通过拖曳填充柄，可以将选定区域中的内容按某种规律进行复制。利用"填充柄"的这种功能，可以进行自动填充的操作。

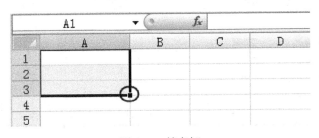

图 4.21　填充柄

如果选定的单元格中包含有 Excel 2007 提供的可扩展序列中的数字、日期或时间段，利用"填充柄"可以自动填充按序列增长的数据。例如，选定的单元格中的内容为"一月"，则可以快速在本行或本列的其他单元格中填入"二月"、"三月"……"十二月"等。

（2）"序列"对话框。

从"序列"对话框中可以了解到 Excel 2007 提供的自动填充功能。选择【开始】选项卡下的【编辑】组中的【填充】按钮，在弹出菜单中单击【系列】命令，可以得到"序列"对话框，如图 4.22 所示。

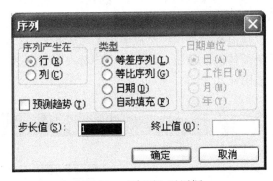

图 4.22　"序列"对话框

在对话框中，"序列产生在"说明序列只能生成在一行或一列；"类型"表明自动填充有四种类型："等差序列"、"等比序列"、"日期"和"自动填充"；"日期单位"是在选定了日期类型后才可用，提供了可以使用的日期单位。

4.2.3　为单元格设置数据有效性

在 Excel 2007 中输入数据时，为了防止数据录入出现错误，可以为单元格设置录入规则，当输入内容无效时，可以提示用户，有效的避免错误。

1. 设置数据有效性规则

要对单元格中输入的内容进行限制，需要为单元格添加数据有效性规则，例如学生信息

表中学生年龄不能超过 30 岁, 其设置方法为:

① 选择要设置数据有效性规则的区域;

② 单击【数据】选项卡下的【数据工具】组中的【数据有效性】按钮;

③ 在弹出的"数据有效性"对话框中完成如图 4.23 所示的设置; 然后单击【确定】即可。

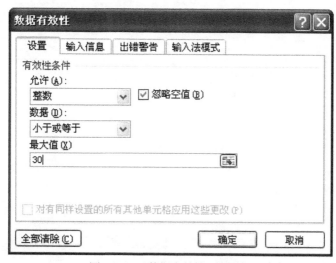

图 4.23 "数据有效性"对话框

2. 设置出错警告类型及信息

为单元格设置有效性规则后, 当输入数据不符合规则时, Excel 2007 将弹出警告对话框, 通过出错警告, 可以更改警告对话框的类型和提示信息, 其设置方法为:

①在"数据有效性"对话框中选择【出错警告】选项卡;

②在"样式"中选择警告类型; 在 "标题"文本框中输入警告对话框的标题文字;

③在"错误信息"文本框中输入错误提示信息; 单击【确定】即可。如图 4.24 所示。

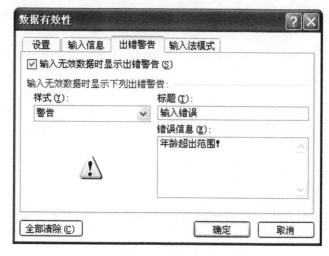

图 4.24 设置警告信息

4.2.4 综合应用实例1——制作职工基本信息表

（1）新建工作簿，在工资表 Sheet1 中的第一行输入表格标题行，文字如图 4.25 所示。

图 4.25　输入标题行

（2）在单元格 A2 中，输入第一位职工的工号"A1001"。如图 4.26 所示。

图 4.26　输入第一个职工的工号

（3）拖动 A2 格的填充柄至 A12 格，对工号进行自动填充。如图 4.27 所示。

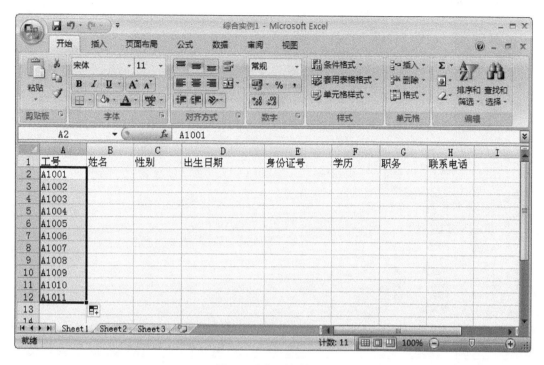

图 4.27　自动填充工号

（4）在姓名列中输入职工姓名，文字如图 4.28 所示。

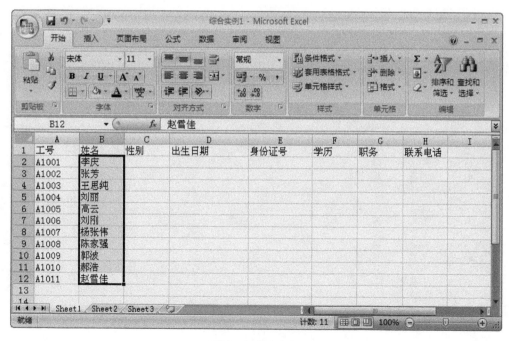

图 4.28　输入姓名

（5）选择需要填写"男"的性别列中的单元格，输入文字"男"，按下 Ctrl+Enter 键确认输入。如图 4.29 所示。

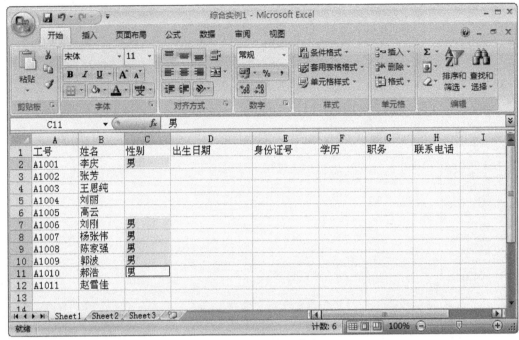

图 4.29　设置警告信息

（6）用同样的方法输入性别"女"。如图 4.30 所示。

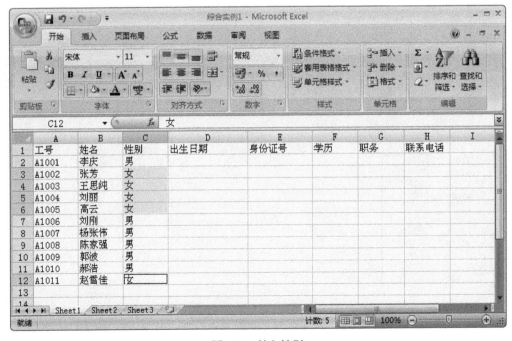

图 4.30　输入性别

（7）在出生日期列输入职工的出生日期，注意输入格式为"年-月-日"。如图 4.31 所示。

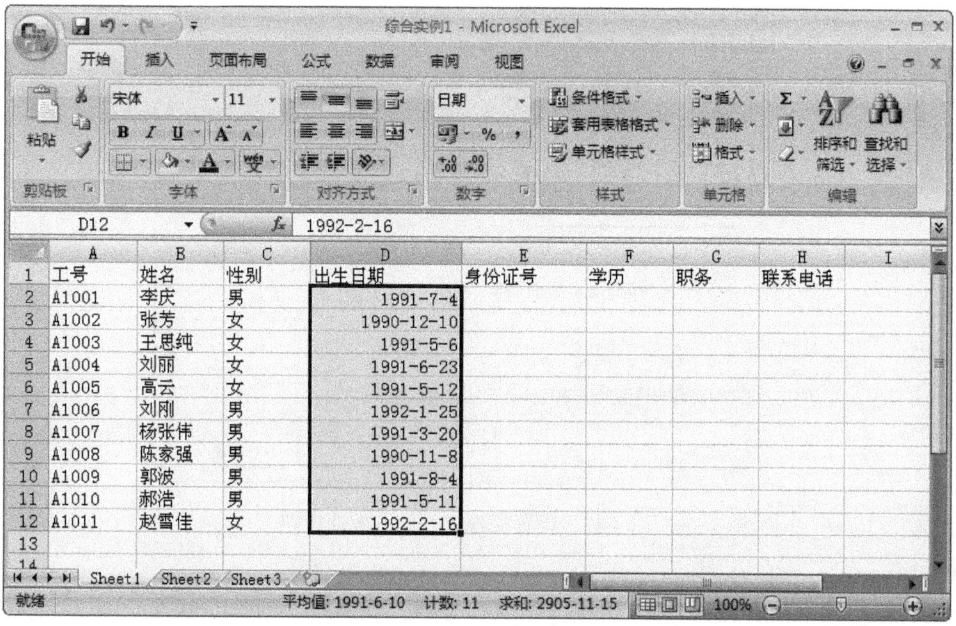

图 4.31 输入出生日期

（8）选择出生日期单元格区域，选择【开始】选项卡下的【数字】组中的【数据格式】下拉框，在弹出菜单中，选择【长日期】项。设置结果如图 4.32 所示。

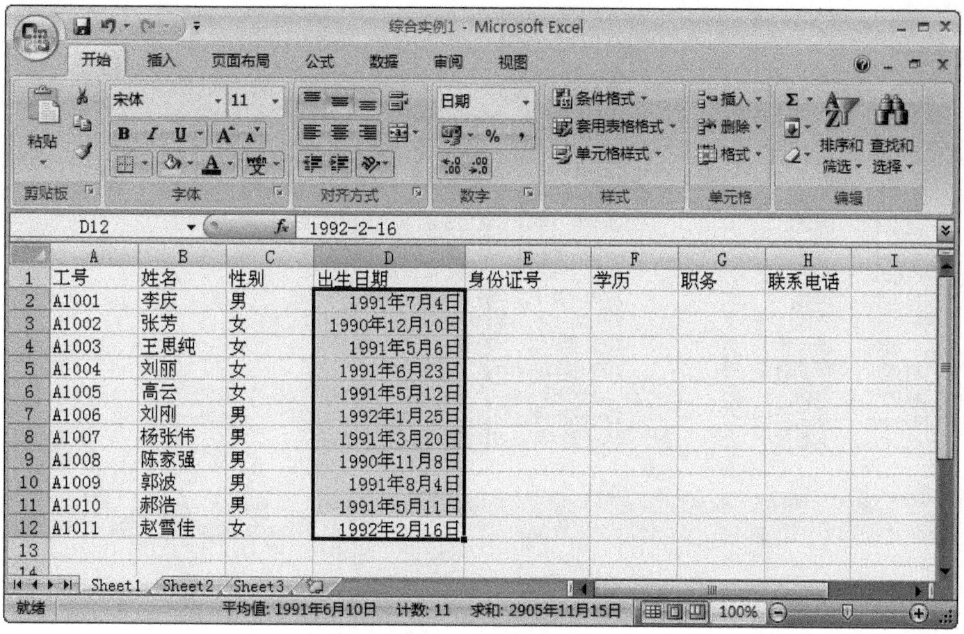

图 4.32 "长日期"格式

（9）选择身份证号列的单元格区域，选择【数据】选项卡下的【数据工具】组中的【数据有效性】按钮，在弹出的"数据有效性"对话框中，做如图 4.33 所示的设置。

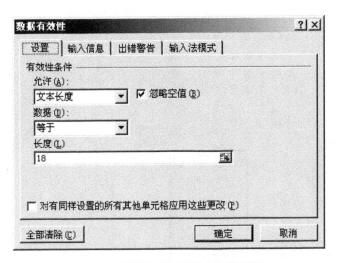

图 4.33 设置身份证号的有效性规则

（10）在身份证号列，输入职工的身份证号码。注意输入号码前添加单引号。如图 4.34 所示。

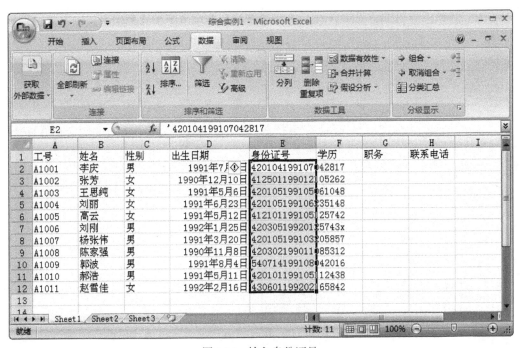

图 4.34 输入身份证号

（11）使用和性别列相同的输入方法，输入学历列和职务列。如图 4.35 所示。

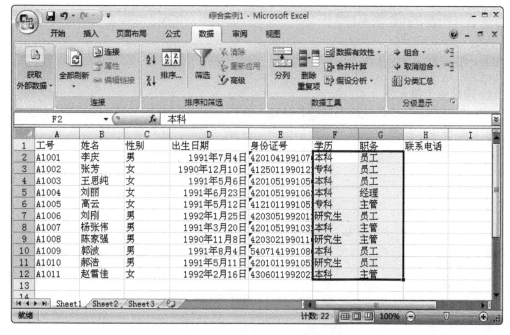

图 4.35 输入学历和职务

（12）使用和身份证号列相同的输入方法，输入联系电话。如图 4.36 所示。

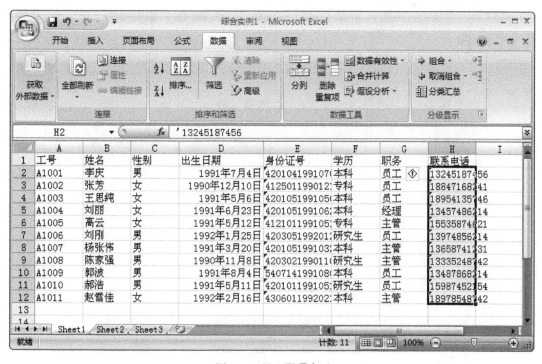

图 4.36 输入联系电话

4.3 工作表的编辑和操作

4.3.1 单元格基本操作

1. 选择单个单元格

在对表格中某一个单元格内容进行编辑、修改时，首先需要选中该单元格。最简单的选择方法是将鼠标移动到单元格处，单击即可。此外，也可以通过在地址栏输入单元格地址的方式选择。如图4.37所示。

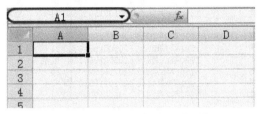

图4.37 通过地址栏选择单元格

在某一单元格被选中的情况下，按下键盘上的方向键，可按上下左右的方向移动活动单元格。Enter、Tab、Shift+Enter、Shift+Tab 也能沿四个方向移动单元格。

2. 选择单元格区域

选择规则区域时，按住鼠标左键沿区域的对角线方向拖动，至终点位置松开即可。或先选中区域的一个顶点，再按住 Shift 点选其所在对角线的另一点，也能选择出单元格区域。如图4.38所示。

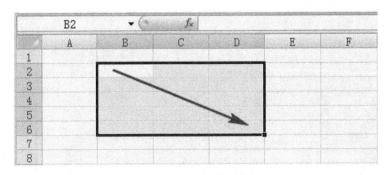

图4.38 选择单元格区域

选择整行时，单击行标号可快速选择。如图4.39所示。

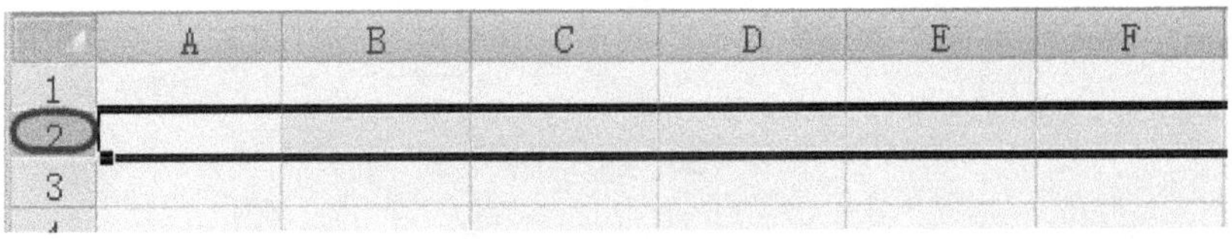

图4.39 选择整行

选择整列时，单击列标号可快速选择。如图 4.40 所示。

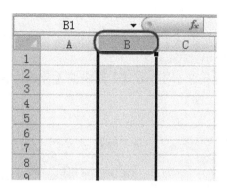

图 4.40　选择整列

选择全部表格时，单击行标号和列标号交汇处的全选按钮即可，如图 4.41 所示。或按下快捷键 Ctrl+A。

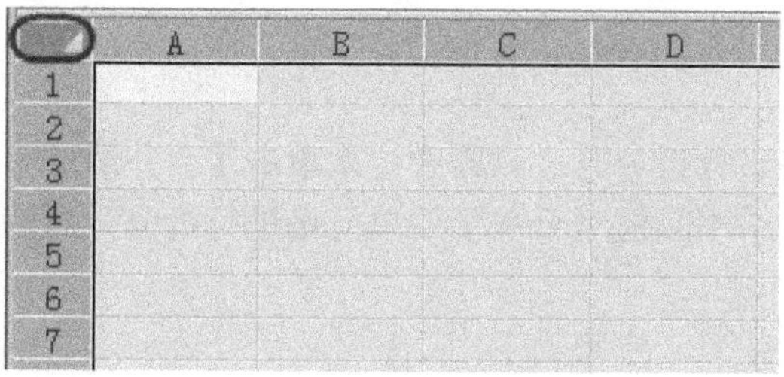

图 4.41　选择整张工作表

选择不连续区域时，按住 Ctrl 键一一点选单元格即可。如图 4.42 所示。

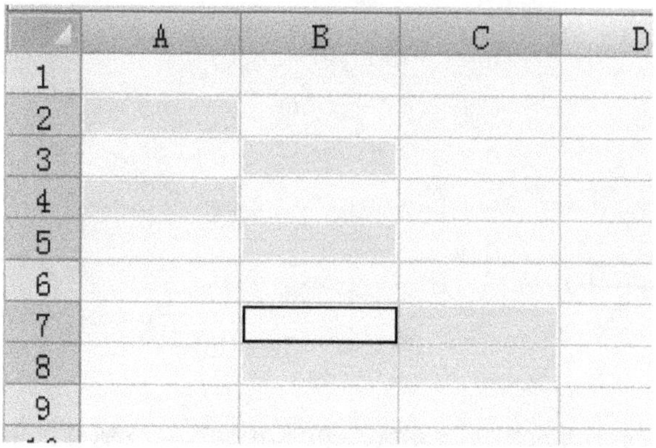

图 4.42　选择不连续区域

3. 插入和删除单元格

在工作表中，进行单元格的插入和删除操作时，插入和删除单元格的数量与所选择的单元格数量是相同的。在选择了单元格或单元格区域后，单击【开始】选项卡下的【单元格】组中的【插入】或【删除】按钮，可完成相应操作。

4. 合并和拆分单元格

在制作表格时，可能需要将多个单元格合并成一个较大的单元格。操作方法为：

①选择需要合并的多个单元格；

②选择【开始】选项卡下的【对齐方式】组中的【合并后居中】按钮即可。如图 4.43 所示。

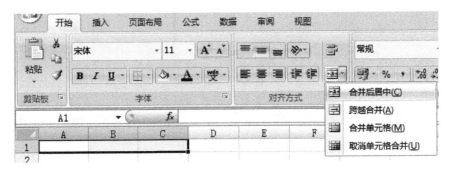

图 4.43　合并单元格

对于合并的单元格进行拆分时，只需要再次单击【合并后居中】按钮，取消合并状态即可。注意，在 Excel 2007 中只能对合并了的单元格进行拆分，原始单元格是不能被拆分的。

5. 清除

若想清除区域中的信息，步骤如下：

① 选中要被清除的区域。

② 选择【开始】选项卡下的【编辑】组中的【清除】按钮

③ 在弹出菜单中选择【全部清除】按钮即可。如图 4.44 所示。

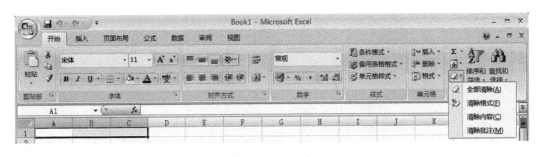

图 4.44　清除按钮

单元格的信息包含"内容"、"格式"和"批注"三个部分，所以在清除时，要选择清除的是哪一部分的信息。如果要把一个区域中所有信息清除，就直接选择"全部"。如果只清除了其中的部分信息，如"格式"，则应选择【清除格式】项，清除后该区域的"内容"和"批注"仍然存在。

此外，选中区域后，直接按 Delete 键也可清除其中的内容。

6. 移动

区域的移动，就是将工作表中一个区域中的数据移动到另一个区域中，或移动到另一个工作簿、另一个工作表中，操作步骤如下：

① 选定要移动的内容，点击右键，在弹出的快捷菜单中选择【剪切】；

② 选定目标区域左上角单元格，点击右键，在弹出的快捷菜单中选择【粘贴】。

7. 复制

基本复制操作和移动操作类似，在快捷菜单中需使用【复制】命令。

特殊的复制操作，除了可以复制整个区域外，也可以有选择地复制区域中的特定内容。例如，可以只复制公式的结果而不是公式本身，或者只复制格式，或者将复制单元的数值和要复制到的目标单元的数据进行某种指定的运算。操作步骤是：

①选定需要复制的区域；

②点击右键，在弹出的快捷菜单中选择【复制】按钮；

③选定粘贴区域的左上角单元格；

④选择【开始】选项卡中的【粘贴】按钮，在弹出菜单中选择【选择性粘贴】；

⑤在弹出的"选择性粘贴"对话框中选定"粘贴"标题下的所需选项；

⑥最后单击"确定"按钮。如图 4.45 所示。

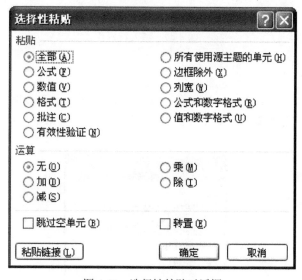

图 4.45　选择性粘贴对话框

4.3.2　行与列基本操作

1. 插入行或列

插入行的操作步骤：先选中要插入处的行，再选择【开始】选项卡下的【单元格】组中的【插入】按钮，在弹出菜单中选择【插入工作表行】，如图 4.46 所示。被选中的行及其以下的所有行卜移，插入位置出现空白行。如果要一次插入多行，可以选中多行后，再做插入操作。

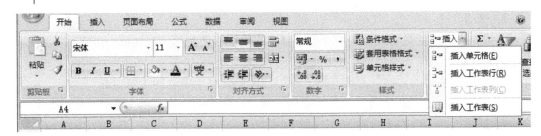

图 4.46　插入行操作

插入列的操作步骤：先选中要插入处的列，再选择【开始】选项卡下的【编辑】组中的【插入】按钮，在弹出菜单中选择【插入工作表列】，如图 4.47 所示。被选中的列及其右边的所有列右移，插入位置出现空白列。一次插入多列，可选中多列后，再做插入操作。

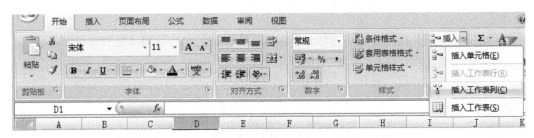

图 4.47　插入行操作

2. 插入区域

操作步骤是：选中要插入的区域，选择【开始】选项卡下的【单元格】组中的【插入】按钮，在弹出菜单中选择【插入单元格】，弹出"插入"对话框。如图 4.48 所示。

图 4.48　插入对话框

插入对话框中有四个单选项，意义如下：

"活动单元格右移"：表示把选中区域及右侧的区域右移。

"活动单元格下移"：表示把选中区域及下方的区域下移。

"整行"：表示当前区域所在的行及其以下的行全部下移。

"整列"：表示当前区域所在的列及其以右的列全部右移。

在对话框中选定所需的项，单击【确定】按钮，就完成了插入操作。

3. 调整行高和列宽

（1）手动调整行高和列宽。

如果要对工作表中个别行或列进行调整，可使用鼠标直接拖动行标号或列标号处的分隔线，进行直接调整。

（2）设置行号和列宽值。

有多个行或列需要进行调整时，或调整要求比较精确时，操作方法为：

①可按住 Ctrl 键选择需要调整的行列；

②选择【开始】选项卡下的【单元格】组中的【格式】按钮；

③在弹出菜单中选择【行高】或【列宽】，如图 4.49 所示；

④在弹出的"行高"或"列宽"对话框中输入设置值；

⑤单击【确定】即可。

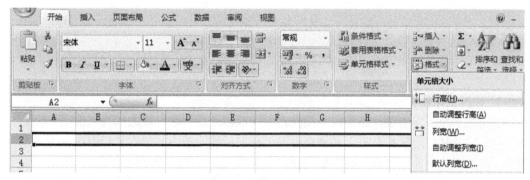

图 4.49　调整行高和列宽

4. 隐藏和取消隐藏行列

操作工作表时，有时需要临时隐藏部分行列，操作方法为：

①可按住 Ctrl 键选择需要隐藏的行列；

②在所选的行或列标号处点击鼠标右键；

③在弹出菜单中选择【隐藏】即可。如图 4.50 所示。

图 4.50　隐藏行和列

取消隐藏时，由于隐藏的行列已不可见，则应用鼠标拖选其相邻行列，再在右键菜单中选择【取消隐藏】即可。

4.3.3 工作表的删除、插入和重命名

工作表用于对数据进行组织和分析。最常用的工作表由排成行和列的单元格组成，称作电子表格；另外一种常用的工作表叫图表工作表，其中只包含图表。图表工作表与其他的工作表数据相链接，并随工作表数据更改而更新。工作表还可以是宏表、模块和对话框表等。

一个工作簿默认由三个工作表组成，它们的缺省名字为 Sheet1，Sheet2 和 Sheet3。如图 4.51 所示。当然，用户可以根据需求，自己增加或减少工作表的数量。工作表名均出现在 Excel 2007 工作簿窗口下面的工作表标签栏里。

|◄ ◄ ► ►|　Sheet1　Sheet2　Sheet3　

图 4.51　工作表标签栏

对于工作簿和工作表的关系，可以把工作簿视作活页夹，把每一工作表视作活页夹的一页。

1. 选择工作表

要对某一个工作表进行操作，必须先选中（或称激活）它，使之成为当前工作表。

操作方法是：用鼠标单击工作簿底部的工作表标签，选中的工作表标签以高亮度显示，则该工作表就是当前工作表。如果要选择多个工作表，可在按 Ctrl 键的同时，用鼠标逐一单击所要选择的工作表标签。若要取消选择，可松开 Ctrl 键后，单击其他任何未被选中的工作表标签即可。

如果所要选择的工作表标签看不到，可按标签栏左边的标签滚动按钮。这四个按钮的作用按自左至右次序为：移动到第一个、向前移一个、向后移一个、移动到最后一个。

2. 工作表重命名

在实际的应用中，一般不会使用 Excel 2007 默认工作表名称，而是给工作表起一个有意义的名字。下面两种方法可以用来对工作表改名：

（1）用鼠标右键单击某工作表标签，然后从快捷菜单中选择【重命名】。如图 4.52 所示。

图 4.52　工作表重命名

（2）双击工作表标签。

这两种方法都会使标签上的工作表名高亮度显示，此时可以键入新名称，再按回车键即可。

3. 插入工作表

要在工作簿中插入新的工作表，可以单击工作表标签处的【插入工作表】按钮或快捷键 Shift+F11。这样，一个新的工作表就插入在原来当前工作表的前面，并成为新的当前工作表。新插入的工作表采用缺省名，如 Sheet4 等，用户可以将它改成有意义的名字。

4. 删除工作表

要删除一个工作表，先选中该表，然后选择【开始】选项卡下的【单元格】组中的【删除】按钮，在弹出菜单中选择【删除工作表命令】。如图 4.53 所示。

图 4.53　删除工作表

5. 冻结工作表

在查看工作表中的数据时，如果工作表数据量较大，在查看后面的数据时将无法看到前面数据和标题，此时可利用冻结工作表的方法，将标题固定显示。操作方法如下：

①定位到需要固定行的下一行，需要固定列的右一列。如要固定 1 行 A 列，则应定位到 B2 格；

②单击【视图】选项卡下的【窗口】组中的【冻结窗格】按钮；

③在弹出菜单中选择【冻结拆分窗口】方式即可。如图 4.54 所示。

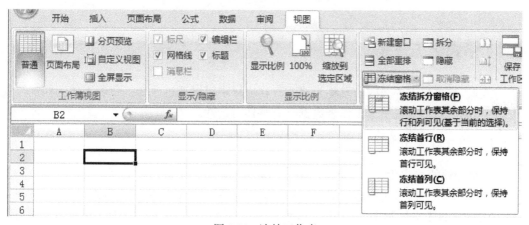

图 4.54　冻结工作表

4.3.4 工作表的复制或移动

工作表可以在工作簿内或工作簿之间进行移动或复制。

1. 在同一个工作簿内移动和复制工作表

移动：单击要移动的工作表标签，然后沿着工作表标签行将该工作表标签拖放到新的位置。

复制：单击要复制的工作表标签，按住 Ctrl 键，然后沿着工作表标签行将该工作表标签拖放到新的位置。

2. 在不同的工作簿间移动或复制工作表

选择要移动或复制的工作表，在工作表标签栏点击鼠标右键；在弹出菜单中选择【移动或复制工作】命令；在打开的对话框中"工作簿"列表下选择要移动或复制到的工作簿；在"选定工作表"下选择移动或复制到的位置；如希望完成复制操作，则还需勾选下方的【建立副本】选项。如图 4.55 所示。

图 4.55 移动或复制工作表对话框

4.4 格式化工作表

控制工作表数据外观的信息称为格式。在应用中可以通过改变工作表上单元格的格式来突出重要的信息，使得整个工作表数据具有整体可读性。

4.4.1 格式化单元格

1. 单元格的格式化

要对单元格或区域进行格式设置，可以先选中需要格式化的单元格或区域，再选择【开始】选项卡中的【字体】组扩展按钮，或单击鼠标右键在快捷菜单中选择【设置单元格格式】，弹出的"单元格格式"对话框，如图 4.56 所示。然后在对话框中设置有关的信息。利用 Excel 2007 的格式工具栏中的按钮也可以设置一些常见的格式。

图 4.56 单元格格式对话框

在"单元格格式"对话框中有下列选项卡：

数字：可以对各种类型的数字（包括日期和时间）进行相应的显示格式设置。Excel 2007 可用多种方式显示数字，包括"数字"、"时间"、"分数"、"货币"、"会计"和"科学记数"等格式。

对齐：可以设置单元格或区域内的数据值的对齐方式。默认情况下，文本为左对齐，而数字则为右对齐。

在对齐选项卡中的"文本"项可设置"水平对齐"（左、居中、靠右、填充、两端对齐、分散对齐和跨列居中）和"垂直对齐"（靠上、居中、靠下、两端对齐和分散对齐）。

在"方向"可以直观的设置文本按某一角度方向显示。

在"文本控制"项包括"自动换行"、"缩小字体填充"和"合并单元格"。当输入的文本过长时，一般应设置它自动换行。一个区域中的单元格合并后，这个区域就成为一个整体，并把左上角单元的地址作为合并后的单元格地址。

字体：可以对字体（宋体、黑体等）、字形（加粗、倾斜等）、字号（大小）、颜色、下画线、特殊效果（上标、下标等）格式进行定义。

边框：可以对单元格的边框（对于区域，则有外边框和内边框之分）的线型、颜色等进行定义。

图案：可以对单元格或区域的底纹的颜色及图案等进行设置。

保护：可以对单元格进行保护，主要是锁定单元格和隐藏公式，但这必须是在保护工作表的情况下才有效。

2. 运用条件格式

条件格式是 Excel 2007 的突出特性之一。运用条件格式，可以使得工作表中不同的数据以不同的格式来显示，使得用户在使用工作表时，可以更快、更方便地获取重要的信息。例如，可以在学生成绩表中，运用条件格式化将所有不及格的分数用蓝色、加粗来显示，所有90 分以上的用红色、加粗字体来显示等，并且当输入或修改数据时，新的数据会自动根据规则用不同的格式来显示。将条件格式应用到选定区域，可以按照如下步骤进行：

①选定需要格式化的区域；

②选择【开始】选项卡下的【样式】组中的【条件格式】按钮；

③在弹出菜单中选择【新建规则】选择；

④在弹出的"新建格式规则"对话框中进行设置条件格式。如图 4.57 所示。

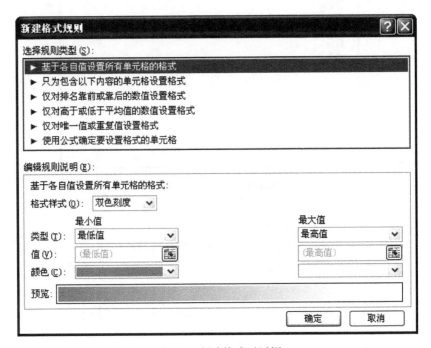

图 4.57　新建格式对话框

3. 自动套用格式

自动套用格式是把 Excel 2007 中提供的一些常用格式应用于一个单元格区域。操作步骤如下：

①先选定要格式化的单元格区域；

②选择【开始】选项卡下的【样式】组中的【套用表格格式】按钮；

③在弹出的格式示例中选定所需要的一个即可。

自动套用格式时，既可以套用全部格式，也可以套用部分格式。单击对话框中的【选项】按钮，在对话框中列出了应用格式复选框："数字"、"字体"、"对齐"、"边框"、"图案"、"行高/列宽"，可以根据需要进行选择设置，清除不需要的格式复选框。

4.4.2　格式的复制和删除

Excel 2007 还提供了更简单的方法来复制单元格格式；即使用【开始】选项卡中的【格式刷】按钮。具体方法如下：

选择被复制格式的单元格，单击【格式刷】按钮，然后选定目标单元格。如想要把格式连续复制到多个单元格或区域，则可以选择被复制格式的单元格，双击工具栏里的【格式刷】按钮，然后依次选定目标单元格，复制结束后再单击【格式刷】按钮。

4.4.3　综合应用实例 2——设置职工基本信息表

（1）打开在 4.2.4 节中创建的"职工基本信息表"，在工作表标签处将 Sheet2、Sheet3 删除。如图 4.58 所示。

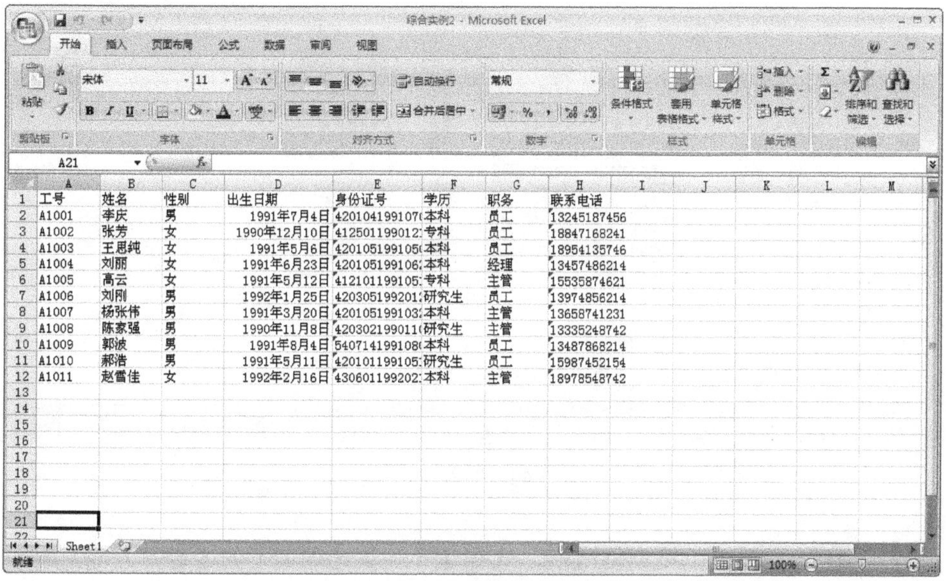

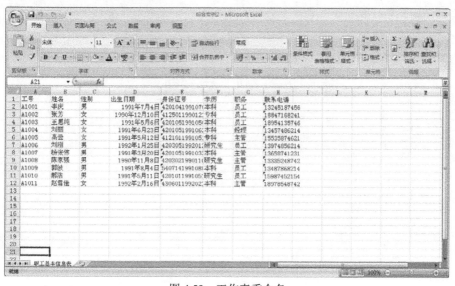

图 4.58　删除工作表

（2）在 Sheet1 标签处点击鼠标右键，在弹出菜单中选择【重命名】，将 Sheet1 改名为"职工基本信息表"。如图 4.59 所示。

图 4.59　工作表重命名

计算机系列教材

（3）选中工作表的第一行，选择【开始】选项卡下的【单元格】组中的【插入工作表行】项，在表格中增加一行，用于输入表格标题。如图 4.60 所示。

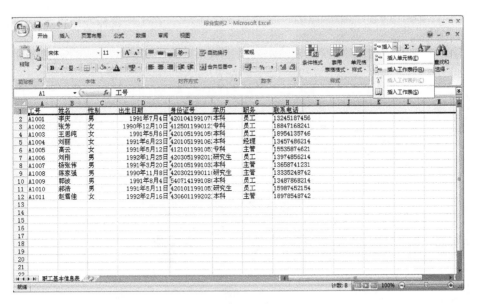

图 4.60　插入工作表行

（4）选中 A1 到 H1 的单元格区域，选择【开始】选项卡下的【对齐方式】组中的【合并后居中】项，对单元格进行合并。如图 4.61 所示。

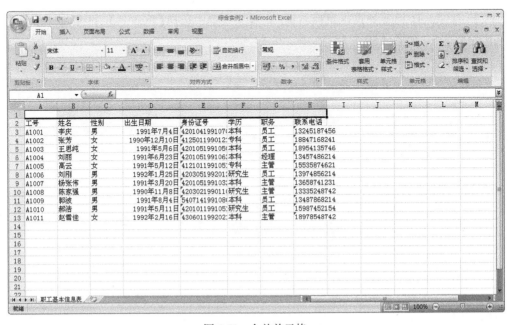

图 4.61　合并单元格

（5）在合并后的单元格中输入标题"职工基本信息表"。如图 4.62 所示。

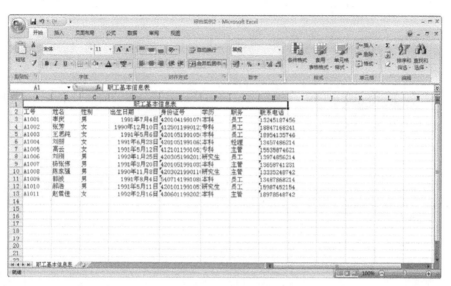

图 4.62 输入标题

（6）将第一行的行高设置为 25，如图 4.63 所示。第二行的行高设置为 20，第 3 行到第 13 行的行高设置为 15。如图 4.64 所示。

图 4.63 行高对话框

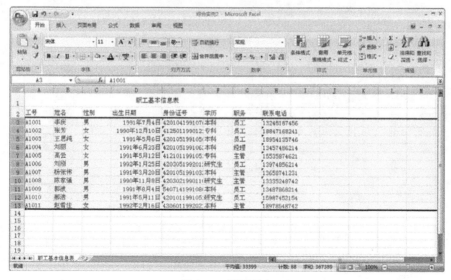

图 4.64 设置行高

（7）选中所有有内容的单元格，点击鼠标右键，在弹出菜单中选择【设置单元格格式】项，在弹出的"设置单元格格式"对话框中选择"对齐"选项卡，进行如图 4.65 所示的设置。

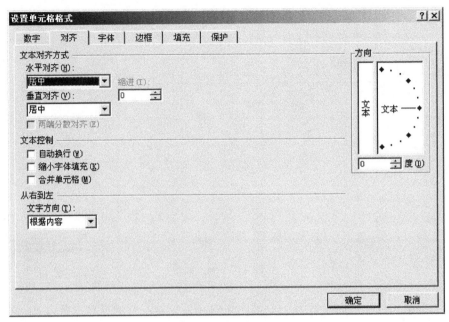

图 4.65　设置对齐方式

（8）选中 E 列和 H 列，选择【开始】选项卡下的【单元格】组中的【格式】按钮，在弹出菜单中选择【自动调整列宽】。如图 4.66 所示。

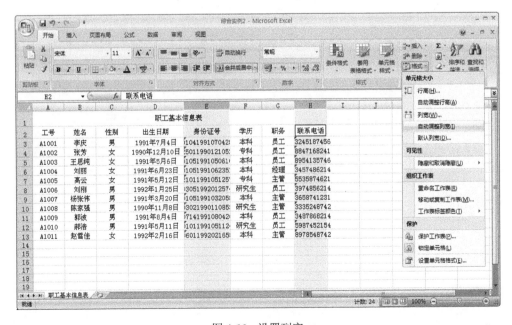

图 4.66　设置列宽

（9）选择表格的标题行，将标题行的背景色设为蓝色，文字颜色设为白色，字体加粗。如图 4.67 所示。

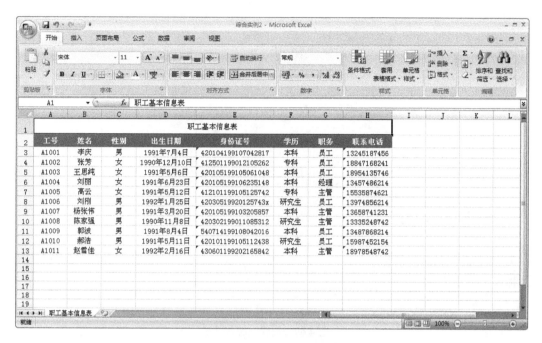

图 4.67 设置标题行格式

（10）选中表格区域单元格，选择【开始】选项卡下的【字体】组中的【边框】按钮，在弹出菜单中选择【所有框线】项。如图 4.68 所示。

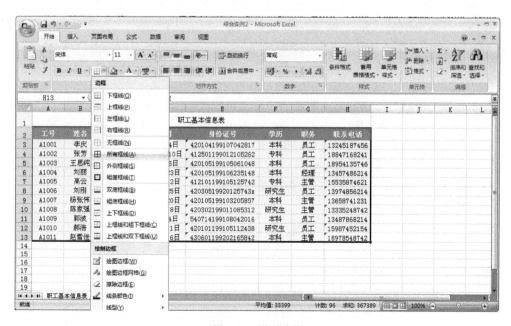

图 4.68 设置边框

完成设置如图 4.69 所示。

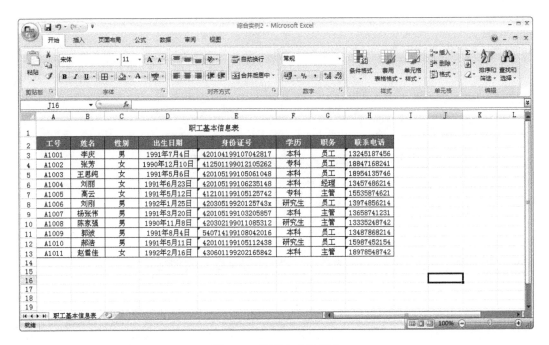

图 4.69　设置完成效果图

4.5　公式和函数的使用

在 Excel 2007 中不仅可以存放数据，还可以对表格中的数据进行分析和计算，有些计算工作是利用公式完成的。

4.5.1　使用公式

1. 单元格地址

在工作表内每行、每列的交点就是一个单元格。在 Excel 2007 中，列名用字母及字母组合 A~Z，AA~AZ，BA~BZ，…表示，行名用自然数 1~1048576 表示。

单元格在工作表中的位置用地址标识。即由它所在列的列名和所在行的行名组成该单元格的地址，其中列名在前，行名在后。例如，第 C 列和第 4 行交点的那个单元格的地址就是 C4。一个单元格的地址，如 C4，也称为该单元格的引用。

单元格地址有三种表示方法：

相对地址：直接用列号和行号组成，如 A1，IV25 等。

绝对地址：在列号和行号前都加上$符号，如$B$2 ,$BB$8 等。

混合地址：在列号或行号前加上$符号，如$B2,E$8 等。

这三种不同形式的地址在公式复制的时候，产生的结果可能是完全不同的。

一个完整的单元格地址除了列号、行号外，还要加上工作簿名和工作表名。其中工作簿名用方括号 [ ] 括起来，工作表名与列号、行号之间用 ! 号隔开。如：

[Book1.xls] Sheet1!C3

表示工作簿 Book1.xls 中 Sheet1 工作表的 C3 单元格。而 Sheet2!B8 则表示工作表 Sheet2 的单元格 B8。这种加上工作表和工作簿名的单元格地址的表示方法，是为了用户在不同工作簿的多个工作表之间进行数据处理。如只是在同一张工作表或工作簿中进行处理，则可以不写。

2. 单元格区域地址

单元格区域是指由工作表中一个或多个单元格组成的矩形区域。区域的地址由矩形对角的两个单元格的地址组成，中间用冒号（:）相连。如 B1:E6 表示从左上角是 B1 的单元格到右下角是 E6 单元格的一个连续区域。区域地址前同样也可以加上工作表名和工作簿名以进行多工作表之间的操作。

3. 公式及其输入

一个公式是由运算对象和运算符组成的一个序列。它必须由等号（=）开始，运算对象可以是常量、单元格引用（地址）和函数等。Excel 2007 有数百个内置的公式，称为函数。这些函数也可以实现相应的计算。一个 Excel 2007 的公式最多可以包含 1024 个字符。

Excel 2007 中的公式有下列基本特性：

（1）全部公式以等号开始。

（2）输入公式后，其计算结果显示在单元格中。

（3）当选定了一个含有公式的单元格后，该单元格的公式就显示在编辑栏中。

要往一个单元格中输入公式，选中单元格后就可以输入。编辑公式与编辑数据相同，可以在编辑栏中，也可以在单元格中。双击一个含有公式的单元格，该公式就在单元格中显示。

如在工作表的 A1 单元格输入数字 10，B1 单元格输入数字 20，在 C1 单元格输入"=A1+B1"（不含引号），点击回车后，可看到 C1 单元格显示的值为 30，编辑栏中显示为所输入的公式。如图 4.70 所示。

图 4.70　公式

4. 公式中的运算符

Excel 2007 的运算符有三大类，其优先级从高到低依次为：算术运算符、文本运算符、比较运算符。主要运算符如表 4.1 所示。

表 4.1　　　　　　　　　　　　　　Excel 2007 运算符表

运算符	功能
+	加法
−	减法
*	乘法

续表

运算符	功能
/	除法
^	求幂
&	连接
=	相等关系比较
>	大于关系比较
<	小于关系比较
>=	大于或等于关系比较
<=	小于或等于关系比较
<>	不等于关系比较

5. 单元格引用

在公式中引用单元格或区域，公式的值会随着所引用单元格的值的变化而变化。例如：在 C1 单元格中求 A1、B1 两个单元格的和。先选定 C1 单元并输入公式 "=A1+B1"，按回车键后,C1 单元格出现自动计算结果，这时如果修改 A1、B1 中任何单元格的值，C1 中的值也将随之改变。

6. 复制或自动填充公式

公式的复制和自动填充与数据的操作方法相同。但当公式中含有单元格引用时，根据单元地址的不同，计算结果将有所不同。当一个公式从一个位置复制到另一个位置时，Excel 2007 能自动对公式中的引用地址进行调整。

（1）公式中引用的单元格地址是相对地址。

当公式中引用的单元地址是相对地址，在复制公式到其他单元格时，公式按相对于当前单元格的位置进行调整。例如 A3 中的公式 "=A1+A2"，复制到 B3 中会自动调整为 "=B1+B2"。

公式中的单元格地址是相对地址时，调整规则为：

新行地址 = 原行地址 + 行地址偏移量

新列地址 = 原列地址 + 列地址偏移量

（2）公式中引用的单元格地址是绝对地址。

不管把公式复制到哪儿，引用地址被锁定，这种寻址称作绝对寻址。如 A3 中的公式 =$A$1+$A$2 复制到 B3 中，仍然是 =$A$1+$A$2。

公式中的单元格地址是绝对地址时进行绝对寻址。

7. 移动公式

当公式被移动时，引用地址还是原来的地址。例如，C1 中有公式 =A1+B1，若把单元格 C1 移动到 D8，则 D8 中的公式仍然是=A1+B1。

4.5.2 使用函数

函数是 Excel 2007 内置的。函数可作为独立的公式而单独使用，也可以用于另一个公式甚至另一个函数内。一般来说，每个函数可以返回（而且肯定要返回）一个计算得到的结果值，称为函数值。

Excel 2007 共提供了九大类，300 多个函数，包括：数学与三角函数、统计函数、数据库函数、逻辑函数等。函数由函数名和参数组成，格式如下：

函数名（参数 1，参数 2，…）

函数的参数可以是具体的常量，也可以是表达式、单元地址、区域、区域名字等。函数值本身也可以作为另一个函数参数。如果一个函数没有参数，也必须加上括号。

1. 函数的输入与编辑

函数是以公式的形式出现的，在输入函数时，可以直接以公式的形式编辑输入，也可以使用 Excel 2007 提供的"插入函数"工具。

（1）直接输入。

选定要输入函数的单元格，键入"="和函数名及参数，按回车键即可。例如，要在 H1 单元格中计算区域 A1:G1 中所有单元格值的和。就可以选定单元格 H1 后，直接输入=SUM（A1:G1），再按回车键。

（2）使用"插入函数"工具。

当需要输入函数时，可单击编辑栏中的【插入函数】按钮 *fx*。此时会弹出一个"插入函数"对话框。如图 4.71 所示。

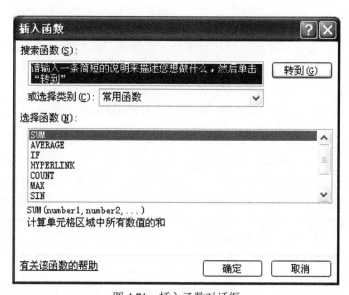

图 4.71 插入函数对话框

对话框中提供了函数的搜索功能，并在"选择类别"中列出了所有不同类型的函数，"选择函数"中则列出了被选中的函数类型所属的全部函数。选中某一函数后，单击【确定】按钮，又会弹出一个"函数参数"对话框，如图 4.72 所示。其中显示了函数的名称、它的每个参数、函数功能和参数的描述、函数的当前结果和整个公式的结果。

例如，要在 H1 单元中计算区域 A1:G1 中所有单元格值的和。

操作步骤如下：

①选定单元格 H1，单击编辑栏左边的【插入函数】按钮，弹出"插入函数"对话框。

②在"选择类别"中选菜单"常用函数"项，在"选择函数"中选"SUM"，单击【确定】按钮，弹出"函数参数"对话框。

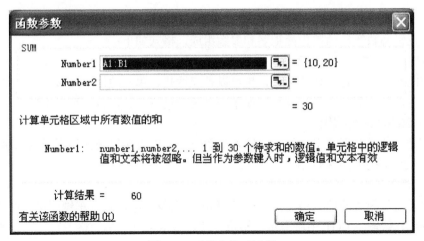

图 4.72　函数参数对话框

③在"函数参数"对话框的"Number1"框中输入 A1:G1，或者用鼠标在工作表选中该区域，再单击【确定】。操作完毕后，在 H1 单元格中就显示计算结果。如图 4.73 所示。

H1		f_x	=SUM(A1:G1)				
A	B	C	D	E	F	G	H
1	2	3	4	5	6	7	28

图 4.73　使用函数求解 A1:G1 之和

2. 常用函数

Excel 2007 的函数有很多，下面介绍一些最常用的函数。如果在实际应用中需要使用其他函数及函数的详细使用方法，可以参阅 Excel 2007 的"帮助"系统或其他参考资料。

（1）数学函数。

①求余数函数 MOD（x，y）：返回数字 x 除以 y 得到的余数。如：MOD（5，2）等于 1。

②圆周率函数 PI（ ）：取圆周率 π 的值（没有参数）。

③求平方根函数 SQRT（x）：返回正值 x 的平方根。如：SQRT（9）等于 3。

（2）统计函数。

①求平均值函数 AVERAGE（x1，x2，…）：返回所列范围中所有数值的平均值。AVERAGE（A1:E1）返回从单元格 A1:E1 中的所有数值的平均值。如图 4.74 所示。

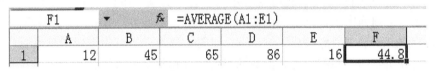

图 4.74　平均值函数 AVERAGE

②计数函数 COUNTIF （x1，x2）：计算给定区域 x1 中满足条件 x2 的单元格的数目。例如 A1:E1 中的内容分别为 32、54、75、84，则 COUNTIF（A1:E1，">60"）等于 2。如图 4.75 所示。

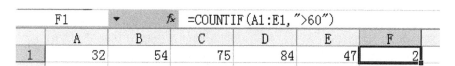

	A	B	C	D	E	F
F1			=COUNTIF(A1:E1,">60")			
1	32	54	75	84	47	2

图 4.75　计数函数 COUNTIF

③求最大值函数 MAX（List）：返回指定 List 中的最大数值，List 可以是单元格范围。例如 MAX（A1:E1），则找出 A1:E1 中的最大值。如图 4.76 所示。

	A	B	C	D	E	F
F1			=MAX(A1:E1)			
1	32	54	75	84	47	84

图 4.76　最大值函数 MAX

④求最小值函数 MIN（List）：返回 List 中的最小数。List 的意义同 MAX。例如 MIN（A1:E1），则找出 A1:E1 中的最小值。如图 4.77 所示。

	A	B	C	D	E	F
F1			=MIN(A1:E1)			
1	32	54	75	84	47	32

图 4.77　最小值函数 MIN

⑤求和函数 SUM（x1，x2，…）：返回包含在引用中的值的总和。如：SUM（A1:E1）返回区域 A1 至 E1 中所有数值的总和。如图 4.78 所示。

	A	B	C	D	E	F
F1			=SUM(A1:E1)			
1	32	54	75	84	47	292

图 4.78　求和函数 SUM

（3）字符函数。

① 求左子串函数 LEFT（s，x）：返回参数 s 中包含的最左的 x 个字符。例如，若 B8 中包含字符串"Hello World"，则 LEFT（B8,5）返回"Hello"。

②求子串函数 MID（s，x1，x2）：返回字符串 s 中从第 x1 个字符位置开始的 x2 个字符。例如，MID（"computer"，3，4）返回"mput"。

③求右子串函数 RIGHT（s，x）：返回参数 s 中包含的最右边的 x 个字符。例如，若 B8 中包含字符串"Hello World"，则 RIGHT（B8,5）返回"World"。

（4）条件函数 IF（x，n1，n2）。

根据逻辑值 x 判断，若 x 的值为 True，则返回 n1，否则返回 n2。其中 n2 可以省略，省略时表示当条件不满足时，返回"FLASE"。例如，if（E2>89，"A"），当 E2 中的值大于 89 时，返回 A。

（5）逻辑函数。

①"与"函数 AND（x1，x2，…）：所有参数的逻辑值为真时返回 TRUE；只要一个参数的逻辑值为假即返回 FALSE。例如， AND（2+2=4, 2+3>5）等于 FALSE。

②"非"函数 NOT（x）：对逻辑参数 x 求相反的值。如果逻辑值为假，函数 NOT 返回 TRUE；如果逻辑值为真，函数 NOT 返回 FALSE。例如，NOT（FALSE） 等于 TRUE；NOT（1+1=2） 等于 FALSE。

（6）排名次函数 RANK（x1，x2，x3）。

返回单元格 x1 在一个垂直区域 x2 中的排位名次，x3 是排位的方式。x3 为 0 或省略，则按降序排名次（值最大的为第 1 名）。x3 不为 0 则按升序排名次（值最小的为第 1 名）。

说明：函数 RANK 对相同数的排位相同。但相同数的存在将影响后续数值的排位。

例如，A1:A5 中分别含有数字 7、3.5、3.5、1、2，则：RANK（A2，A1:A5，1） 等于 3；RANK（A1，A1:A5，1）等于 5。

4.6　数据处理和分析

Excel 2007 的数据功能并不是真正的数据库管理系统（DBMS）。实际上，Excel 2007 是将数据清单用作数据库的。所谓数据清单是包含相关数据的一系列工作表数据行，例如一组发货单数据，或一组客户名称和联系电话。在数据清单中，第一行数据通常用来作为数据清单的表头，对清单的内容进行说明，它相当于数据库中的字段名称；其他的各行都是由表头所标识的具体数据，每一行就像是数据库中的一个记录。在执行数据库操作时，例如查询、排序或汇总数据时，Excel 2007 会自动将数据清单视作数据库。

4.6.1　数据的排序

"排序"可重新组织数据清单，以便于访问到最需要的数据。步骤如下：

①单击数据清单区域内的任何一个单元格；

②选择【开始】选项卡下的【编辑】组中的【排序和筛选】按钮；

③在弹出菜单中选择【自定义排序】选项；

④在弹出的"排序"对话框中设置排序条件即可。如图 4.79 所示。

图 4.79　排序对话框

　　排序条件的设置：Excel 2007 在排序时以"主要关键字"作为排序的依据，当主要关键字相同时按"次要关键字"排序，如果次要关键字又相同，再考虑下一项"次要关键字"。每个关键字还有"升序"或"降序"两种顺序。在 Excel 2007 中，用字段名作为排序的关键字。在排序中必须指明主要关键字。其他的关键字可以没有。

　　可以在对话框中设置是否"数据包含标题"。Excel 2007 据此确定数据清单是否有标题行（字段名）。一般 Excel 2007 会自动判别数据清单中是否有标题行，所以通常也不需要设置。如果有标题行，而指定的为"无标题行"，就会将标题行作为数据记录排序到数据清单中。

　　注意：如果排序结果不对，可使用快速工具栏中的【撤销】按钮，撤销刚才的操作，恢复数据清单的原样。

4.6.2　筛选数据

　　"筛选"可以只显示满足指定条件的数据，不满足条件的数据则暂时隐藏起来。Excel 2007 提供自动筛选和自定义筛选两种方法，其中自动筛选比较简单，而自定义筛选的功能强大，可以利用复杂的筛选条件进行筛选。

1. 自动筛选

　　自动筛选的操作步骤如下：

　　①选定数据清单中的任意单元格；

　　②选择【开始】选项卡下的【编辑】组中的【排序和筛选】按钮；

　　③在弹出菜单中选择【筛选】选项。此时在各标题名的右下角显示一个下拉控制箭头。如图 4.80 所示。

	A	B	C	D	E	F
1			学生成绩表			
2	▼	语文 ▼	数学 ▼	外语 ▼	物理 ▼	化学 ▼
3	李杰	98	90	98	91	82
4	陈小燕	75	85	96	85	78
5	朱权红	25	68	95	87	84
6	龙连杰	89	69	91	72	39
7	黄艳	15	27	86	92	98
8	朱雪	83	72	84	88	83
9	孙林	94	81	82	68	95
10	王虹	84	88	75	86	80
11	刘敏	89	85	68	87	89
12	何雨	98	95	68	67	84
13	李林玲	78	98	68	95	75
14	张涛	68	96	59	78	54

图 4.80　自动筛选窗口

　　④单击某一标题的下拉控制箭头，出现下拉列表。下拉列表中，通常包括该字段中每一独有的选项，另外还有升序、降序、按颜色排序等选项。如图 4.81 所示。

图 4.81　自动筛选菜单

⑤在下拉列表中单击某一个具体的值，这时符合条件的记录被显示，不符合筛选条件的记录均隐藏起来。

如需要取消筛选结果。操作方法为：

再次选择【开始】选项卡下的【编辑】组中的【排序和筛选】按钮，取消【筛选】选项的激活状态。结束自动筛选，数据清单恢复成原样。

或者选择【开始】选项卡下的【编辑】组中的【排序和筛选】按钮，在弹出菜单中选择【清除】选项，如图 4.82 所示。这样所应用的筛选条件将被取消，但工作表仍处于筛选状态，可以应用新的条件进行筛选。

图 4.82　【排序和筛选】菜单

2. 自定义筛选

若单击下拉表中的【文本筛选】菜单项下的【自定义筛选】选择，就弹出"自定义自动筛选方式"对话框。在对话框中可以自定义自动筛选的条件，规定关系操作符（大于、等于、小于等），在右下拉列表中则可以规定字段值，而且两个比较条件还能以"或者"或"并且"的关系组合起来形成复杂的条件。如图 4.83 所示。

通过对多个字段的依次自动筛选，可以进行复杂一些的筛选操作。例如要筛选出外语和数学成绩都在 85 分以上的学生的记录，可以先筛选出"外语成绩在 85 分以上"的学生记录，然后在已经筛选出的记录中继续筛选"数学成绩在 85 分以上"的记录。

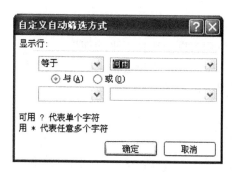

图 4.83 自定义自动筛选方式对话框

4.6.3 分类汇总

分类汇总是指将数据清单中的记录先按某个字段进行排序分类，然后再对另一字段进行汇总统计。汇总的方式包括求和、求平均值、统计个数等。

例如，对学生成绩表按性别分类统计男女学生的外语平均成绩，操作步骤如下：

①按性别将学生记录排序，排序结果如图 4.84 所示。

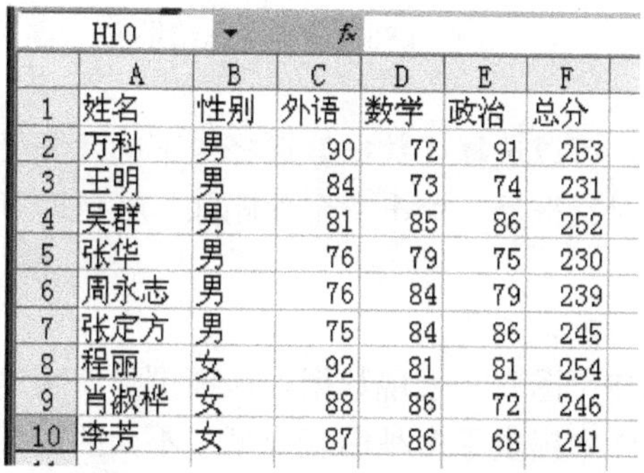

	A	B	C	D	E	F
1	姓名	性别	外语	数学	政治	总分
2	万科	男	90	72	91	253
3	王明	男	84	73	74	231
4	吴群	男	81	85	86	252
5	张华	男	76	79	75	230
6	周永志	男	76	84	79	239
7	张定方	男	75	84	86	245
8	程丽	女	92	81	81	254
9	肖淑桦	女	88	86	72	246
10	李芳	女	87	86	68	241

图 4.84 排序后的学生成绩表

②选择【数据】选项卡下的【分级显示】组中的【分类汇总】按钮，弹出"分类汇总"对话框，如图 4.85 所示。

图 4.85 分类汇总对话框

③在"分类字段"下拉列表框中选择"性别"。

④在"汇总方式"下拉列表框中选择"平均值"。

⑤在"选定汇总项"选定"外语"复选框。此处可根据要求选择多项。

⑥单击【确定】按钮即可，如图4.86所示。

		A	B	C	D	E	F
	1	姓名	性别	外语	数学	政治	总分
	2	万科	男	90	72	91	253
	3	王明	男	84	73	74	231
	4	吴群	男	81	85	86	252
	5	张华	男	76	79	75	230
	6	周永志	男	76	84	79	239
	7	张定方	男	75	84	86	245
	8		男 平均值	80.33			
	9	程丽	女	92	81	81	254
	10	肖淑桦	女	88	86	72	246
	11	李芳	女	87	86	68	241
	12		女 平均值	89			
	13		总计平均值	83.22			

图4.86　分类汇总结果

如果要撤销分类汇总，可以选择【数据】选择卡下的【分级显示】组中的【分类汇总】按钮，进入"分类汇总"对话框后，单击"全部删除"按钮即可恢复原来的数据清单。

4.6.4 数据的图表化

在 Excel 2007 中可以使用图表来表现数据，从而更加清晰地表现不同数据间的关系和数据的发展趋势。Excel 2007 中提供了多种图表类型，不同的图表类型采用不同的图形方式表现数据值以及数据间的关系，Excel 2007 主要提供以下图表类型：

柱形图用于显示一段时间内的数据变化情况或用于数据间的比较情况，在柱形图中，通常在横坐标上表示类别，纵坐标上表示数量。如图4.87所示。

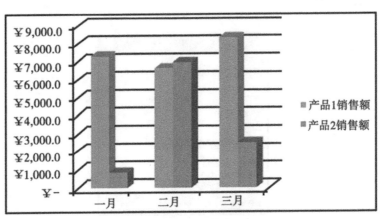

图4.87　柱形图

折线图用于显示随时间变化的连续数据间的关系，非常适合用于显示相等时间段内的数据的变化趋势。在折线图中，通常在横坐标上表示类别，纵坐标上表示数量。如图 4.88 所示。

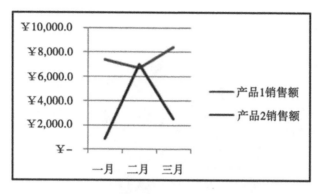

图 4.88　折线图

饼图用于显示不同类型的数据在总量中所占的百分比。如图 4.89 所示。

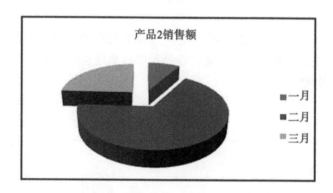

图 4.89　饼图

条形图用于显示各类数据的比较情况，变现形式和柱形图相同，不同的是在横坐标上表示数量，纵坐标上表示类别。如图 4.90 所示。

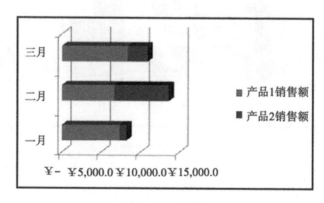

图 4.90　条形图

面积图用于显示数据随时间变化的程度，同时显示总量的变化情况。通过显示所绘制的总值，面积图还可以表达部分与整体间的关系。如图 4.91 所示。

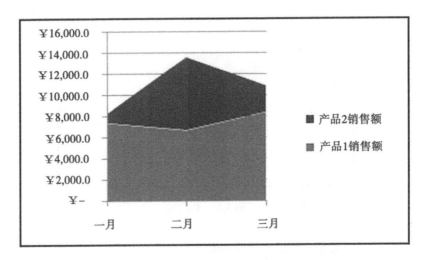

图 4.91　面积图

除了以上图表类型，Excel 2007 中还可以创建散点图、股价图、曲面图、圆环图、气泡图、雷达图等。用户可根据实际需要，选择最能传情达意的图表。

1. 图表的组成

无论使用哪种类型的图表，图表的基本组成部分都是相同的。如图 4.92 所示。

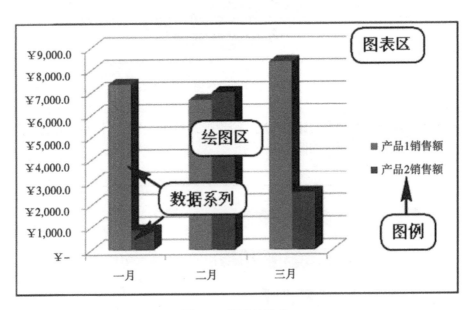

图 4.92　图表的组成

其中：

图表区是整个图表的显示区域，包含图表中的所有元素。

绘图区是由图表的横坐标和纵坐标界定的区域，用于显示数据图形。

数据系列是图表中所表示的各个数据点，来源于工作表中的原始数据值。一个数据系统使用一种颜色表示，同时显示在绘图区中。

图例是列举数据系统颜色表示方式的提示区域。

2. 创建图表

为已编辑好的数据清单创建图表的操作方法为：

①选择要创建图表的数据区域，注意包含标题。

②选择【插入】选项卡下的【图表】组中的图表种类，如图4.93所示。

图4.93　图表种类

③在弹出菜单中，选择希望创建的图表类型。

3. 修改图表格式

图表所有的显示元素和显示格式均可修改，修改命令集中在【图表工具】中的【设计】、【布局】、【格式】选项卡中。注意：只有选择了某个图表后，才会出现【图表工具】工具栏。如图4.94所示。

图4.94　图表工具栏

4.7　设置打印工作表

尽管现在倡导无纸化办公的主张，但将数据表打印在纸上仍是非常常见的。Excel 2007建立的许多工作表，可以被轻松地打印，如果只是想快速地打印出一张工作表，可以使用"Office"按钮下的【打印】菜单下的【快速打印】命令。如图4.95所示。

但要获得更好的打印效果，就得进行一系列的设置了。

图 4.95　快速打印

4.7.1　页面设置

在打印前，根据需要可进行以下设置：

1. 设置纸张方向

选择【页面布局】选项卡下的【页面设置】组中的【纸张方向】按钮，在弹出菜单中选择打印时的纸张方向。如图 4.96 所示。

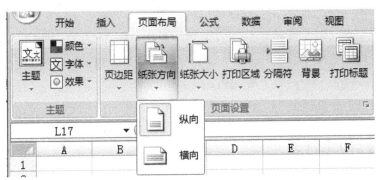

图 4.96　纸张方向

2. 设置纸张大小

打印时应选择和打印机匹配的纸张大小，选择【页面布局】选项卡下的【页面设置】组中的【纸张大小】按钮，在弹出菜单中选择打印时的纸张大小。如图 4.97 所示。

图 4.97　纸张大小

3. 设置页边距

页边距是指打印工作表的边缘与打印纸边缘的距离。Excel 2007 中提供预设的 3 种页边距方案，分别为窄、普通、宽。在【页面布局】选项卡下的【页面设置】组中的【页边距】中选用，默认使用普通的页边距方案。如图 4.98 所示。

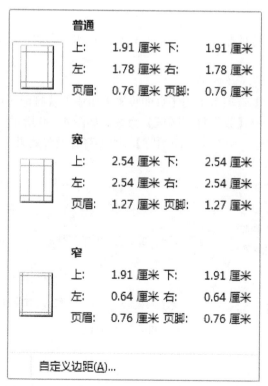

图 4.98　页边距方案

如预设的方案不能满足需要，可选择菜单底部的【自定义边距】选项，打开"页面设置"对话框，自行设置页边距。如图 4.99 所示。

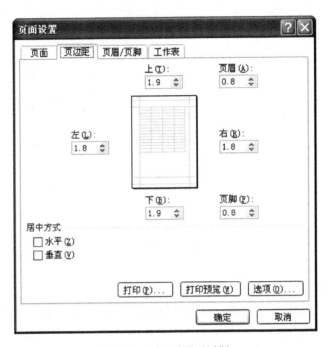

图 4.99　页面设置对话框

4. 设置打印区域

打印时，如不需要打印整张工作表，而只需要打印表中的一部分内容时，需要设置打印区域。操作方法为：

①选择需要打印的单元格区域；

②选择【页面布局】选项卡下的【页面设置】组中的【打印区域】按钮；

③在弹出菜单中选择【设置打印区域】命令，如图 4.100 所示；

④选择"Office 按钮"中的【打印预览】，即可查看设置效果。

图 4.100　设置打印区域

5. 设置页面页脚

打印时为了在打印纸的顶端或底部附加信息，需要设置页面和页脚。操作方法为：

①选择工作表后，选择【页面布局】选项卡中的【页面设置】组右下角的扩展按钮 ；
②在弹出的"页面设置"对话框中选择【页眉/页脚】标签；
③在"页眉"和"页脚"栏中添加信息即可。如图 4.101 所示。

图 4.101 设置页眉和页脚

4.7.2 设置分页符

需要打印的工作表内容多于 1 页时，Excel 2007 会自动进行分页，用户也可以通过自行插入分页符的方式，设置需要分页的位置。

1. 插入分页符

插入分页符的操作方法如下：
①选择到需要插入分页符下方（或右侧）的单元格；
②选择【页面布局】选项卡下的【页面设置】组中的【分隔符】按钮；
③在弹出菜单中选择【插入分页符】命令即可。如图 4.102 所示。

图 4.102 插入分页符

2. 移动分页符

设置了分页符后，选择【视图】选项卡下的【工作簿视图】组中的【分页预览】命令，可进入分页视图，在分页视图中分页符表现为蓝色的实线，通过鼠标拖动蓝线，可移动分页符。如图 4.103 所示。

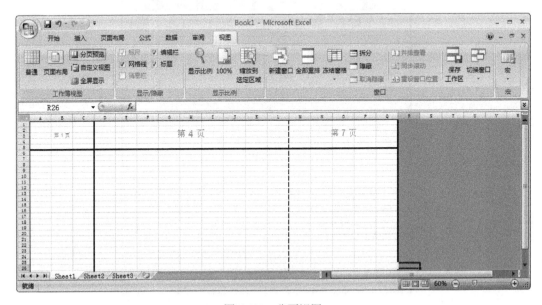

图 4.103　分页视图

3. 删除分页符

需要删除分页符时，选择【页面布局】选项卡下的【页面设置】组中的【分隔符】按钮，在弹出菜单中选择【删除分页符】命令即可。

4.7.3　打印预览

在完成了所有打印设置后，可以选择 "Office" 按钮中的【打印预览】命令进行打印预览，查看一下打印效果，如图 4.104 所示。确认无误后，点击【打印】，在打印机中打印输出。

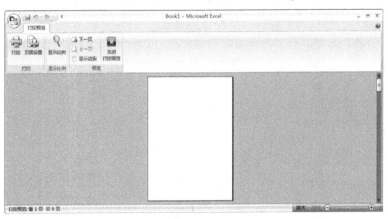

图 4.104　打印预览

思考题

1. 建立如下数据建立工作表，并用复制公式的方法计算各职工的实发工资，以及基本工资、水电费、实发工资的合计。计算公式：实发工资=基本工资-水电费。

编号	姓名	性别	基本工资	水电费	实发工资
A01	洪国武	男	1034.7	45.6	
A02	张军宏	男	1478.7	56.6	
A03	刘德名	男	1310.2	120.3	
A04	刘乐给	女	1179.1	62.3	
A05	洪国林	男	1621.3	67	
A06	王小乐	男	1125.7	36.7	
A07	张红艳	女	1529.3	93.2	
A08	张武学	男	1034.7	15	
A09	刘冷静	男	1310.2	120.3	
A10	陈　红	女	1179.1	62.3	
A11	吴大林	男	1621.3	67	
A12	张乐意	男	1125.7	36.7	
A13	印红霞	女	1529.3	93.2	
合计					

2. 对第 1 题建立的工作表进行以下操作：

（1）在表中增加"补贴"、"应发工资"和"科室"三列；

（2）用函数统计基本工资、水电费、补贴和应发工资的合计与平均；

（3）用函数求出水电费的最高值和最低值；

（4）用函数从编号中获得每个职工的科室，计算方法：编号中的第一个字母表示科室，A—基础室，B—计算机室，C—电子室。

3. 对第 2 题建立的工作表进行如下操作：

（1）设置纸张大小为 B5，方向为纵向，页边距为 2 厘米；

（2）将"基本工资"和"水电费"的数据设置为保留两位小数；

（3）设置标题的字号为 18，字体为黑体，颜色为深绿，对齐选合并单元格，垂直、水平均为居中；

（4）设置各列的格式，其中：

"编号"列格式：14 号斜宋体，黑色，底纹为海蓝加 6.25%灰色；

"姓名"列格式：14 号宋体，海绿色；

"性别"列格式：12 号幼圆，蓝色；

（5）设置各列的宽度，要求：A 列为 5，B 列为 8，C 两列为 6，其余列为 11。

4. 对第 3 题建立的工作表进行如下操作：

（1）将"Sheet1"命名为"职工情况表"；

计算机系列教材

（2）用函数和公式计算每个职工的补贴、应发工资和实发工资；

（3）按基本工资进行排序，要求低工资在前；

（4）分别计算男、女职工的平均基本工资；

（5）显示水电费超过 70 元的男职工记录；

（6）统计补贴在 70 元以上并且实发工资在 1300 元以上职工的人数；

（7）用分类汇总统计各种职称的平均水电费、平均应发工资、平均实发工资；

（8）用数据透视表统计各种职称的男女人数。

5. 根据下图数据建立工作表，并进行如下操作：

（1）在当前工作表中建立数据点折线图，横坐标为月份，纵坐标为产量；

（2）将图形移到表格的下方；

（3）分别设置图例格式、折线图的标题、坐标格式；清除图中的网格线、背景颜色和边框；

（4）设置产量曲线的线型和颜色，其中一车间曲线用蓝色，数据标记用方块，前景用白色，背景用蓝色，大小为 4 磅；二车间的曲线用绿色，数据标记三角形，前景用白色，背景用绿色，大小为 4 磅。

月份	一车间	二车间
1	16	13
2	15	15
3	13	16
4	16	13
5	11	14
6	12	16
7	11	13
8	11	15
9	13	16
10	11	17
11	12	18
12	11	18

6. 根据下表数据建立工作表，并进行如下操作：

（1）分别在单元格 H2 和 I2 中填写计算总分和平均分的公式，用公式复制的方法分别求出各学生的总分和平均分；

（2）根据平均分用 IF 函数求出每个学生的等级；等级的标准：平均分 60 分以下为 D；平均分 60 分以上（含 60 分）、75 分以下为 C；平均分 75 分以上（含 75 分）、90 分以下为 B；平均分 90 分以上为 A；

（3）筛选出姓王，并且"性别"为女的同学；

（4）筛选出平均分在 75 分以上，或"性别"为"女"的同学；

（5）筛选出 1980-8-8 后出生的女同学；

（6）按"性别"对"平均分"进行分类汇总。

学号	姓名	性别	出生年月日	课程一	课程二	课程三	平均分	总分
1	王春兰	女	1980-8-9	80	77	65		
2	王小兰	女	1978-7-6	67	86	90		
3	王国立	男	1980-8-1	43	67	78		
4	李 萍	女	1980-9-1	79	76	85		
5	李刚强	男	1981-1-12	98	93	88		
6	陈国宝	女	1982-5-21	71	75	84		
7	黄 河	男	1979-5-4	57	78	67		
8	白立国	男	1980-8-5	60	69	65		
9	陈桂芬	女	1980-8-8	87	82	76		
10	周恩恩	女	1980-9-9	90	86	76		
11	黄大力	男	1992-9-18	77	83	70		
12	薛婷婷	女	1983-9-24	69	78	65		
13	李 涛	男	1980-5-7	63	73	56		
14	程维娜	女	1980-8-16	79	89	69		
15	张 杨	男	1981-7-21	84	90	79		
16	杨 芳	女	1984-6-25	93	91	88		
17	杨 洋	男	1982-7-23	65	78	82		
18	章 壮	男	1981-5-16	70	75	80		
19	张大为	男	1982-11-6	56	72	69		
20	庄大丽	女	1981-10-9	81	59	75		

第5章 演示文稿制作软件 PowerPoint 2007

在各种产品推介、新成果发布、报告会、多媒体教学演示等场合都需要有演示文稿，演示文稿通过文本、图形、动画、图像、声音等多媒体手段，具有生动、贴切、富有影响力等特点，能给用户留下深刻的印象。Microsoft 公司的产品 PowerPoint 2007 就是一个制作演示文稿的应用软件，它具有边制作、边预览的功能，同时利用软件本身自带的丰富素材和用户自备资料，用户可制作出格式精美的演示文稿。

5.1 PowerPoint 2007 概述

任何演示文稿都是由一系列幻灯片组成的，幻灯片中可以包括标题、说明文字、数字、图表、图像和其他多媒体元素。利用幻灯片的各种切换和动画效果，可以非常生动形象地表达观点、演示成果或传达信息。下面先介绍一下 PowerPoint 2007 的界面和基本操作。

5.1.1 PowerPoint 2007 窗口的基本操作

单击【开始】菜单，选择【所有程序】→【Microsoft Ofice】→【Microsoft Office PowerPoint 2007】，即可启动该软件，并出现如图 5.1 所示的 PowerPoint 2007 窗口。

图 5.1 PowerPoint 2007 主窗口

1. 幻灯片编辑区

主界面中间最大的区域即为幻灯片编辑区，其中显示了幻灯片的具体内容。可以在其中添加各种对象，并对其进行编辑处理。

2. 幻灯片缩略图/大纲

在主窗口的左边有一个幻灯片缩略图/大纲列表，单击"幻灯片"选项卡，出现的是幻灯片缩略图，可以预览各幻灯片的大致效果并方便用户在各幻灯片之间进行切换；单击"大纲"选项卡，将切换到大纲编辑状态，其中显示了各张幻灯片各级标题的文本内容。

3. 备注区

使用备注区，可以为每张幻灯片添加一个备注页，备注页可以显示并打印，但在播放幻灯片时不会显示其中的内容。

4. 状态栏

默认情况下，状态栏会提供"视图指示器"、"主题"、"语言"等信息，以及"视图快捷方式"按钮、"显示比例"按钮、"缩放滑块"和"缩放至合适大小"按钮。如图 5.2 所示。

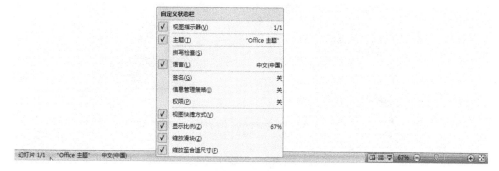

图 5.2　状态栏

5.1.2　视图方式

视图是幻灯片编辑与播放的一种模式，其中包括：普通视图、幻灯片浏览视图、幻灯片放映视图、备注页视图等四种视图方式。可以根据需要使用下面的方法在不同的视图方式间进行切换：

（1）单击【视图】选项卡，在【演示文稿视图】组中可以选择各种不同视图方式，如图 5.3 所示。

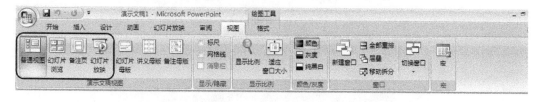

图 5.3　【视图】选项卡中的【演示文稿视图】组

（2）单击状态栏上的"视图快捷方式"按钮，可以在常用的 3 种视图方式之间进行切换，如图 5.4 所示。

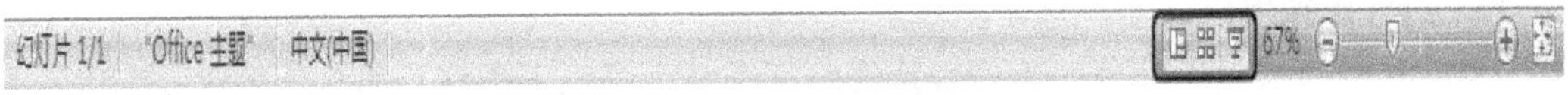

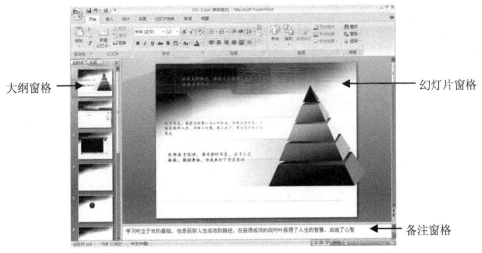

图 5.4　状态栏上的"视图快捷方式"按钮

各种视图方式的主要功能如下：

1. 普通视图

普通视图包含三个窗格：大纲窗格、幻灯片窗格和备注窗格。如图 5.5 所示，这些窗格使得用户可以在编辑单张幻灯片的同时，可以预览多张幻灯片的整体效果或大纲内容，还能够随时为当前幻灯片添加备注文字。

大纲窗格

幻灯片窗格

备注窗格

图 5.5　普通视图

2. 幻灯片浏览视图

如图 5.6 所示，在幻灯片浏览视图中，可以在屏幕上同时看到演示文稿中的所有幻灯片，这些幻灯片是以缩图显示的。这样，就可以很容易地在幻灯片之间添加、删除和移动幻灯片以及选择动画切换，还可以预览多张幻灯片上的动画。

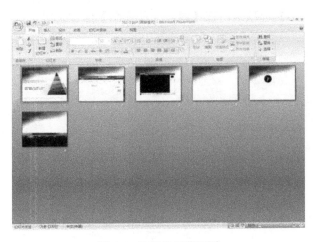

图 5.6　幻灯片浏览视图

3. 幻灯片放映视图

在幻灯片放映视图中，幻灯片将以全屏的方式在显示器上进行播放。通过该视图，可以预览演示文稿的实际播放效果，也能体验到动画、视频和声音等多媒体效果。演示文稿中的幻灯片将按照预设的顺序一幅一幅地显示出来。如图 5.7 所示。

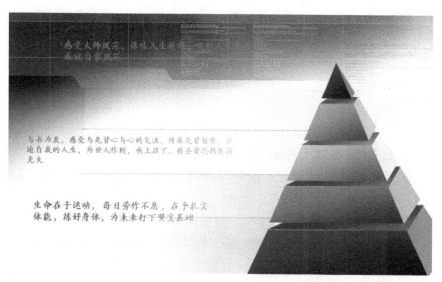

图 5.7 幻灯片放映视图

4. 备注页视图

在备注页视图中，用户可以添加与幻灯片相关的备注信息。在该视图方式下，可以用图标、图片、表格等对象来修饰备注。如图 5.8 所示。

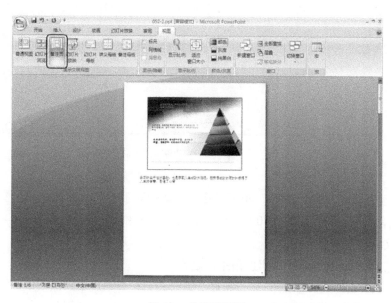

图 5.8 备注页视图

5.1.3 创建演示文稿

在 PowerPoint 2007 里创建一个演示文稿,就是建立一个新的以.pptx 或者.ppt 为扩展名的 PowerPoint 2007 文档。

在 PowerPoint 2007 里创建一个新的演示文稿是非常方便的。它根据用户的不同需要,提供了多种新文稿的创建方式,常用的有"空白文档和最近使用的文档"、"已安装的模板"、"我的模板"和"根据现有内容新建"等。

在"已安装的模板"和"我的模板"里,可以直接采用已有模板中所包含的内容和设计风格来新建演示文稿。如果选择了使用"根据现有内容新建",那么可以根据现有 PowerPoint 2007 文稿中的所有设计、方案来创建一个副本,以对新演示文稿进行内容和设计更新。

下面介绍几种常用而又实用的创建新演示文稿的方法:

1. 从"空白文档和最近使用的文档"创建新演示文稿

启动 PowerPoint 2007,点击左上方的"Office 按钮",在下拉菜单中选择【新建】,会出现"新建演示文稿"对话框,如图 5.9 所示。

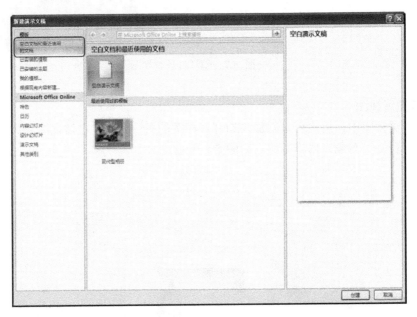

图 5.9　新建演示文稿

双击"空白演示文稿"图标,即可建立一个新的演示文稿,在这个演示文稿中只有文字占位符而没有其他对象,如图 5.10 所示。空白演示文稿的名称依次被自动命名为"演示文稿 1"、"演示文稿 2"……。

2. 通过"已安装的模板"创建新演示文稿

启动 PowerPoint 2007,点击左上方的"Office 按钮",在下拉菜单中选择【新建】,会出现"新建演示文稿"对话框,选择【已安装的模板】,如图 5.11 所示。

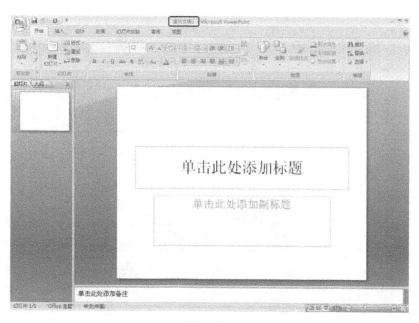

图 5.10　新建空白演示文稿

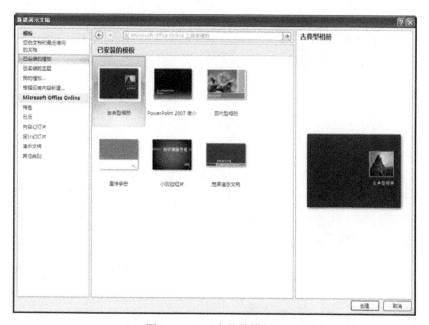

图 5.11　"已安装的模板"

　　双击其中的任意一个模板图标即可使用此模板创建一个新演示文稿，如图 5.12 所示，用户可以直接在这个演示文稿上进行编辑修改。

3. 通过"根据现有内容新建"来创建新演示文稿

　　启动 PowerPoint 2007，点击左上方的"Office 按钮"，在下拉菜单中选择【新建】，会出现"新建演示文稿"对话框，选择【根据现有内容新建…】，如图 5.13 所示，即可在硬盘上选择一个已经存在的演示文稿来建立副本，然后在其基础上进行编辑修改。

图 5.12　用模板创建的演示文稿

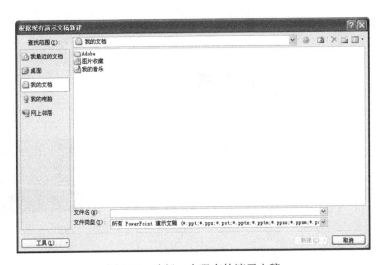

图 5.13　选择一个现有的演示文稿

5.1.4　保存和打开演示文稿

1. 保存演示文稿

演示文稿创建以后如果没有经过保存，只会暂时存放在内存中，必须经过保存才能留在硬盘里，现在就将图 5.12 中创建的演示文稿保存起来。

（1）点击左上方的"Office 按钮"，选择【保存】，会弹出"另存为"对话框，如图 5.14所示。输入要保存的文件名，点"保存"按钮即可完成此项操作，PowerPoint 2007 默认的文件扩展名为.pptx。

（2）另外，也可以直接点击窗口左上方的"保存"快捷按钮来保存文档。

图 5.14　保存演示文稿

2. 打开演示文稿

（1）若要在 PowerPoint 2007 中打开一个已经存在的演示文稿，点击窗口左上方的"Office 按钮"，选择【打开】，会弹出"打开"对话框，如图 5.15 所示。浏览"我的电脑"，选中要打开的演示文稿，点"打开"按钮即可。

图 5.15　打开演示文稿

（2）直接在"我的电脑"或"资源管理器"中双击一个扩展名为 **pptx** 或者 **ppt** 的文档，也可以打开此演示文稿。

5.2　编辑演示文稿

5.2.1　文字的输入与格式设置

1. 文字的输入

当用户新建一个空演示文稿后，在每一张新的幻灯片上都会有相应的提示，告诉用户应该在什么位置输入什么样的文字。如图 5.16 所示，在它上面输入文字非常容易，只要在提示的虚线框内单击，就可以直接输入各种文字了。

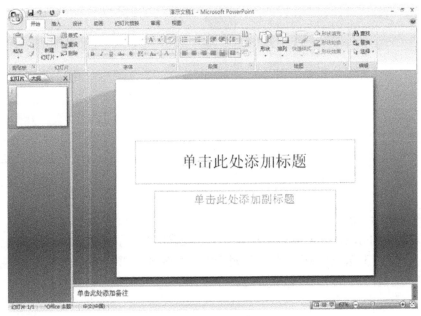

图 5.16　文字的输入

2. 设置文本框

在图 5.15 中可以看到的虚线框称为"文本框"，如果要对文本框的位置做调整或者改变其大小，首先要选中文本框，用鼠标单击文本框的边框，文本框周围会出现八个控制点，如图 5.17 所示。

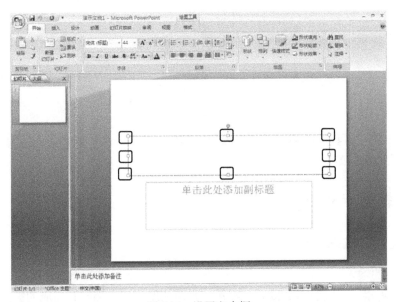

图 5.17　设置文本框

若要移动文本框，可将鼠标移动到文本框的边框上，当鼠标指针变成十字箭头形状时按下鼠标左键，拖动文本框到合适的位置上，然后松开鼠标，即可完成文本框的移动操作。

若要改变文本框的大小，可将鼠标移动到控制点上，此时鼠标指针变成双向箭头，然后按住鼠标左键并拖动改变其大小。

5.2.2　图片、艺术字、表格、图表的插入与编辑

1. 在幻灯片中插入图片

在幻灯片中，用户可以很方便的为幻灯片插入图片，操作为：单击【插入】选项卡，选择【插图】组中的【图片】按钮，如图 5.18 所示。

图 5.18　插入图片

在弹出的对话框中选择要插入的图片即可，如图 5.19 所示。

图 5.19　选择要插入的图片

2. 在幻灯片插入艺术字

在幻灯片中，用户还可以插入艺术字，操作为：单击【插入】选项卡，选择【文本】组中的【艺术字】按钮，然后选择想插入的艺术字样式，如图 5.20 所示。

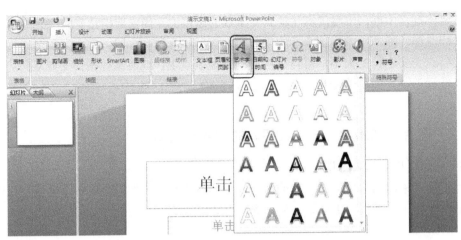

图 5.20　在幻灯片中插入艺术字

3. 在幻灯片中插入表格

有时候，用户需要在幻灯片中插入一个简单的表格，可以点击【插入】选项卡下【表格】组中的【表格】按钮，如图 5.21 所示，此时会出现一个下拉菜单，移动鼠标可以看到鼠标拖过的地方变成了橙色，同时出现了"M×N 表格"的字样，期中 M 是表格的列数，N 是表格的行数，单击左键即可将选定的表格插入到当前幻灯片中，然后就可以直接在表格中输入数据。

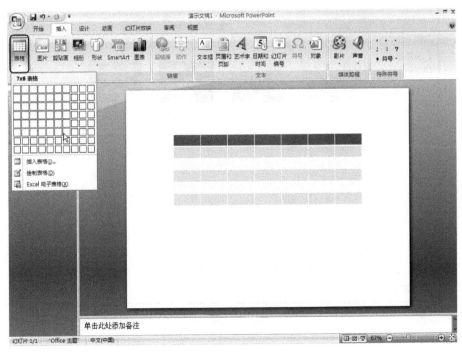

图 5.21　插入表格

另外，也可以直接将 Word 中或者 Excel 中创建好的表格直接复制粘贴到 PowerPoint 2007中使用。

4. 在幻灯片中插入图表

要在幻灯片中插入类似 excel 中的图表，只需点击【插入】选项卡，然后点击【插图】组中的【图表】按钮，就会弹出"插入图表对话框"，如图 5.22 所示。

图 5.22　插入图表

双击其中的一种图表样式，即可进入数据编辑界面，如图 5.23 所示。这个和 Excel 中图表的使用方法类似，这里也不多做说明，读者请参考本书第 4 章的内容。

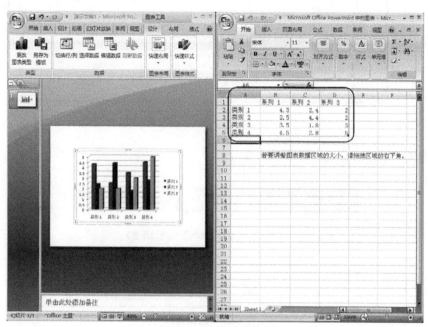

图 5.23　编辑图表数据

5.2.3 其他对象的插入与编辑

1. 幻灯片中加入声音

在幻灯片中，用户可以插入声音，操作为：单击【插入】选项卡，点击【媒体剪辑】组中的【声音】按钮，然后选择【文件中的声音】，如图 5.24 所示。

图 5.24　插入声音

在弹出的"插入声音"对话框中，指定声音文件所在的路径及文件名，按"确定"按钮即可插入此声音文件，如图 5.25 所示。

图 5.25　选择声音文件

接着选择播放的方式，如图 5.26 所示。

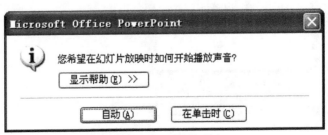

图 5.26　选择播放方式

设置完成后，当放映幻灯片时就会按设定的方式播放出声音了。

2. 幻灯片中加入影片

在幻灯片中加入影片的方法和插入声音的方法类似，单击【插入】选项卡，点击【媒体剪辑】组中的【影片】按钮，然后选择【文件中的影片】，如图 5.27 所示。

图 5.27 插入影片

在弹出的"插入影片"对话框中，指定影片文件所在的路径及文件名，按"确定"按钮即可插入此视频文件，如图 5.28 所示。

图 5.28 选择影片文件

接着选择播放的方式，如图 5.29 所示。

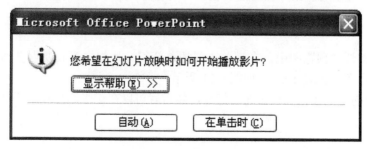

图 5.29 选择播放的方式

设置完成后，当放映幻灯片时就会按设定的方式播放影片了。

5.3 修改和格式化演示文稿

演示文稿的修改，是对组成演示文稿的各个幻灯片进行选择、复制、移动、删除的操作。演示文稿的修改可以在普通视图或幻灯片浏览视图下进行，现在先以普通视图为例来进行讲解。

5.3.1 插入、删除、复制和移动幻灯片

1. 插入幻灯片

插入新的幻灯片一般有两种方式：

（1）点击【开始】选项卡下【幻灯片】组中的【新建幻灯片】按钮，在弹出的下拉菜单中选择自己需要的版式，然后可进行这张幻灯片的文字或其他对象的编辑，如图5.30所示。

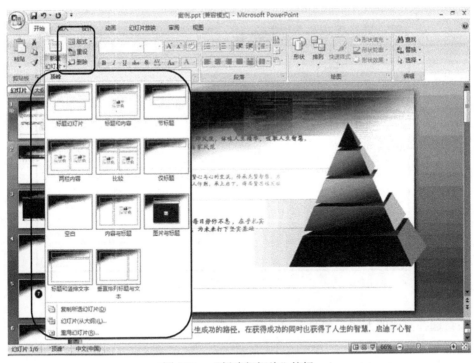

图5.30 "新建幻灯片"按钮

（2）在幻灯片预览图中，右键单击要插入新幻灯片的位置（要点在两张幻灯片中间的空白处），选择【新建幻灯片】，如图5.31所示。

此时新建的是一张完全空白的幻灯片，然后就可以在这张幻灯片上添加文字、图片等对象了。

图 5.31　插入一张"新幻灯片"

2. 删除幻灯片

在普通视图中，用户可以很方便地进行幻灯片删除的操作：在幻灯片预览图中，直接右键单击要删除的幻灯片，选择【删除幻灯片】，即可完成。如图 5.32 所示。

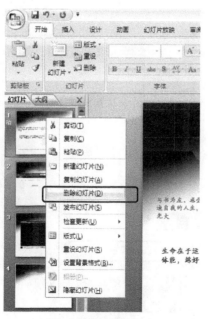

图 5.32　删除幻灯片

3. 复制幻灯片

在普通视图中，用户可以很方便地进行幻灯片复制操作：在幻灯片预览图中，直接右键单击要复制的幻灯片，选择【复制幻灯片】，如图 5.33 所示。

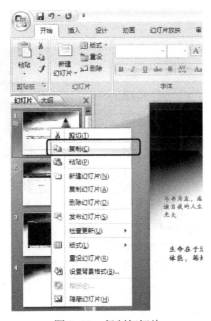

图 5.33　复制幻灯片

然后在想要复制到的位置（两张幻灯片之间的空白处）单击右键，选择【粘贴】，如图 5.34 所示，即可完成。

图 5.34　粘贴幻灯片

4. 移动幻灯片

（1）在普通视图中，用户可以很方便的进行幻灯片移动操作：在幻灯片预览图中，直接右键单击要移动的幻灯片，选择【剪切】，如图 5.35 所示。

图 5.35 剪切幻灯片

然后在想要移动到的位置（两张幻灯片之间的空白处）单击右键，选择【粘贴】，如图 5.36 所示，即可完成移动操作。

图 5.36 移动幻灯片

（2）除此之外，还可以直接在幻灯片预览图中，先选定欲移动的幻灯片，然后用鼠标拖动它们就可移动到指定位置，如图 5.37 所示。

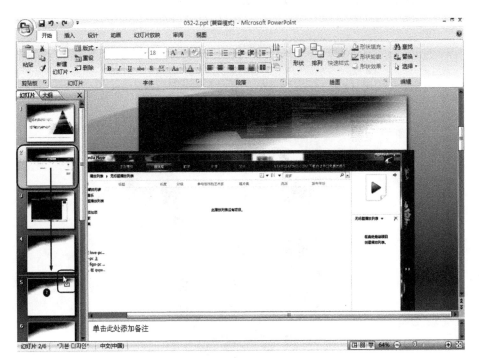

图 5.37　拖动幻灯片

5.3.2　格式化幻灯片

要使演示文稿的风格一致，可以通过设置它们的外观来实现。PowerPoint 2007 所提供的幻灯片主题和母版功能，可以方便快速地对演示文稿的外观进行调整和设置。

1. 幻灯片主题及其设置

在 PowerPoint 2007 中，主题是一组统一的设计元素，它使用颜色、字体和图形等主题组件来设置幻灯片的外观。在制作演示文稿时，只需从【设计】选项卡下的【主题】组中选择合适的主题，就能快速地为所有幻灯片设置专业而时尚的外观。既可以使用预设的主题效果，也可以对现有主题进行设置，然后将其另存为自定义的主题。

将主题应用到 PowerPoint 2007 演示文稿的方法很简单，选择系统预设的主题后，主题将立即影响整个演示文稿的样式。既可以在新建演示文稿后应用主题，也可以创建完所有的幻灯片后再统一应用主题。

设置主题的方法是：点击【设计】选项卡，在【主题】组中选择其中的一种主题，这种主题就被应用到了整个演示文稿中的所有幻灯片上，如图 5.38 所示。

若只希望当前幻灯片使用选定的主题而其他幻灯片保持原状时，可以在选择主题的时候右键点击某个主题，在弹出的菜单中选择【应用于选定幻灯片】，如图 5.39 所示。

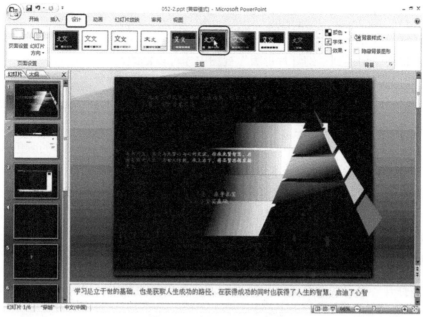

图 5.38　选择幻灯片主题

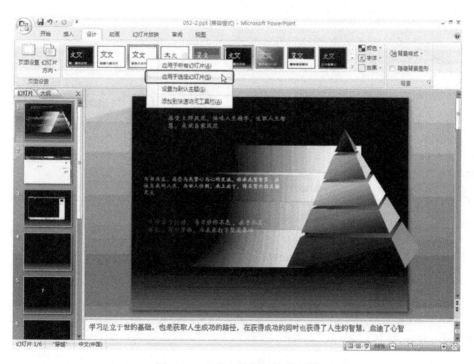

图 5.39　改变当前幻灯片的主题

2. 母版的设置

幻灯片的母版类型包括幻灯片母版、讲义母版和备注母版。对母版所做的任何改动，会应用于所有使用此母版的幻灯片上，要是只想改变单个幻灯片的版面，只要单独对该幻灯片做修改就可达到目的。

简单的说"母版"主要是针对于同步更改所有幻灯片的文本及对象而定的。例如在母版上放入一张图片，那么所有的幻灯片的同一位置都将显示这张图片。如果想修改幻灯片的"母版"，必须将视图切换到"幻灯片母版"视图中才可以修改。

幻灯片母版包含文本占位符和页脚（如日期、时间和幻灯片编号）占位符。如果要修改多张幻灯片的外观，不必一张张幻灯片进行修改，而只需在幻灯片母版上做一次修改即可。PowerPoint 2007 将自动更新已有的幻灯片，并对以后新添加的幻灯片应用这些更改。如果要更改文本格式，可选择占位符中的文本并做更改。例如，把占位符文本的颜色改为蓝色，将使已有幻灯片和新添幻灯片的文本自动变为蓝色。

如果要让艺术图形或文本（如学校名称或徽标）出现在每张幻灯片上，请将其置于幻灯片母版上。幻灯片母版上的对象将出现在每张幻灯片的相同位置上。如果要在每张幻灯片上添加相同文本，请在幻灯片母版上添加。

下面来看看幻灯片母板具体的使用方法：

（1）打开一个已经存在的演示文稿或创建一个新的演示文稿，以便在其上设置幻灯片母版。

（2）在菜单栏中的【视图】选项卡下，点击【演示文稿视图】组中的【幻灯片母版】按钮，进入幻灯片母版设置窗口，如图 5.40 所示。

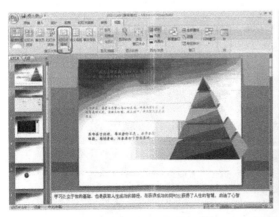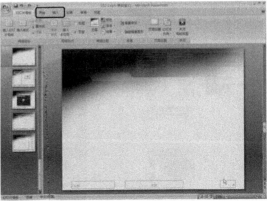

图 5.40 "幻灯片母版"视图

（3）在左边的预览图中选择一个要修改的版式。

（4）在母版的左上角插入一张图片，如图 5.41 所示。插入图片的方法与在幻灯片中插入图片时一样。

（5）点击右上角的【关闭母版视图】按钮，回到普通视图下。将会发现所有幻灯片的左上角都出现了刚才在母版中插入的对象，如图 5.42 所示。

在母版中，除了插入图片，还可以插入页眉页脚、文本框、声音、影片等其他元素，具体的操作和在幻灯片中直接插入各种元素的方法相同，这里就不再赘述。

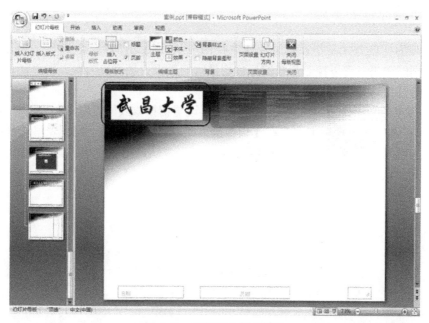

图 5.41 在母版中插入图片

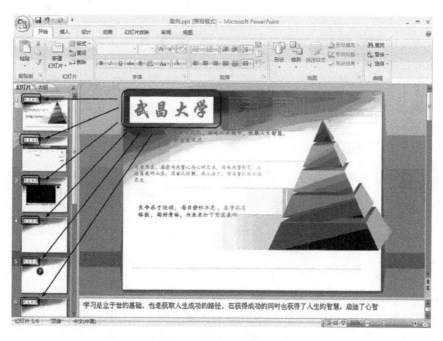

图 5.42 修改母版的效果

5.4 设置幻灯片的切换方式和动画效果

在幻灯片中添加适当的多媒体效果可以使幻灯片更加丰富多彩，吸引观众的视线，使主题更加突出。

5.4.1　设置切换方式

幻灯片的切换方式是指在幻灯片放映视图中从一张幻灯片变化到下一张幻灯片时出现的类似动画的效果。可以控制每张幻灯片切换时的效果，还可以为其添加声音。

设置幻灯片切换方式的步骤如下：

（1）切换到"幻灯片浏览视图"中，将要设置切换方式的幻灯片选中。

（2）在【动画】选项卡中，在【切换到此幻灯片】组中的下拉列表里选择一种幻灯片切换效果，如图 5.43 所示。常见的切换效果有水平盒状、垂直盒状、盒状收缩、盒状展开、横向棋盘式、纵向棋盘式、水平梳理、垂直梳理等。

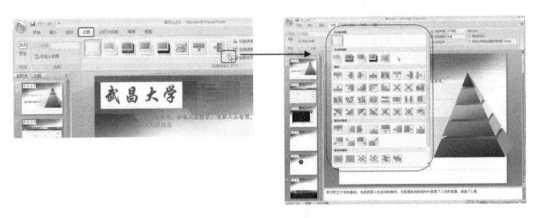

图 5.43　幻灯片切换效果

（3）选择了一种切换效果后，还可以根据需要选择切换时的声音和切换的速度，如图 5.44 所示。

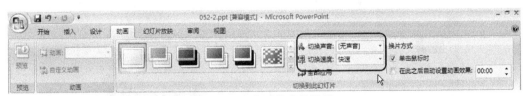

图 5.44　切换时的其他效果

（4）系统还提供给两种不同的切换方式。如图 5.45 所示，选中"单击鼠标时"可以在单击鼠标时切换幻灯片；选中"在此之后自动设置动画效果"时，可以设置每隔一定的时间自动切换幻灯片，在后面的数值框中输入一个数字（以秒为单位），用来设置等待的时间。

图 5.45　切换幻灯片的方式

5.4.2 设置动画效果

为了使幻灯片更加美观，可以给幻灯片中的文本或其他对象添加上特殊视觉的运动效果或声音效果，从而使幻灯片的内容更富动感，也更能引导观众注意力、强调重点内容。

下面介绍一下设置动画效果，使文本及对象动态显示的方法：

（1）打开要设置的演示文稿。

（2）切换到普通视图，选想要设置动画效果的幻灯片。

（3）PowerPoint 2007 中预设的一些动画效果通常比较单一，所以一般都使用"自定义动画"来设置幻灯片的动画效果。在【动画】选项卡中的【动画】组中点击【自定义动画】按钮，会出现"自定义动画"窗格，如图 5.46 所示。

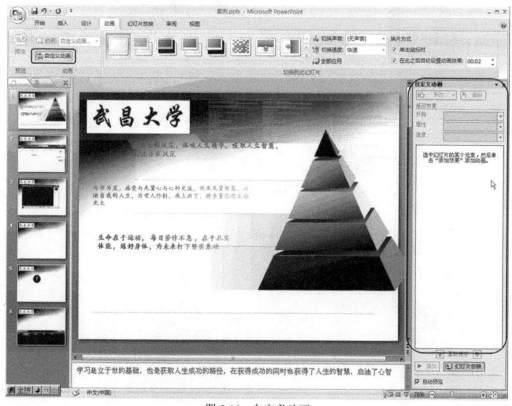

图 5.46　自定义动画

（4）选中想要设置动画效果的对象，可以是文本、图片等元素。

（5）在"自定义动画"窗格中单击【添加效果】按钮，从各种效果中选择一种动画效果，如图 5.47 所示。

（6）被选定的效果就会出现在右边的窗格中，同时被选中的对象旁边也会出现一个动画效果编号，如图 5.48 所示。

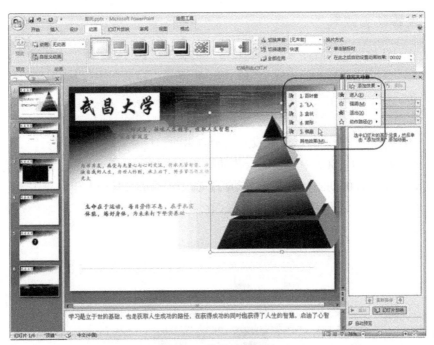

图 5.47　选择动画效果

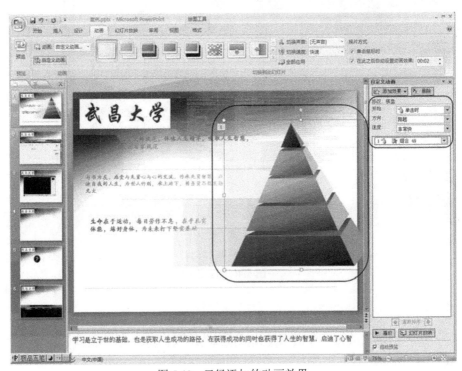

图 5.48　已经添加的动画效果

（7）根据同样的方法，用户可以给此幻灯片上的其他对象也添加一些动画效果。放映幻灯片的时候，所有的动画效果会按照添加的顺序依次放映，按"播放"按钮可以预览动画效果，如图 5.49 所示。

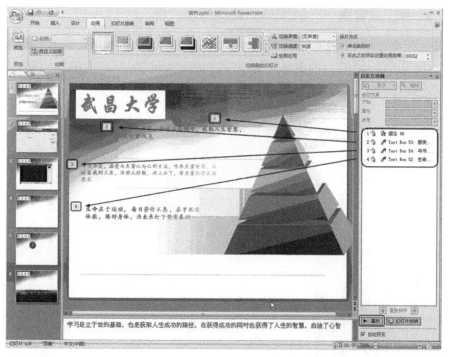

图 5.49　全部设置完成的自定义动画

（8）如图 5.50 所示，设置完成后，用户也可以通过右边的"自定义动画"窗格来修改已经设置好的动画效果，如开始时间、飞入方向、飞入速度等参数。

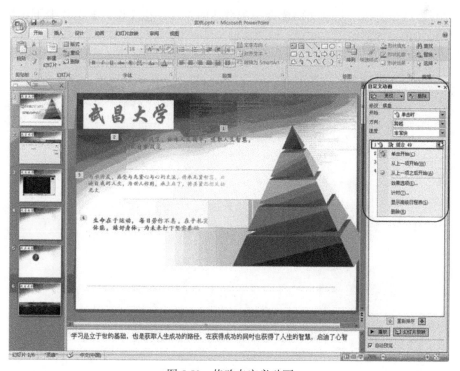

图 5.50　修改自定义动画

5.4.3　综合应用实例——制作毕业答辩演示文稿

接下来，通过对一份毕业设计答辩 PPT 的设计制作，来详细讲解演示文稿的制作过程。

（1）首先新建一个空白的演示文稿：启动 PowerPoint 2007，点击左上方的"Office 按钮"，在下拉菜单中选择【新建】，双击【空白演示文稿】，如图 5.51 所示。

图 5.51　新建空白演示文稿

（2）为这个新建的演示文稿选择一种合适的主题：在【设计】选项卡下选择"暗香扑面"主题，如图 5.52 所示。

图 5.52　选择主题

（3）在幻灯片中的文本框中分别输入标题和副标题，如图 5.53 所示。

图 5.53　幻灯片 1——输入标题及副标题

（4）根据需要添加若干张新幻灯片：在已经存在的幻灯片下方空隙处单击右键，选择
【新建幻灯片】，如图 5.54 所示。

图 5.54　添加多张幻灯片

（5）为新建的幻灯片选择需要的版式：右键点击该幻灯片，在【版式】下选择【标题
和内容】，如图 5.55 所示。

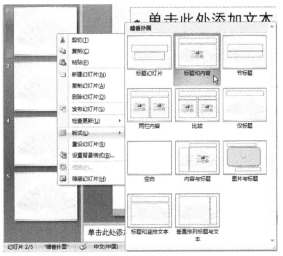

图 5.55　为每张幻灯片选择版式

（6）在新建的幻灯片中输入标题和相应的文字内容，如图 5.56 所示。

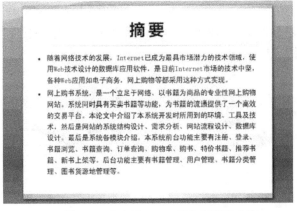

图 5.56　幻灯片 2——输入标题及内容

（7）　继续为其他的幻灯片添加文字或图片内容，如图 5.57 所示。

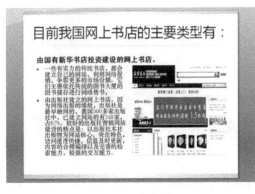

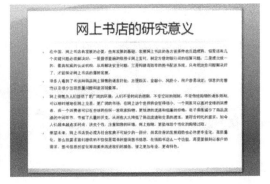

（1）幻灯片 3　　　　　　　　　　　　　　　　（2）幻灯片 4

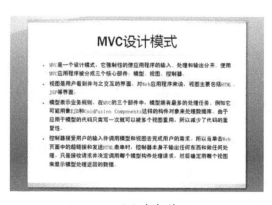

（3）幻灯片 5

图 5.57　幻灯片 3-5 的图文设置

（8）如果需要的话，也可以在幻灯片中添加图表，如图 5.58 所示。

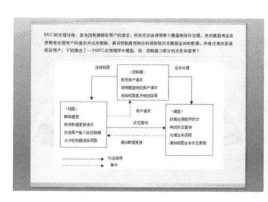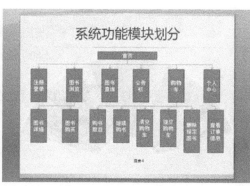

（1）幻灯片 6　　　　　　　　　　　　　（2）幻灯片 7

图 5.58　幻灯片 6-7 的图文设置

（9）设置幻灯片切换时的效果：在【动画】选项卡下的【切换到此幻灯片】组下，选择【向左揭开】效果，然后点击【全部应用】，如图 5.59 所示。这样就可以将所有的幻灯片切换效果都设置成"向左揭开"了。

图 5.59　设置幻灯片切换效果

（10）接下来，就开始设置各张幻灯片内部的动画：

①选择第 3 张幻灯片，在【动画】选项卡中的【动画】组中点击【自定义动画】按钮。选中幻灯片中的图片，然后在右边的"自定义动画"窗格中单击"添加效果"按钮，选择【进入】选项下的【其他效果】，在弹出的"添加进入效果"对话框中选择"向内溶解"效果，按

"确定"按钮完成设置，如图 5.60 所示。

图 5.60 设置幻灯片 3 的动画效果

②选择第 5 张幻灯片，分别给每一段文字设置"飞入"效果，方向为"自底部"，速度为"快速"，如图 5.61 所示。

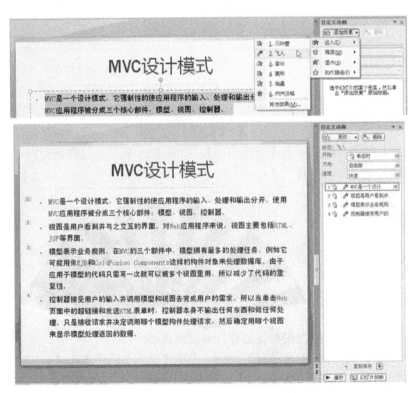

图 5.61 设置幻灯片 5 的动画效果

③选择第 6 张幻灯片，为其中的图表设置"浮动"效果，速度为"快速"，如图 5.62 所示。

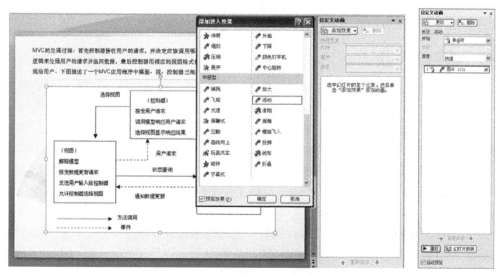

图 5.62　设置幻灯片 6 的动画效果

（11）全部设置完成后就可以点击左上角的【保存】按钮来保存制作好的演示文稿了，如图 5.63 所示。

图 5.63　保存演示文稿

5.5 播放幻灯片的设置

制作幻灯片的目的是向观众播放用户的作品，达到信息传递的目的。但是，受场合的不同，观众的不同以及用户制作幻灯片目的的不同，使得用户必须根据实际，确定制作的幻灯片的目的以及所面向的对象，然后根据这些来选择具体的播放方式。

5.5.1 简单放映幻灯片

演示文稿制作完成以后，可以直接在电脑屏幕上进行演示或通过投影机来进行放映。

1. 不打开 PowerPoint 2007 直接放映演示文稿

如果仅仅只要播放幻灯片，在任何一个安装了 PowerPoint 2007 的计算机里，只要找到要播放的演示文稿，便可以马上放映幻灯片：

（1）在"我的电脑"或"Windows 资源管理器"中找到要放映的演示文稿文件。

（2）将鼠标指针移到要放映的演示文稿文件上，单击鼠标右键，在弹出的快捷菜单中选择【显示】命令，如图 5.64 所示。

演示文稿便开始以全屏的形式进行放映。当此演示文稿放映完毕后，系统会自动退回到 Windows 资源管理器中，此时用户还可以选择其他演示文稿继续放映。

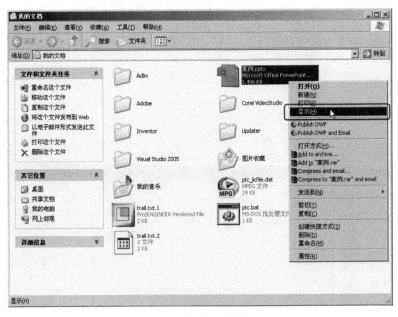

图 5.64　直接放映幻灯片

2. 在 PowerPoint 2007 中放映演示文稿

（1）在"我的电脑"或"Windows 资源管理器"中找到要放映的演示文稿文件。

（2）双击演示文稿文件，打开 PowerPoint 2007 窗口。

（3）在【幻灯片放映】选项卡下点击【开始放映幻灯片】组中的【从头开始】按钮或直接按快捷键"F5"，即可从第一张幻灯片开始进行全屏放映，如图 5.65 所示。

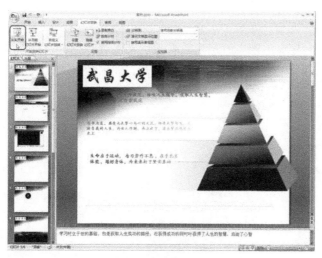

图 5.65　放映幻灯片

3. 退出幻灯片放映

在幻灯片放映的状态中，可以使用以下方法来返回到幻灯片编辑状态：

（1）直接按键盘上的"Esc"键。

（2）在幻灯片放映状态下，如果播放到了最后一张幻灯片，再单击鼠标将会出现如图 5.66 所示的提示信息，此时只要再单击一次鼠标左键，就可以返回到编辑状态了。

放映结束，单击鼠标退出。

图 5.66　放映结束的提示信息

（3）在幻灯片放映的过程中，点击鼠标右键会出现如图 5.67 所示的快捷菜单，选中"结束放映"也可以返回到幻灯片编辑状态。

图 5.67　"结束放映"选项

5.5.2 自定义放映幻灯片

其实，所谓"自定义放映"就是当放映演示文稿时，不放映整个演示文稿中的所有幻灯片，而是从中选出部分幻灯片，并且按照使用者的需求来决定放映顺序，如图 5.68 所示。

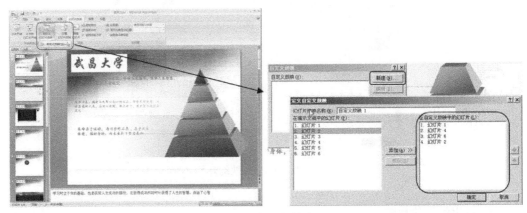

图 5.68　自定义放映

5.5.3 设置放映方式

一般情况下，不必进行任何放映参数的设置，就可以直接放映幻灯片。但是，如果在进行幻灯片放映前，对幻灯片进行修饰并自定义一些特殊的放映参数，在放映过程中便能根据演示文稿的用途、观众需求或环境的需求以多种方式来放映幻灯片。

1. 设置幻灯片放映类型

在【幻灯片放映】选项卡下的【设置】组中选择【设置幻灯片放映】按钮，出现如图 5.69 所示的对话框，其中的"放映类型"选项提供了 3 种放映类型供用户选择。

图 5.69　设置幻灯片放映类型

（1）演讲者放映：就是最普通的放映方式，演讲者可以根据实际情况，随时暂停或者继续幻灯片的放映，还可以在放映过程中录下旁白。

（2）观众自行浏览：选择此选项后幻灯片将在窗口中进行放映，放映时可以选择是否显示右侧滚动条。在此放映方式下，不能单击鼠标来放映幻灯片，可以使用滚轮来上下翻页，点击鼠标右键还可以选择"打印"等命令。

（3）在站台浏览（全屏幕）：这种放映方式用于自动循环运行演示文稿。使用此方式可以在无人看管的情况下，自动放映所有幻灯片，放映结束后会自行从第一张开始继续播放。

2. 循环放映

在普通放映方式下，也可以设置为循环放映。方法是：

在【幻灯片放映】选项卡下的【设置】组中选择【设置幻灯片放映】按钮，出现如图 5.70 所示的对话框，在"放映选项"中选择"循环放映，按 Esc 键终止"。

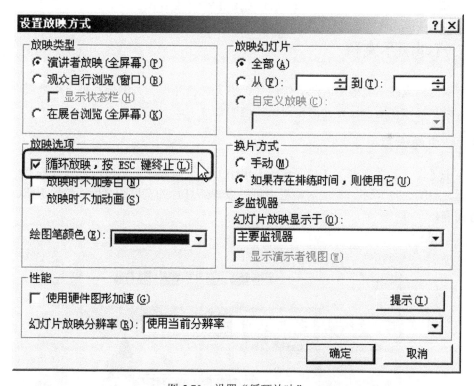

图 5.70   设置"循环放映"

3. 放映部分幻灯片

如图 5.71 所示，使用者还可以根据需要来选择只放映部分幻灯片，此功能与"自定义放映"功能类似，但是这里只能指定放映部分连续的幻灯片，并且不能都改变放映顺序。如果要进行更多的设置，还是要使用"自定义放映"功能，也可以直接在下面选中前面已经设置好的自定义放映方案。

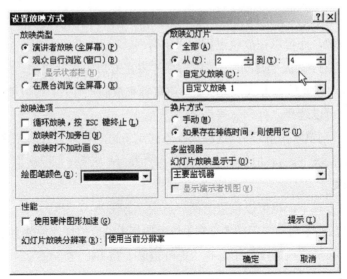

图 5.71　选择要放映的幻灯片

5.6　打印演示文稿

　　演示文稿或演示文稿中的部分幻灯片、讲义、备注页、大纲等都可以用纸质介质打印出来，也可以打印在用于设置光源投影机的透明胶片上。

5.6.1　页面设置

　　点击【设计】选项卡下【页面设置】组中的【页面设置】按钮，可以打开"页面设置"对话框，如图 5.72 所示。在此对话框中可以设置幻灯片的宽度和高度、起始页码、页面放置的方向等。

图 5.72　"页面设置"对话框

在"页面设置"对话框中，还可以设置幻灯片的大小。如图 5.73 所示，点击"幻灯片大小"下拉菜单，选择所需要的纸张大小。

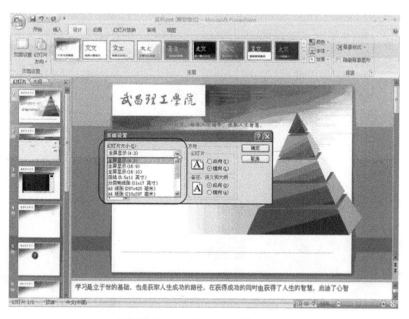

图 5.73　设置"幻灯片大小"

设置完后点"确定"按钮完成页面的设置。

5.6.2　打印预览

完成了页面的设置后，就可以将需要的页面打印出来了。点击"Office 按钮"→【打印】→【打印预览】，出现如图 5.74 所示"打印预览"界面，在此模式下用户可以直观的看到此幻灯片打印出来以后的效果。

图 5.74　打印预览

PowerPoint 2007 中的"打印预览"功能和 Word 中的打印预览功能基本一致，不同之处在于可以在"打印内容"中选择要打印的是幻灯片还是讲义、大纲、备注等对象，如果需要还可以将多张幻灯片打印在一张纸上，如图 5.75 所示。

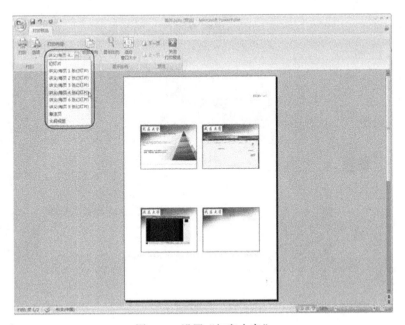

图 5.75　设置"打印内容"

如果电脑已经连接了打印机，此时点击左上方的【打印】按钮就可以将"打印预览"中看到的内容打印出来了。

思考题

制作一个包含至少 6 张幻灯片的"个人简历"（基本情况、学习成绩、个人爱好等）演示文稿。要求：

（1）页面布局合理；

（2）文字图片相互搭配；

（3）页面中的各个元素要有动画效果；

（4）页面切换时也要有动画效果。

第 6 章　数据库管理软件 Access 2007

Access 2007 是 Office 2007 的一个组成部分，是一个帮助用户有效地处理大量日常数据信息的数据库管理系统。Access 2007 通过其 Office Fluent 用户界面、新的导航窗格和选项卡式窗口视图为用户提供全新的体验。

Access 2007 是一个关系型数据库管理系统，在学习应用之前，首先对数据库管理系统的有关概念进行一个初步的认识。

6.1　数据库概述

6.1.1　数据库的基本概念

1. 数据和信息

数据是人们用于记录事物情况的物理符号。为了描述客观事物而用到的数字、字符以及所有能输入到计算机中并能被计算机处理的符号都可以称作数据。有两种基本形式的数据：数值型数据、字符型数据。此外，还有图形、图像、声音等多媒体数据。

信息是经过加工处理并对人类社会实践和生产活动产生决策影响的数据。信息是数据中包含的意义。

数据处理是指将数据转换成信息的过程。

2. 数据库

数据库(DataBase，DB)是指存储在计算机存储设备上的结构化的相关数据集合。它不仅包括描述事物的数据本身，而且还包括相关事物之间的联系。

数据库可以被多个用户共享，与应用程序相互独立。数据库中的数据也是以文件形式存储在存储介质上的，它是数据库系统操作的对象和结果。数据库中的数据具有集中性和共享性：集中性是指把数据库看成性质不同的数据文件的集合，其数据冗余度很小；共享性是指多个不同用户使用不同语言，为了不同应用目的可同时存取数据库中的数据。

3. 数据库管理系统

为了科学地组织和存储数据，以及高效的获取和维护数据，需要一个专门的系统软件对数据库中的大量数据进行管理，这就是数据库管理系统（Database Management System ,DBMS）。

数据库管理系统是数据库系统的核心，是为数据库的建立、使用和维护而配置的软件。它建立在操作系统的基础上，是位于操作系统与用户之间的一层数据管理软件，负责对数据库进行统一的管理和控制。

4. 数据库系统

数据库的建立、使用和维护仅有 DBMS 是不够的，DBMS 是数据库系统（DataBase System

DBS）中的一个重要组成部分。数据库系统是指在计算机中引入数据库后的整个计算机系统，一般由计算机硬件、操作系统、数据库管理系统、数据库、应用程序、数据库管理人员和用户等部分组成，如图 6.1 所示。

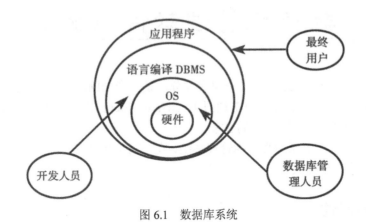

图 6.1　数据库系统

数据库系统相对之前的数据管理方式，具有以下几个特点：数据共享，减少数据冗余，具有较高的数据独立性，增强了数据安全性和完整性保护等。

6.1.2　数据库的三级模式结构

为了有效地组织、管理数据，提高数据库的逻辑独立性和物理独立性，人们为数据库设计了一个严谨的体系结构，数据库领域公认的标准结构是三级模式结构，它包括外模式、模式和内模式。

1. 模式

模式又称概念模式或逻辑模式，对应于概念级。它是由数据库设计者综合所有用户的数据，按照统一的观点构造的全局逻辑结构，是对数据库中全部数据的逻辑结构和特征的总体描述，是所有用户的公共数据视图（全局视图）。

2. 外模式

外模式又称子模式，对应于用户级。它是某个或某几个用户所看到的数据库的数据视图，是与某一应用有关的数据的逻辑表示。外模式是从模式导出的一个子集，包含模式中允许特定用户使用的那部分数据。

3. 内模式

内模式又称存储模式，对应于物理级。它是数据库中全体数据的内部表示或底层描述，是数据库最低一级的逻辑描述，它描述了数据在存储介质上的存储方式和物理结构，对应着实际存储在外存储介质上的数据库。

数据库系统在这三级模式之间提供了两层映像：外模式到模式的映像；模式到内模式的映像。正是这两层映像保证了数据库系统的数据能够具有较高的逻辑独立性和物理独立性。

数据库的二级映像模式如图 6.2 所示。

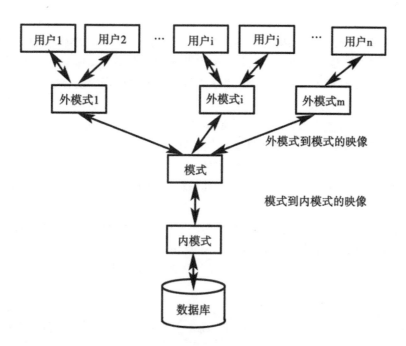

图 6.2　数据库的三级模式及二级映像

6.2　数据模型

6.2.1　概念模型

概念模型是现实世界到机器世界的一个中间层次。现实世界的事物反映到人的大脑中，人们把这些事物抽象为一种既不依赖于具体的计算机系统又不为某一 DBMS 支持的概念模型，然后再把概念模型转换为计算机上某一 DBMS 支持的数据模型。

1. 概念模型的主要概念

（1）实体：客观存在并相互区别的事物及其事物之间的联系。例如，一个学生、一门课程、学生的一次选课等都是实体。

（2）属性：实体所具有的某一特性。例如，学生的学号、姓名、性别、出生日期等。能唯一标识每个实体的属性或属性组称为码，例如"学号"。

（3）联系：实体间的联系是指一个实体集中可能出现的每一个实体与另一实体集中多少个具体实体存在联系。

实体之间有各种各样的联系，归纳起来有 3 种类型：

① 一对一联系（1∶1）。如果对于实体集 A 中的每一个实体，实体集 B 中有且只有一个实体与之联系，反之亦然，则称实体集 A 与实体集 B 具有一对一联系。例如："班级"实体与"班长"实体之间属于一对一联系。

② 一对多联系（1∶n）。如果对于实体集 A 中的每一个实体，实体集 B 中有多个实体与之联系；反之，对于实体集 B 中的每一个实体，实体集 A 中至多只有一个实体与之联系，则称实体集 A 与实体集 B 有一对多的联系。例如："学院"实体与"学生"实体之间属于 1 对

多联系。

③多对多联系（m∶n）。如果对于实体集 A 中的每一个实体，实体集 B 中有多个实体与之联系，而对于实体集 B 中的每一个实体，实体集 A 中也有多个实体与之联系，则称实体集 A 与实体集 B 之间有多对多的联系。例如："学生"实体与"课程"实体之间属于多对多联系。

2. 概念模型的表示方法

概念模型的表示方法很多，最常用的是实体—联系方法。该方法用 E-R 图来描述现实世界的概念模型。E-R 图提供了表示实体、属性和联系的方法。

实体：用矩形表示，矩形框内写明实体名。

属性：用椭圆形表示，并用无向线段将其与相应的实体连接起来。作为码的属性名用下划线标识。

联系：用菱形表示，菱形框内写明联系名，并用无向线段分别与有关实体连接起来，同时在无向线段旁标上联系的类型（1∶1，1∶n 或 m∶n）。

如图 6.3 所示就是一个描述"学生"与"课程"联系的 E-R 图。

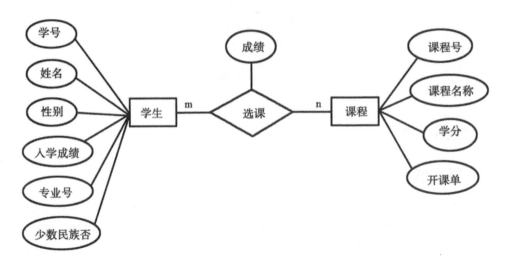

图 6.3　"学生"与"课程"联系的 E-R 图

6.2.2　数据模型

数据模型是对客观事物及其联系的数据描述，反映实体内部和实体之间的联系。由于采用的数据模型不同，相应的数据库管理系统也就完全不同。在数据库系统中，常用的数据模型有层次模型、网状模型和关系模型 3 种。

1. 层次模型

层次模型用树形结构来表示实体及其之间的联系。在这种模型中，数据被组织成由"根"开始的"树"，每个实体由根开始沿着不同的分支放在不同的层次上。树中的每一个结点代表实体型，连线则表示它们之间的关系。

层次模型虽然可以比较方便地表示出一对一和一对多的实体联系，但是不能直接表示出多对多的实体。因而，对于复杂的数据关系，实现起来较为麻烦，这就是层次模型的局限性。

采用层次模型来设计的数据库称为层次数据库。图 6.4 给出了一个学校的层次模型。

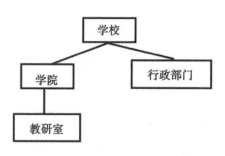

图 6.4 层次模型

2. 网状模型

网状模型要比层次模型复杂，但它可以直接用来表示"多对多"联系。然而由于技术上的困难，一些已实现的网状数据库管理系统（如 DBTG）中仍然只允许处理"一对多"联系。

在以上两种数据模型中，各实体之间的联系是用指针实现的，其优点是查询速度高。但是当实体的数目较多时（这对数据库系统来说是理所当然的），众多的指针使得管理工作相当复杂，对用户来说使用也比较麻烦。

3. 关系模型

关系模型与层次模型和网状模型相比有着本质的差别，它是用二维表格来表示实体及其相互之间的联系。在关系模型中，把实体集看成一个二维表，每一个二维表称为一个关系。每个关系均有一个名字，称为关系名。

虽然关系模型比层次模型和网状模型发展得晚，但是因为它建立在严格的数学理论基础上，所以是目前比较常用的一种数据模型。自 20 世纪 80 年代以来，新推出的数据库管理系统几乎都支持关系模型。

6.2.3 关系数据库

1. 基本概念

（1）关系：一个关系就是一张二维表，通常将一个没有重复行、重复列的二维表看成一个关系，每个关系都有一个关系名。

（2）元组：二维表的每一行在关系中称为元组。

（3）属性：二维表的每一列在关系中称为属性。

（4）域：属性的取值范围称为域。同一属性只能在相同域中取值。例如：属性"性别"的域为 {'男'，'女'}。

（5）关键字：关系中能唯一区分、确定不同元组的属性或属性组合，称为该关系的一个关键字。需要强调的是，关键字的属性值不能取"空值"，所谓空值就是"不知道"或"不确定"的值，因而无法唯一地区分、确定元组。一个关系中可以有多个关键字，通常选定一个作为主关键字。

（6）外部关键字：关系中某个属性或属性组合并非本关系中的关键字，但却是另一个关系的主关键字，称此属性或属性组合为本关系的外部关键字。关系之间的联系就是通过外部关键字实现的。

（7）关系模式：对关系的描述称为关系模式，其格式为：

关系名（属性名 1，属性名 2，…，属性名 n）

关系用二维表格描述，一个关系模式对应一个关系的结构。例如："学生"关系模式如下所示：

学生（学号，姓名，性别，出生日期，入学成绩，专业号，少数民族否）

2. 关系的基本特点

关系具有以下基本特点：

（1）关系必须规范化，属性不可再分割。

规范化是指关系模型中每个关系模式都必须满足一定的要求，最基本的要求是关系必须是一张二维表，每个属性值必须是不可分割的最小数据单元，即表中不能再包含表。

（2）在同一关系中不允许出现相同的属性名。

（3）关系中不允许有完全相同的元组，即冗余。

（4）在同一关系中元组的次序无关紧要。也就是说，任意交换两行的位置并不影响数据的实际含义。

（5）在同一关系中属性的次序无关紧要。任意交换两列的位置也并不影响数据的实际含义，不会改变关系模式。

3. 关系的完整性约束

关系完整性是为保证数据库中数据的正确性和相容性，对关系模型提出的某种约束条件或规则。完整性通常包括实体完整性、参照完整性和用户定义完整性（又称域完整性），其中实体完整性和参照完整性，是关系模型必须满足的完整性约束条件。

（1）实体完整性。

实体完整性是指关系的主关键字不能取"空值"。

在关系模式中，以主关键字作唯一标识，而主关键字中的属性不能取空值，否则，表明关系模式中存在着不可标识的实体（因空值是"不确定"的）。例如，若某学生的"学号"值为空，则无法识别该学生，"学号"也就不能起到唯一标识该学生的作用。

（2）参照完整性。

参照完整性是定义建立关系之间联系的主关键字与外部关键字引用的约束条件。

关系数据库中通常都包含多个存在相互联系的关系，关系与关系之间的联系是通过公共属性来实现的。例如，成绩表中的"学号"值，应与学生在入校时登记的"学号"值保持参照一致，若在成绩表中登记的某"学号"值在学生表中不存在，则无法识别这些成绩是哪些学生的，也就是无效数据。

（3）用户定义完整性。

用户定义完整性规则是根据应用环境的要求和实际的需要，对某一具体应用所涉及的数据提出约束性条件。用户定义完整性主要包括字段有效性约束和记录有效性约束。例如，百分制成绩值的有效性约束为"成绩>=0 and 成绩<=100"。

4. 关系数据库

以关系模型建立的数据库就是关系数据库（Relational Database，RDB）。关系数据库中包含若干个关系。

一个关系就是一张二维表，表由表结构与记录构成。表结构对应关系模式，表的每一列（称为字段）对应关系模式的每一个属性，字段的数据类型和取值范围就是该属性的域。因此，定义了表就定义了对应的关系。记录则是符合该关系模式的一条条数据。如表 6.1、表 6.2、表 6.3 所示。

表 6.1 "学生"表

学号	姓名	性别	出生日期	入学成绩	专业号	少数民族否
20110101	万涛	男	1991-5-12	456	01	是
20110102	杜哲贤	男	1992-4-16	481	01	否
20110201	王思然	女	1992-10-15	512	02	是
20110202	杨燃	男	1991-1-21	524	02	否
20110301	刘文婷	女	1991-6-16	432	03	否
20110302	张佳	女	1992-10-10	455	03	否
20110401	李小娟	女	1990-8-8	427	04	是
20120101	王冰	男	1993-12-16	415	01	否
20120102	刘康宁	男	1994-11-14	425	01	否

表 6.2 "选课"表

学号	课程号	成绩
20110101	kc003	87
20110101	kc004	85
20110101	kc008	77
20110102	kc003	95
20110102	kc004	65
20110201	kc004	66
20110201	kc005	74
20110202	kc006	88
20110301	kc008	84
20110301	kc005	69
20110302	kc007	78
20110302	kc001	85
20110401	kc002	67
20110401	kc001	50

表 6.3 "课程"表

课程号	课程名称	学分	开课单位
kc001	计算机原理	5	信工学院
kc002	逻辑电路学	4	信工学院
kc003	刑法	5	文法学院
kc004	民法	4	文法学院
kc005	西方经济学	5	商学院

续表

课程号	课程名称	学分	开课单位
kc006	贸易实务	3	商学院
kc007	大学英语	5	外语学院
kc008	微积分	5	基础课部
kc009	概率论	4	基础课部

6.2.4 关系的基本运算

关系的基本运算包括选择、投影、联接。

1. 选择

选择运算是从关系中查找符合指定条件元组的操作。以逻辑表达式指定选择条件，选择运算将选取使逻辑表达式为真的所有元组。选择运算的结果构成关系的一个子集，是关系中的部分元组，其关系模式不变。

选择运算是从二维表中选取若干行的操作，在表中则是选取若干个记录的操作。例如，在如表6.1所示的"学生"表中按条件"性别='男'"选择男生的信息。

2. 投影

投影运算是从关系中选取若干个属性的操作。投影运算从关系中选取若干属性形成一个新的关系，其关系模式中属性个数比原关系少，或者排列顺序不同，同时也可能减少某些元组。因为排除了一些属性后，特别是排除了原关系中关键字属性后，所选属性可能有相同值，出现相同的元组，而关系中必须排除相同元组，从而有可能减少某些元组。

投影是从二维表中选取若干列的操作，在表中则是选取若干个字段。例如，在如表6.1所示的"学生"表中投影出前3列字段信息，则显示所有学生的"学号"、"姓名"、"性别"3个信息。

3. 联接

联接运算是将两个关系模式的若干属性拼接成一个新的关系模式的操作，对应的新关系中，包含满足联接条件的所有元组。联接过程是通过联接条件来控制的，联接条件包含两个关系中的公共属性名，或者具有相同语义、可比的属性。

联接是将两个二维表中的若干列，按同名等值的条件拼接成一个新二维表的操作。在表中则是将两个表的若干字段，按指定条件（通常是同名等值）拼接生成一个新的表。例如，如表6.1和表6.2所示的两个表按同名字段"学号"实现联接，则可在结果表中同时显示每个学生的学号、姓名，及该生所选课程号、成绩。

6.3 Access 2007 概述

6.3.1 Access 2007 的特点

Access 2007中所使用的对象包括表、查询、报表、窗体、宏、模块等。这些对象都存放在同一个数据库文件（.accdb文件）中。

表是数据库的核心与基础，它存放着数据库中的全部数据信息，以实现用户的某一特定需要，例如查找、计算、打印、编辑修改等。在表内还可以定义索引（可以是一个或多个）当表内存放大量数据时可实现数据快速的查找。

查询是 Access 数据库中一个十分重要的对象，它用于在一个或多个表内查找某些特定的数据，完成数据的检索、定位和计算的功能，供用户查看。

窗体可以提供一种良好的用户操作界面，通过它可以直接或间接调用宏或模块，并执行查询、打印、预览、计算等功能。

报表是以打印的格式表现数据的一种有效方式，报表的主要数据来自数据库的表或查询。

宏是若干个操作的组合，当数据库中有大量重复性的工作需要处理时，使用宏是最佳的选择。

模块是 Access 2007 中实现数据库复杂管理功能的有效工具，它由 Visual Basic 编制的过程和函数组成。在一般情况下，用户不需要创建模块，除非是要建立应用程序来完成宏无法实现的复杂功能。

6.3.2 启动与退出

1. Access 2007 的启动

Access 2007 的启动与 Windows 中其他应用程序的启动方法相似，常用的方法有：

（1）从程序项启动 Access 2007。

在 Windows 桌面上单击"开始"按钮，在弹出的开始菜单中选择"所有程序"，再在其下级子菜单中依次选择"Microsoft Office"→"Microsoft Office Access 2007"，可启动 Access 2007。

（2）通过快捷方式启动 Access 2007。

如果桌面上有 Access 的快捷图标，双击它可以启动。

（3）通过文档启动 Access 2007。

Access 2007 文档的扩展名为.accdb，用户只要双击 Access 2007 文档即可启动 Access。

2. Access 2007 窗口

Office Access 2007 中的新用户界面由多个元素构成，这些元素定义了用户与产品的交互方式，如图 6.5 所示。最重要的新界面元素称为"功能区"，它是 Microsoft Office Fluent 用户界面的一部分。功能区是一个横跨程序窗口顶部的条形带，其中包含多组命令。

（1）"Office 按钮" 。

单击"Office 按钮"，可以在弹出的下拉菜单中选择相应的菜单项进行数据库操作及设置 Access 选项。

（2）标题栏。

标题栏位于 Access 2007 工作窗口的最上方，主要由快速访问工具栏、数据库标题、控制按钮组成。位于标题栏最左侧的是快速访问工具栏，其中列出了一些经常使用的工具按钮，如"保存"按钮、"撤销"按钮。用户可以根据自己的实际需要将一些使用频率较高的工具按钮添加其中。

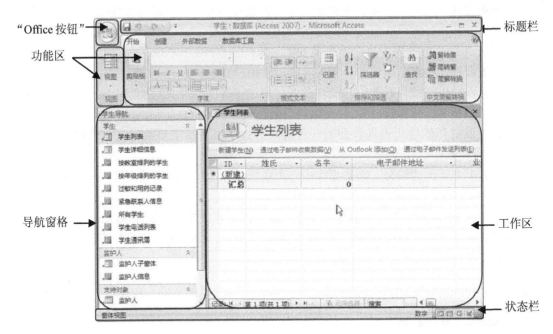

"Office 按钮"

功能区

导航窗格

标题栏

工作区

状态栏

图 6.5　Access 2007 窗口

（3）功能区。

功能区由选项卡、组和命令按钮等部分组成。用户可以切换到相应的选项卡中，单击组中的命令按钮完成所需操作。

在 Office Access 2007 中，主要的功能区选项卡包括"开始"、"创建"、"外部数据"和"数据库工具"。每个选项卡都包含多组相关命令，这些命令组展现了其他一些新的用户界面元素（例如样式库，它是一种新的控件类型，能够以可视方式呈现选择）。

除标准命令选项卡之外，Office Access 2007 还采用了 Office 专业版 2007 中一个名为"上下文命令选项卡"的新的 UI 元素。根据上下文（即，进行操作的对象以及正在执行的操作）的不同，标准命令选项卡旁边可能会出现一个或多个上下文命令选项卡。例如，设计窗体时，功能区会增加"设计"选项卡等，如图 6.6 所示。

图 6.6　新增上下文命令选项卡

有时用户可能需要将更多的空间作为工作区。因此，功能区可以进行折叠，以便只保留一个包含命令选项卡的条形。隐藏及显示功能区操作如下：

① 隐藏功能区。双击活动的命令选项卡（突出显示的选项卡即活动选项卡）。

② 显示功能区。再次双击活动的命令选项卡，以还原显示功能区。

（4）导航窗格。

窗口左侧是导航窗格，可以方便地访问所有数据库对象。导航窗格若没有显示，则通过"Office 按钮"→【Access 选项】→【当前数据库】→【导航】，勾选"显示导航窗格"来显示。为节省空间，也可将"导航窗格"折叠或展开，通过单击"百叶窗开/关"按钮进行切换，如图 6.7 所示。

导航窗格中可以设置不同的浏览类别，如：按对象类型浏览、按创建日期浏览等。单击导航窗格的下拉按钮即可选择相应操作菜单。

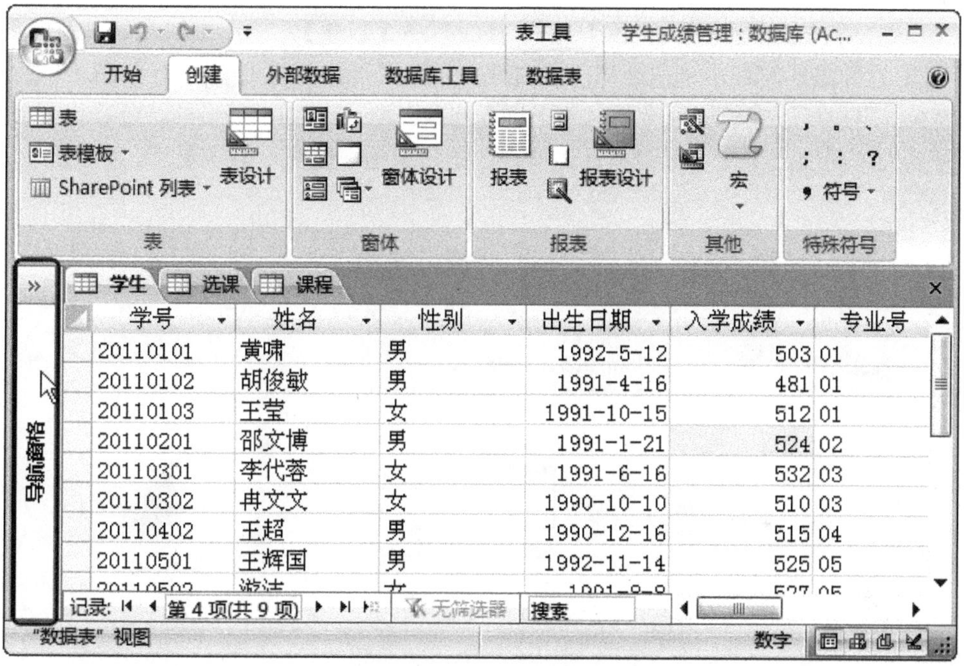

图 6.7　折叠"导航窗格"

（5）工作区。

工作区是 Access 2007 的主要编辑区域，主要用来输入数据、显示结果。工作区以选项卡式展示每个操作对象，直观又节省空间。选项卡顶部突起的一部分称为选项卡的标签，如图 6.7 所示，工作区包含 3 个表对象（"学生"、"选课"、"课程"）的选项卡。鼠标单击选项卡标签，即可选择某对象为当前操作对象。对标签单击鼠标右键，通常可以执行一些对象的常规操作，如：保存、关闭、切换视图方式等。

（6）状态栏。

状态栏位于工作界面的最下方，主要用于显示当前数据库的状态。

3. 退出 Access 2007

Access 2007 作为一个应用软件，退出 Access 的方法和退出其他 Windows 应用软件的方法是一样的。例如，单击"Office 按钮"中的"退出 Access"命令按钮，或者单击窗口右上角的"关闭"按钮。

6.4 Access 数据库及表

6.4.1 数据库的建立、关闭、打开及保存

1. 创建数据库

在创建表等对象之前，首先要创建数据库，并把它作为一个文件存放在相应的磁盘上，创建步骤如下。

（1）启动 Access 2007，单击"Office 按钮"→【新建】。

（2）在弹出的窗口中单击选择"空白数据库"或"特色联机模板"，如图 6.8 所示。若使用模板，用户可以在模板现有的对象上进行修改。Access 2007 提供的特色联机模板有：资产、联系人、问题、事件、营销项目、项目、销售渠道、任务、教职员工、学生。

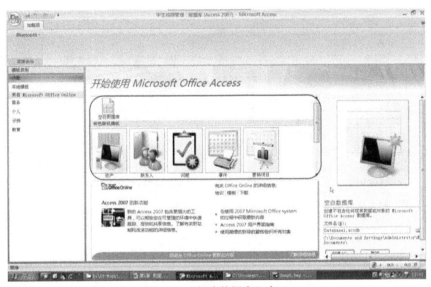

图 6.8 "新建数据库"窗口

（3）在窗口右下角，输入保存路径及文件名。或单击"浏览"按钮 📁，打开"文件新建数据库"对话框→选择"保存位置"→输入"文件名"→单击"确定"按钮。

（4）返回数据库创建窗口，单击"创建"按钮。完成新数据库的建立。当建立完成后，Access 2007 自动将此数据库打开。

2. 关闭数据库

不需对数据库进行操作时，需及时关闭数据库，防止对数据库的误修改。关闭数据库有多种方法：

（1）单击"Office 按钮"→【关闭数据库】菜单。

（2）标题栏上单击鼠标右键→选择【关闭】菜单。

（3）单击主窗口右上角的"关闭"按钮。

注意：关闭数据库前，应先确认正确的修改已被保存。

3. 打开数据库

由于表、查询、报表、窗体等对象是存放在数据库里的，所以如果需要使用这些对象，

实现对它们的操作，就必须首先打开相应的数据库。

（1）单击"Office 按钮"→【打开】菜单。弹出"打开"对话框，如图 6.9 所示。

（2）首先要在"查找范围"对话框中选择数据库所存放的文件夹。

（3）选择要打开的数据库文件名，例如"学生成绩管理.accdb"，单击"打开"按钮，即可打开并显示数据库窗口。

图 6.9　"打开"对话框

另外，Access 2007 会自动记录最近打开的文档，可以从"最近使用的文档"列表中选择需要打开的文档，单击"Office 按钮"即可看到"最近使用的文档"列表。

4. 保存数据库

在编辑数据库的过程中，为了避免丢失数据，应随时保存。用户既可覆盖原数据库保存，也可将其另存为其他位置或对象。

（1）覆盖保存。

若不改变数据库文件名和位置，则保存时用新内容覆盖原内容。操作方法是：单击"**Office 按钮**"→【**保存**】菜单，如图 6.10 所示。或者单击"快速访问工具栏"中的保存按钮。

图 6.10　"保存"菜单

（2）另存为。

如果用户不想改变原数据库，可选择新的位置或文件名进行保存，而且还可另存为其他格式的文件。

①将当前数据库对象另存为新对象。如图 6.11 所示，单击"Office 按钮"→选择【另存为】菜单→【对象另存为】→在弹出"另存为"对话框中选择新的"保存类型"→输入新的"对象名"→单击"确定"按钮。即将数据库中当前选中对象另存为其他对象。

图 6.11　"另存为"菜单

②查找其他文件格式的加载项。选择此菜单，将打开"Access 帮助"文档，了解用于保存为其他格式（如 PDF 或 XPS）的加载项。

③保存 Access 2007 数据库。即以 Access 2007 数据库格式另存当前数据库。如图 6.11 所示，选择【另存为】菜单→【Access 2007 数据库】→在弹出"另存为"对话框中选择新的"保存位置"→输入新的"文件名"→单击"保存"按钮。

④保存 Access 2002-2003 或 Access 2000 数据库。即以低版本数据库格式保存，可用低版本的 Access 应用程序打开并编辑。但若是高版本另存为低版本的格式时，需先关闭所有数据库中打开的对象。在如图 6.11 所示的"另存为"菜单中选择相应菜单。

6.4.2　表结构的建立与维护

一旦完成数据库的建立，就可以建立数据库中的表，数据最终保存在表中。表是由表结构和记录两部分组成。

1. 表结构

表结构是指表包含的字段，字段有字段名称、数据类型、字段大小、格式等属性。表结构保存后表就建立了，表中可以没有数据记录。对表结构的操作主要包括表的创建、保存、关闭、打开、修改、重命名及删除。

（1）字段名称。

表中的每一个字段都必须有一个唯一的名字。例如在 6.2.3 节中提到的"学生"表（表6.1）中，字段名分别为学号、姓名、性别、出生日期、入学成绩、专业号、少数民族否。

关于字段名有以下几点说明：

● 字段名可以包含字符、数字、空格，还可以包括大部分标点符号。

● 字段名中不能出现句号（.），感叹号（!），方括号（[]），先导空格。

（2）数据类型。

数据类型指明所定义的字段可以包含什么类型的数据，而每一种类型都有它的取值范围。例如，若把表 6.2 中的成绩字段定义为数值型，则该字段值就不会出现西文字符。

Access 2007 中所使用的数据类型有文本型、备注型、数字型、日期/时间型、货币型、自动编号、是/否型、OLE 对象、超级链接等。

（3）常规。

Access 2007 允许用户对字段进行详细的描述说明。比如：字段大小，有效性规则等。

（4）主键。

主键是表中每条记录的唯一标识符，指定哪个字段或哪些字段的组合为主键。设为主键的字段或字段组合的值不允许重复。在"学生"表（表 6.1）中，主键应该是"学号"字段。

2. 创建及保存表

（1）在功能区选择【创建】选项卡中的【表】组，单击【表设计】按钮，如图 6.12 所示。

图 6.12 "表设计"按钮

（2）在工作区随即出现的"表 1"选项卡中，按照指定表结构要求，依次输入各字段信息。"表 1"是 Access 按创建顺序自动产生的默认表名，可以修改。设置表结构的步骤如下。

①输入字段名称。例如：学号。如图 6.13 所示。

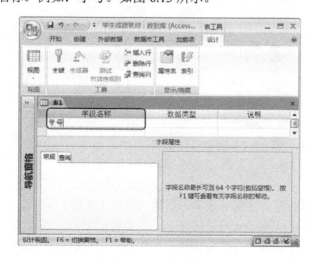

图 6.13 输入字段名

②选择数据类型。例如:"学号"字段的数据类型为"文本"。如图 6.14 所示。

图 6.14　选择数据类型

③在"常规"选项卡中设置字段其他信息。例如:"学号"字段的大小为 8。如图 6.15 所示。

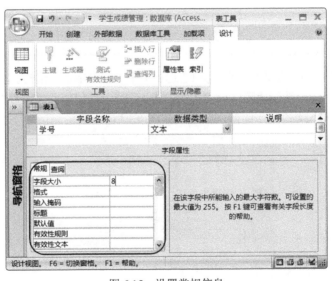

图 6.15　设置常规信息

④设置主键。鼠标指向主键字段单击右键→选择【主键】菜单。主键字段名称的左侧会出现"钥匙"形状的图标 。如图 6.16 所示。若主键由多个字段组成,则将鼠标移至字段名称左侧的选择区,鼠标变成向右箭头状 ,按住 Ctrl 键同时单击鼠标右键,选择【主键】菜单,直至所有参与主键的字段前都出现"钥匙"图标。如图 6.17 所示。

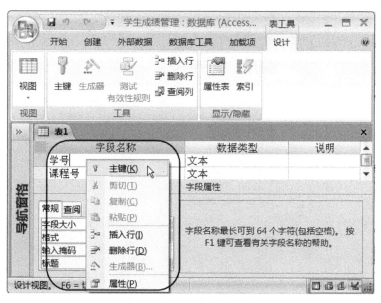

图 6.16 设置主键

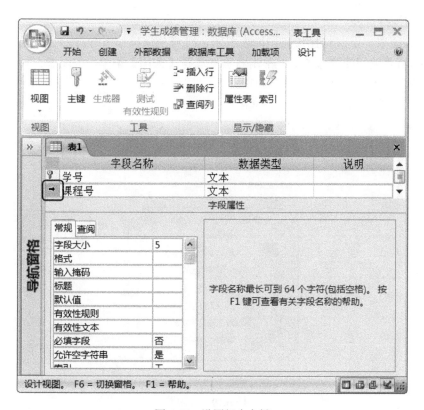

图 6.17 设置组合主键

（3）保存表结构。鼠标指向需要保存的表选项卡标签，单击右键，选择【保存】菜单，如图 6.18 所示。在弹出的"另存为"对话框中输入新表名，单击"确定"按钮，即创建并保存了表，表名出现在"导航窗格"。

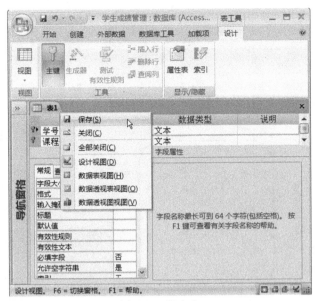

图 6.18　保存表

3. 关闭及打开表

（1）关闭表。及时将操作完毕的表关闭，可避免误操作所导致的数据损失。关闭表的步骤：选择需要关闭的表选项卡，单击右键→选择【关闭】菜单，关闭表。如图 6.19 所示。

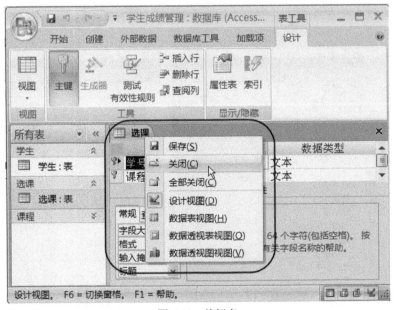

图 6.19　关闭表

（2）打开表。操作步骤：展开"导航窗格"→鼠标指向需打开的表名单击右键→选择相应菜单，如图 6.20 所示。打开并查看表，通常有 2 种方式：

①选择【打开】菜单，即以数据视图的方式查看表中数据记录。

②选择【设计视图】菜单，即打开表的设计视图修改表结构。

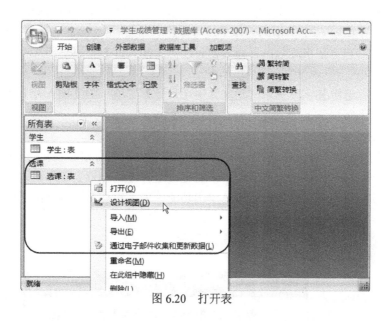

图 6.20　打开表

4. 修改表结构

在建立表的时候，难免会因事先考虑不周，而使字段定义不合理，或由于客观事物的变化，而使表的结构需要改变。打开表的设计视图即可对表的结构进行修改，如图 6.21 所示，同时新增【设计】选项卡。下面介绍几种常见的表结构修改操作。

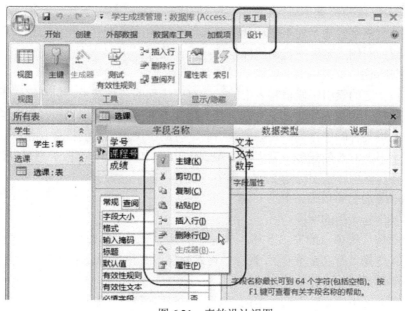

图 6.21　表的设计视图

（1）改变字段基本信息。

与创建表结构一样的位置修改字段的名称、数据类型、字段大小等。

（2）添加字段。

若在尾部添加字段，光标移至末行即可添加。若要在某字段前插入一个新字段，则先选定该字段。在如图 6.21 所示的窗口中进行操作。

方法一：选定某字段单击鼠标右键→选择【插入行】菜单，即可在当前字段前插入一个新字段。

方法二：选定某字段→单击功能区中【设计】选项卡的【插入行】按钮，即可在当前字段前插入一个新字段。

（3）删除字段。

字段的删除既可在设计视图中进行，也可在数据表视图中进行，以下以设计视图为例。

方法一：选定需要删除的字段单击右键→选择【删除行】菜单，即可删除当前字段。

方法二：选定需要删除的字段→单击功能区中【设计】选项卡的【删除行】按钮，即可删除当前字段。

删除字段会弹出询问框，如图 6.22 所示。

图 6.22   删除字段询问框

（4）移动字段的位置。

有时需要调整字段显示的顺序，就需要移动字段的前后位置。操作方法：鼠标指向需移动位置的字段的左侧选定区→拖动鼠标至目标位置放开。

（5）创建索引。

索引是按指定的索引字段值将表中的记录有序排列的一种技术，但是索引不会改变表中记录的物理顺序，而是另外建立一个索引表。就像书本目录指明章节所在页一样，索引表指明表中的记录按某种顺序排列。表创建索引后，有助于加快数据的检索、显示和查询。

一张表可根据需要创建多个索引。在 Access 2007 中，大部分字段类型可以建索引，OLE 对象类型不可建索引。索引分为 2 种：单字段索引；多字段索引。

创建单字段索引的步骤如下：

①选择要创建索引的字段。

②在"常规"选项卡的窗口下部，单击"索引"栏，然后选择"有（有重复）"或"有（无重复）"。选择"有（无重复）"选项，可以确保所有记录的该字段值没有重复值。

创建多字段索引的步骤如下：

①单击功能区中"设计"选项卡的"索引"按钮，打开"索引"对话框。

②输入索引名称，依次选择参与索引的字段名称及排序次序，每个索引最多可用 10 个字段。

③在下半部分设置索引类型。如图 6.23 所示。

图6.23 创建索引对话框

5. 重命名、删除表

需要被重命名、删除的表，必须先关闭，否则不允许操作。操作步骤如下：

① 在"导航窗格"选定需要操作的表，单击鼠标右键。

② 在快捷菜单中选择需要的操作，如图6.24所示。

图6.24 重命名、删除表

6.4.3 表记录的输入与维护

对表中数据记录的操作需先打开表的"数据表视图"，打开"数据表视图"有2种方式：

（1）在"导航窗格"选定需要打开的表，单击鼠标右键在快捷菜单中选择【打开】菜单。

（2）若工作区已显示表选项卡，则对该表的选项卡标签单击鼠标右键，在快捷菜单中选择【数据表视图】菜单。

显示表的"数据表视图"后，功能区增加【数据表】命令选项卡，如图 6.25 所示。

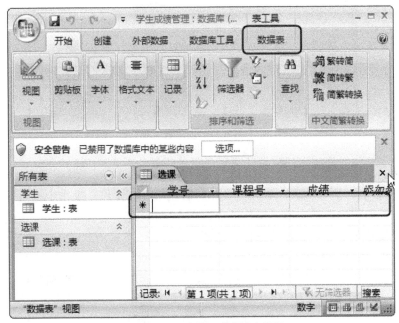

图 6.25　表的"数据表视图"

1. 输入记录

表结构建立并保存后，表中没有任何记录，这样的表称为空表。向空表添加记录的步骤如下：

（1）打开或显示"数据表视图"，直接将光标定位于需要输入记录的单元格，例如：第一行记录的第一个字段"学号"。

（2）按指定数据类型或格式键入数据。

（3）输入完毕后，按回车键，光标自动移至本行记录的下一字段等待输入。

（4）所有记录值输入完毕后，及时关闭表防止数据误修改。

2. 追加记录

为一个有记录的表追加记录与向空表中输入记录的过程很相似，所不同的是在追加记录之前，需要先把光标移至最后一条记录的下行。追加记录有 3 种方式：

（1）直接将光标置于最后一条记录的下方，与输入记录相同方式添加新记录值。

（2）对数据表工作区左侧的选择区域单击右键，选择【新记录】菜单。

（3）选择功能区的【开始】选项卡中的【记录】组，单击【记录】命令按钮，在展开的按钮组中选择【新建】按钮。如图 6.26 所示。

3. 修改记录

修改记录仍然是在"数据表视图"中进行，直接将光标定位于需要修改的单元格，完成修改。

如果表中的记录非常多，直接在表中查找需要修改的记录是一件非常繁重的工作。可以使用查询来搜索满足条件的记录，搜索到需要修改的记录后，再用上述的方法进行相应的修改，这就需要创建更新查询，具体的方法将在后面加以说明。

图 6.26　记录操作命令组

4. 删除记录

如果要删除记录，首先需要选定该记录行，选定记录行的方法如下：

（1）打开"数据表视图"。

（2）鼠标指向某记录行左侧选择区。

（3）单击鼠标左键即选定一行记录，如图 6.27 所示。

记录行选择区

图 6.27　记录的选择

选定记录行后，删除记录有 3 种方式：

（1）按下键盘的"Delete"键。

（2）单击鼠标右键，快捷菜单中选择【删除记录】。

（3）选择功能区【开始】选项卡中的【记录】组，单击【删除】按钮。

系统弹出一个询问对话框，如图 6.28 所示，询问是否删除记录。点击"是"按钮，确定删除。

图 6.28 删除记录对话框

6.4.4 表间关系

在 6.2 节中介绍过，实体之间的联系存在 3 种类型，即 1∶1、1∶n、n∶m。数据库表是实体的物理实现，则实体间的联系用表间关系来实现。比如"学生"表与"课程"表之间通过"学号"字段相关。

Access 2007 通过创建表关系，反映表与表之间的关系。

1. 创建表间关系

（1）打开数据库，选择功能区【数据库工具】选项卡中的【显示/隐藏】组，单击【关系】按钮，如图 6.29 所示。

图 6.29 "关系"按钮

（2）如果尚未定义过任何关系，则会自动显示"显示表"对话框，如图 6.30 所示。如果未出现该对话框，可在【设计】选项卡上的【关系】组中单击【显示表】，或通过快捷菜单选择【显示表】。"显示表"对话框会显示数据库中的所有表和查询。

选择一个或多个表或查询，然后单击"添加"按钮。将参与关系的表和查询添加到"关系"窗口之后，单击"关闭"按钮。

图 6.30 "显示表"对话框

（3）将字段（通常为主键）从主表拖至相关表中的公共字段（外键）。将显示"编辑关系"对话框，如图 6.31 所示。若要对此关系实施参照完整性，选中"实施参照完整性"复选框。勾选"实施参照完整性"后，可以选择"级联更新相关字段"或"级联删除相关记录"。

图 6.31　"编辑关系"对话框

（4）若两表建立了关系，则两表间产生一根连线。如图 6.32 所示，表示"学生"表与"选课"表之间建立了 1 : n 的关系。

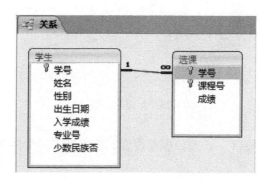

图 6.32　关系连线

2. 删除表关系

要删除表关系，必须在"关系"窗口中删除关系线。鼠标指向关系线，然后单击该线，即可选中关系。选中关系线时，它会显示得较粗。在选中关系线的情况下，按 Delete 即可删除关系。删除关系时，同时会删除对该关系的参照完整性支持。

3. 更改表关系

选中关系线后，双击该线或者单击【设计】选项卡上【工具】组中的【编辑关系】按钮。将显示"编辑关系"对话框，重新设置关系。

4. 参照完整性

未实施参照完整性的两表任何操作互不影响。实施参照完整性后，Access 将拒绝违反表关系参照完整性的任何操作。这意味着 Access 会拒绝更改参照目标的更新，也会拒绝删除参照目标的删除。

但是，有时需要 Access 在一次操作中自动更新所有相关的行。因此，Access 支持"级联更新相关字段"和"级联删除相关记录"选项。

例如：为"学生"表与"选课"表通过"学号"字段建关系，并勾选"级联更新相关字段"和"级联删除相关记录"选项。则在"学生"表中修改某学生的学号值，"选课"表中该生的学号级联发生同样的修改。在"学生"表中删除某学生记录，则"选课"表中该生所有的选课记录同时被删除。

6.4.5　综合应用实例1——创建"学生成绩管理"数据库

1. 创建数据库"学生成绩管理.accdb"

（1）启动 Access 2007，新建"空白数据库"。如图 6.33 所示。

图 6.33　新建空白数据库

（2）单击"浏览"按钮，选择保存位置，输入数据库文件名，单击"确定"按钮，保存数据库。如图 6.34 所示。

图 6.34　设置路径及文件名

（3）单击"创建"按钮，保存数据库。如图 6.35 所示。

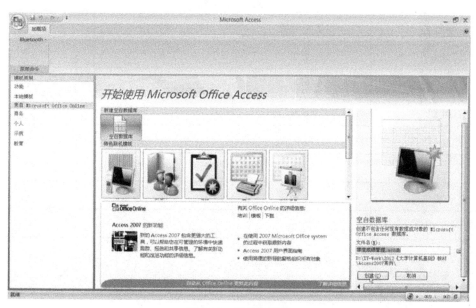

图 6.35　保存数据库

（4）保存数据库后，Access 2007 自动打开数据库，并默认创建"表 1"，工作窗口标题栏显示数据库名"学生成绩管理"。

2. 创建 "学生" 表

（1）对工作区中的"表 1"选项卡单击鼠标右键，选择菜单【设计视图】。即弹出"另存为"对话框，输入表名"学生"，单击"确定"按钮，如图 6.36 所示。"表 1"重命名为"学生"。

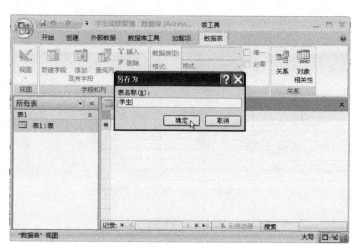

图 6.36　另存表

（2）在工作区中出现的"学生"选项卡中，按照"学生"表结构（如表 6.4 所示）要求，依次输入各字段信息。如图 6.37 所示。

表 6.4   "学生"表结构

字段名	数据类型	大小	是否主键
学号	文本	8	是
姓名	文本	20	否
性别	文本	2	否
出生日期	日期/时间		否
入学成绩	数字	单精度型	否
专业号	文本	2	否
少数民族否	是/否		否

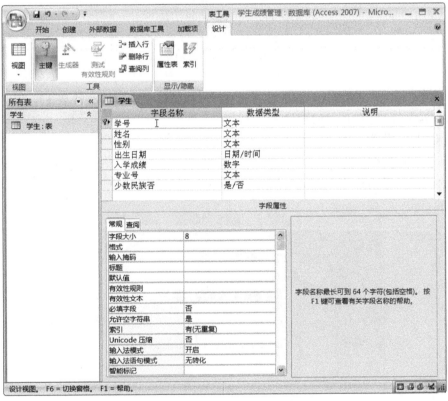

图 6.37   创建"学生"表结构

（3）鼠标指向工作区中的"学生"表选项卡标签，单击右键，选择菜单【保存】。保存"学生"表结构，如图 6.38 所示。

（4）鼠标指向"学生"选项卡标签，单击右键，选择菜单"数据表视图"。如图 6.39 所示。

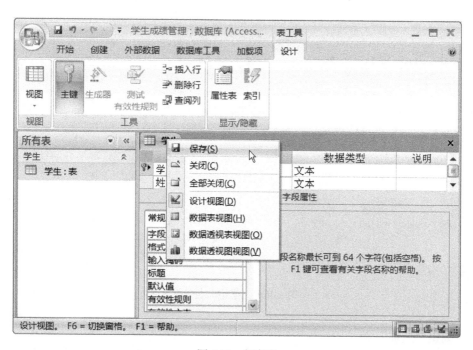

图 6.38　保存表

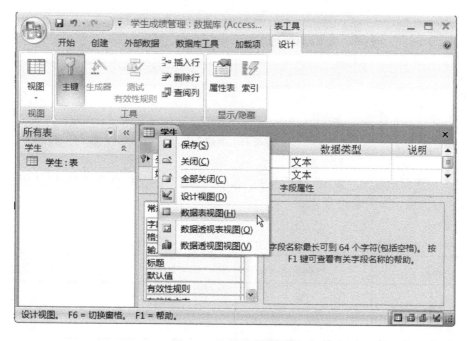

图 6.39　切换数据表视图

（5）"学生"表转换为"数据表视图"，在"数据表视图"中输入记录（参看表 6.1 内容）。完成"学生"表的创建，如图 6.40 所示。

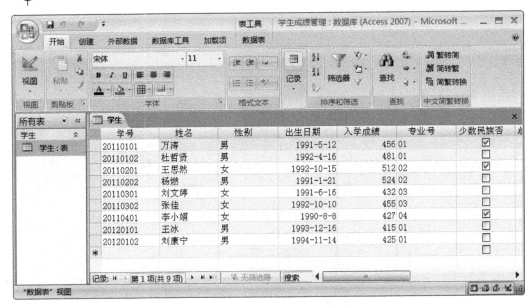

图 6.40 "学生"表数据表视图

3. 创建"选课"表

（1）选择功能区【创建】选项卡中的【表】组，单击【表设计】按钮。如图 6.41 所示。

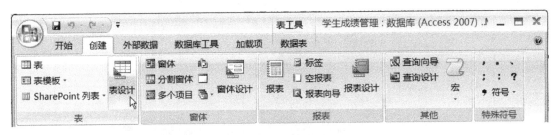

图 6.41 创建新表

（2）在随即出现的"表 1"选项卡中，按照"选课"表结构要求（如表 6.5 所示），依次输入各字段信息。如图 6.42 所示。

表 6.5   "选课"表结构

字段名	数据类型	大小	是否主键
学号	文本	8	是
课程号	文本	5	是
成绩	数字	单精度型	否

（3）鼠标指向"表 1"选项卡标签，单击右键，选择菜单【保存】，重命名为"选课"。

（4）参照"学生"表创建的第（4）、（5）步，输入"选课"表的记录（参照表 6.2 的内容）。完成 "选课" 表的创建，如图 6.43 所示。

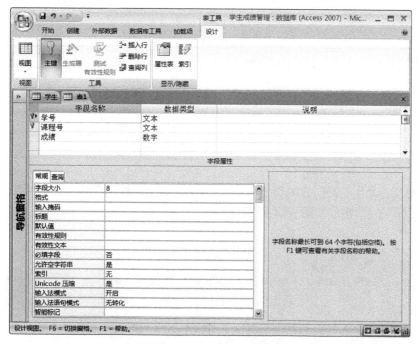

图 6.42　"选课" 表结构

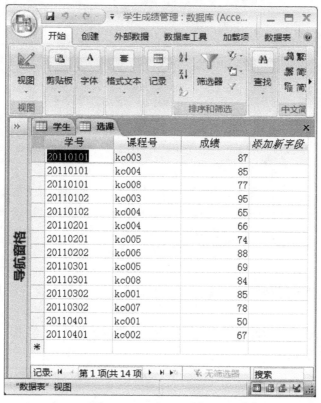

图 6.43　"选课" 表数据表视图

4. 创建"课程"表

（1）参照"选课"表创建的第（1）~（3）步，按表 6.6 所示，创建"课程"表的结构。

表 6.6   "课程"表结构

字段名	数据类型	大小	是否主键
课程号	文本	5	是
课程名称	文本	20	否
学分	数字	整型	否
开课单位	文本	50	否

（2）参照"学生"表创建的第（4）、（5）步，输入"课程"表的记录（参照表 6.3 内容）。完成表"课程"的创建，如图 6.44 所示。

图 6.44   "课程"表数据表视图

5. 创建关系

（1）选择功能区【数据库工具】选项卡中的【显示/隐藏】组，单击【关系】按钮。如图 6.29 所示。

（2）在"显示表"对话框中依次选择并添加参与关系的表："学生"表、"选课"表、"课程"表。如图 6.45 所示。

图 6.45　添加关系表

（3）鼠标指向主表"学生"的"学号"字段，单击左键，拖动鼠标至相关表"选课"的
"学号"字段上放开鼠标，随即弹出"编辑关系"对话框。勾选"实施参照完整性"及"级
联更新相关字段"，然后单击"创建"按钮。如图 6.46 所示。

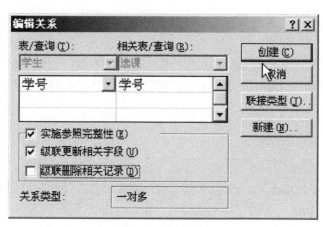

图 6.46　编辑关系

（4）于是，"学生"表与"选课"表建立了关系，并具备"级联更新"的参照完整性。
测试关系：显示"学生"表的数据表视图，将学号"20110101"改为"20110106"，保存并关
闭"学生"表；显示"选课"表的数据表视图，查看原学号"20110101"全部级联更新为
"20110106"。

（5）同样的方法，通过"课程号"字段设置"选课"表与"课程"表之间的关系，并

勾选"实施参照完整性"。测试关系：删除"课程表"中课程号为"kc001"的记录，弹出如图 6.47 所示的禁止删除提示。因为"选课"表中也存在课程号为"kc001"的记录，在存在相关选课记录的情况下，不允许删除本课程的基本信息，否则无法确定被选课程的详细信息。

图 6.47   禁止删除提示

6.5   查询

查询是用来进行数据检索和数据加工的一种数据库对象。查询通过从一个或多个表中提取数据创建而成，使用查询可以按照不同的方式查看、更改和分析数据。可以使用查询作为窗体、报表和数据访问页的记录源。

查询的结果总是和数据源表中的数据保持同步，也可以说查询的记录集实际上是不存在的，每次使用查询都是从创建查询时指定的数据源表中提取记录集。

6.5.1   查询的类型

在 Access 2007 中，可以创建的查询类型主要有以下几种：

1. 选择查询

选择查询是最常见的查询类型，主要用于浏览、检索和统计数据库中的数据。

2. 参数查询

参数查询在执行时显示对话框提示用户输入查询的参数，创建动态的查询结果。例如，可以设计它来提示输入性别，然后 Access 2007 根据用户输入的性别值检索所有记录。

3. 操作查询

操作查询主要用于对数据库中的数据更新、删除、追加和生成新表，从而对数据库中的数据进行维护。

4. SQL 查询

SQL（Structured Query Language）是一种结构化语言，是一种通用的、功能极强的关系数据库语言，是被 ISO 认可的国际标准语言。Access 2007 提供的 SQL 查询是用户使用 SQL 语句创建的查询。

6.5.2   运算符

在查询中需要使用一些 Access 2007 提供的操作符、准则等，常见操作符、准则如下。

1. 通配符

通配符是指可以代表任何其他字符的符号。Access 2007 允许使用的通配符两种。

①字符星号(*)。代表字符串的集合，它可以表示任意多个字符。

②字符问号(?)。表示任意一个字符。

2. 比较操作符

在查询时，Access 2007 默认的是严格相等的准则。此外，Access 2007 也为用户提供一些比较操作：大于(>)、小于(<)、大于等于(>=)、小于等于(<=)、不等于(NOT)。

3. 组合准则

在查询时，一个条件往往不能满足要求。当查询的条件多于一个时，就要使用组合准则。组合的方式有两种："与"和"或"。

①与。"与"准则是指多个条件中每一个条件都为真，总条件结果才为真。若有一个条件为假，则总条件就为假。比如，要查询是否为少数民族，并且性别是男的学生，那么查询的结果是那些同时满足这两个条件的记录。

②或。"或"准则是指多个条件中任何一个条件是真，总条件就为真。若所有条件都为假，则总条件就为假。

6.5.3　综合应用实例 2——创建基于数据表的多种查询

1. 创建选择查询

创建选择查询主要有 2 种方法：

（1）查询向导。

选择功能区【创建】选项卡中的【其他】组，单击【查询向导】按钮，弹出"新建查询"对话框。有 4 种查询向导可选择：简单查询、交叉表查询、查找重复项查询、查找不匹配查询，如图 6.48 所示。根据向导中的步骤提示完成各种查询。

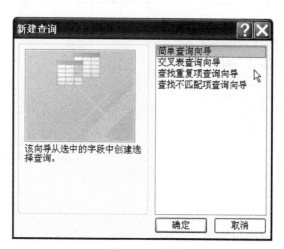

图 6.48　查询向导

（2）查询设计器。

使用查询设计器可以更灵活地设置查询的条件。操作步骤如下：

①添加数据源。选择功能区【创建】选项卡中的【其他】组，单击【查询设计】按钮。打开查询设计器，同时弹出"显示表"对话框，添加查询的数据源。若数据源来自多个表或查询，则需先建立数据源的关系，才能查询出关联数据。如图 6.49 所示，添加"学生"表。

图 6.49　添加查询的数据源

②选择字段。在设计器的下半部分单击字段行的下拉列表选择要显示的列，如图 6.50 所示。依次选择字段"学号"、"姓名"、"性别"、"专业号"。

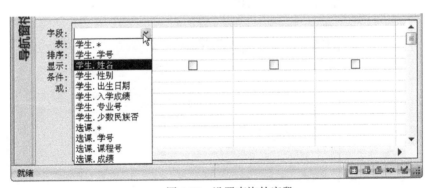

图 6.50　设置查询的字段

③设置排序与查询条件。在"排序"行与"专业号"列交叉的单元格，选择升序。在"条件"行与"性别"列交叉的单元格，输入字符常量"男"。如图 6.51 所示。

图 6.51　设置查询的排序与条件

④ 保存查询。对查询设计器标签单击鼠标右键,以"男生信息"另存。

⑤ 运行查询。选择功能区【设计】选项卡中【结果】组,单击【运行】按钮,即可查看查询的结果。如图 6.52 所示,查询显示"学生"表中所有男生的学号、姓名、性别、专业号,并按专业号的升序排列。

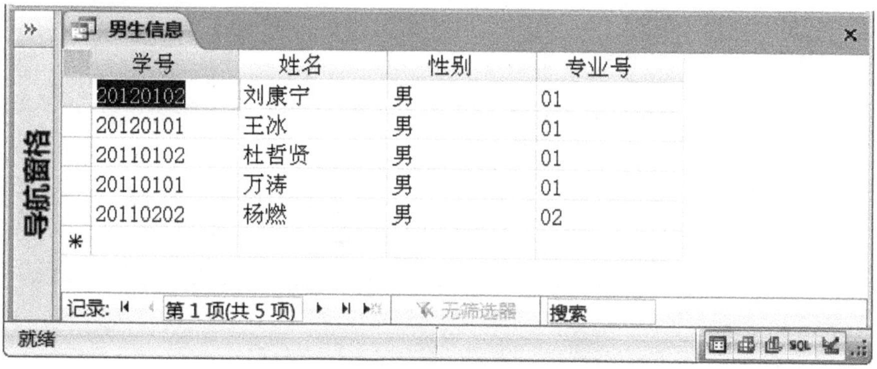

图 6.52　查询结果数据表视图

2. 创建参数查询

参数查询是一种特殊的查询,在运行查询时由用户输入参数值,查询结果根据参数值决定组成的记录集。这种查询使得查询结果具有很大的灵活性,因而参数查询常常成为窗体、报表、数据访问页的数据基础。

创建步骤如下:

(1)用查询设计器创建一个选择查询。

(2)选择功能区【设计】选项卡中的【显示/隐藏】组,单击【参数】按钮,出现"查询参数"定义窗口,如图 6.53 所示。定义要用到的参数名称"性别"和数据类型"文本",单击"确定"按钮。

图 6.53　查询参数

(3)在查询设计器的"条件"行,使用刚定义的参数"性别"定义条件表达式。以"参数查询"为名保存。如图 6.54 所示。

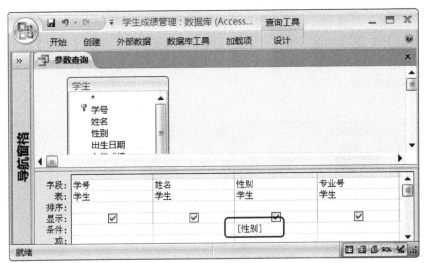

图 6.54 设置参数条件

（4）运行查询。选择功能区【设计】选项卡中的【结果】组，单击【运行】按钮。系统首先提示输入相应参数的取值，然后提取符合条件的记录集。如图 6.55 所示，输入参数值"女"，单击"确定"按钮。则查询显示女生的各字段信息，如图 6.56 所示。

图 6.55 输入参数值　　　　　　　图 6.56 参数查询女生信息

3. 创建操作查询

操作查询是仅在一个操作中更改许多记录的查询，共有四种类型：生成表、追加、更新与删除。

生成表查询：从一个或多个表中的全部或部分数据查询生成新表。

追加查询：从一个或多个表将一组记录追加到一个或多个表的尾部。

更新查询：对一个或多个表中的一组记录作全局的更改。

删除查询：从一个或多个表中删除一组记录。

若要创建操作查询，需先创建选择查询。选择功能区【创建】选项卡中的【其他】组，单击【查询设计】按钮。添加数据源，默认创建"选择查询"类型。然后选择【设计】选项卡中的"查询类型"组，单击相应按钮切换为其他类型查询的创建，如图 6.57 所示。

图 6.57 查询类型

（1）创建生成表查询。

①先以"学生"表作为数据源创建选择查询。

②在【查询类型】组中单击【生成表】按钮，出现"生成表"对话框。输入或选择"表名称"，单击"确定"。例如："女生信息"，如图 6.58 所示。

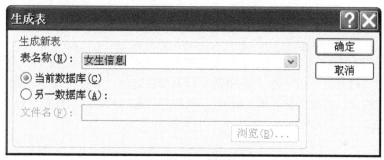

图 6.58 查询生成新表

③"选择查询"窗口变成"生成表查询"窗口，在设计器下半部分设置字段及查询条件。如图 6.59 所示，依次选择字段"学号"、"姓名"、"性别"。条件行与"性别"列输入常量"女"，即以条件【性别＝"女"】查询信息。以"女生信息查询"为名保存查询。

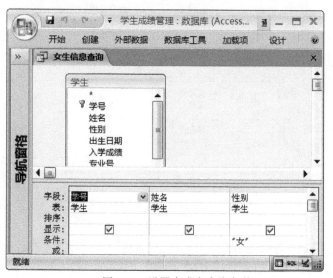

图 6.59 设置生成表查询条件

④运行查询。查询结果不显示，而是直接生成到"女生信息"表，该表可以在导航窗格中查看并浏览。

（2）创建追加查询。

①先以"学生"、"课程"表作为数据源创建选择查询。

②在【查询类型】组中单击【追加】按钮，弹出"追加"对话框。选择表名称"选课"，单击"确定"，如图 6.60 所示。

图 6.60　追加查询

③"选择查询"窗口变成"追加查询"窗口。选择"学生表"中的"学号"字段、"课程"表中的"课程号"字段。在"追加到"行中对应选择"学号"及"课程号"。在"条件"行输入满足的条件，例如学号"20120101"、课程号"kc003"。以"追加学号查询"为名保存，如图 6.61 所示。

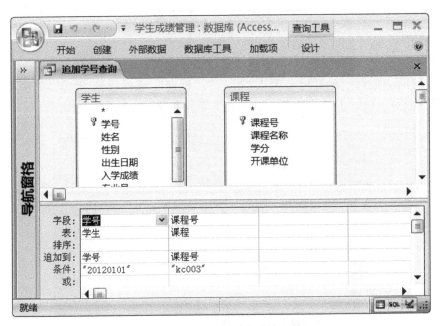

图 6.61　设置追加查询条件

④运行查询。弹出"追加提示"对话框，选择"是"，即将学号"20120101"课程号"kc003"作为新记录追加到"选课"表，如图 6.62 所示。

图 6.62   追加查询结果

（3）创建更新查询。

①先以"选课"表作为数据源创建选择查询。

②在【查询类型】组中单击【更新】按钮，"选择查询"窗口变成"更新查询"窗口。选择字段"学号"、"课程号"、"成绩"。设置条件：学号="20120101"，课程号="kc003"。在"更新到"行及"成绩"字段列交叉单元格设置值"90"。以"更新成绩查询"为名保存，如图 6.63 所示。

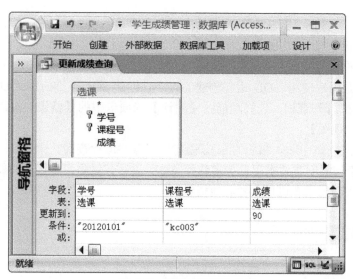

图 6.63   设置更新查询条件

③运行查询。即在"选课"表中，学号为"20120101"对应课程"kc003"的成绩值更新为 90。

（4）创建删除查询。

①先以"选课"表作为数据源创建选择查询。

②在【查询类型】组中单击【删除】按钮，"选择查询"窗口变成"删除查询"窗口。选择字段"学号"、"课程号"。设置条件：学号="20120101"，课程号="kc003"。以"删除成绩查询"保存，如图 6.64 所示。

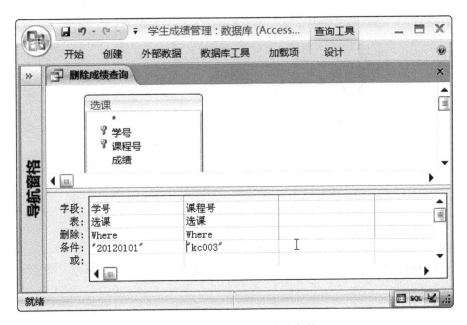

图 6.64　设置删除查询条件

③运行查询。弹出"确认删除"对话框，选择"是"，即在"选课"表中，删除学号为"20120101"、课程号为"kc003"的记录。

4. SQL 查询

SQL 查询是用户使用 SQL 语句创建的查询。创建 SQL 查询的步骤如下：

（1）创建或打开查询，选择功能区【设计】选项卡中的【结果】组，单击【视图】按钮，选择【SQL 视图】。

（2）在相应窗口中输入相应的 SQL 语句后保存并运行查询。

当然这种查询的创建要求用户非常熟悉 SQL 语言，这里由于篇幅的原因，不详细介绍 SQL 语言，感兴趣的读者可以参考其他资料。

6.6　其他对象

6.6.1　窗体

用户创建了数据库之后有时并不只是自己使用，为了其他用户使用数据库更方便，还需要为其建立一个良好的使用界面。创建窗体就可以实现这一目的。创建窗体一般使用 3 种方式：自动创建、窗体向导、窗体设计视图。

1. 自动创建窗体

自动创建窗体也有 3 种方式：

（1）窗体：在窗体中一次只输入一条记录信息。若存在关联记录，则关联记录显示在该记录下方。

（2）分割窗体：在窗体上半部分一次只输入一条记录，下半部分显示数据表。

（3）多个项目：以数据表形式显示多条记录的窗体，一条记录占一行。

自动创建窗体是最简单也是最快速的创建方式。操作步骤如下：

（1）打开数据库，在"导航窗格"选择窗体要操作的对象（表或查询）。

（2）选择功能区【创建】选项卡中的【窗体】组，选择一种自动创建方式。如图 6.65 所示。

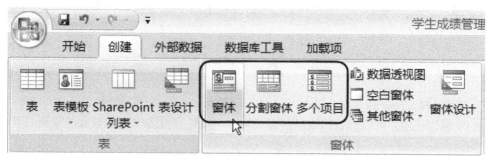

图 6.65 自动创建窗体 3 种方式

2. 窗体向导

用户可以使用窗体向导来创建窗体，经常采用的窗体布局有纵栏表、表格、数据表等。在纵栏表方式布局的窗体中，每个记录的数据垂直地显示，即每个记录的每个字段各自出现在一行上；表格方式布局的窗体中，每个记录数据是水平显示的，每个字段出现在一列中；使用数据表布局，窗体就会在数据表视图中显示数据。操作步骤如下：

（1）打开数据库，选择功能区【创建】选项卡中的【窗体】组。

（2）单击【其他窗体】按钮，在随即弹出的下拉组中选择【窗体向导】。

（3）根据向导提示完成窗体创建。

3. 窗体设计视图

使用设计视图可以更自由地设计窗体的内容及布局，但步骤也更复杂一些。操作步骤如下：

（1）创建空白窗体。选择功能区【创建】选项卡中的【窗体】组，单击【窗体设计】按钮，出现空白窗体设计视图。也可打开已有窗体的设计视图，在"导航窗格"对某窗体名单击右键，在快捷菜单中选择【设计视图】。

（2）添加字段。选择功能区【设计】选项卡中的【工具】组，单击"添加现有字段"。在出现的右侧窗格"字段列表"中添加窗体要显示的字段。

（3）添加其他控件。选择功能区【设计】选项卡，在【控件】组中单击所需控件按钮，使用鼠标在窗体中绘制适当大小。【控件】组中常用的控件有：文本框、标签、按钮等。

（4）保存窗体。对所需保存的窗体选项卡标签单击鼠标右键，选择【保存】菜单。

（5）切换窗体视图。对窗体选项卡标签单击鼠标右键，选择【窗体视图】菜单，显示窗体实际效果。

6.6.2 报表

报表是以打印的格式表现用户数据的一种有效方式。报表中的数据信息来自数据表或查询。报表中的其他信息存储在报表的设计中。创建报表通常有 3 种方法：自动创建报表、报表向导、报表设计视图。在功能区【创建】选项卡的【报表】组进行选择，如图 6.66 所示。

图 6.66　创建报表命令组

报表有 4 种视图，通过对报表选项卡的标签鼠标右键单击进行切换。

（1）报表视图：可以查看报表的版面设置，它只包含报表中基本数据的示例，不查看报表全貌。

（2）布局视图：调整报表中对象的布局。

（3）设计视图：创建及修改报表对象。

（4）打印预览：打印报表前，查看报表的数据及布局的全貌。

1. 自动创建报表

这是最简单的方法，它可以通过一个数据表或查询直接生成报表。操作步骤如下：

（1）打开数据库，在"导航窗格"选择表或查询。

（2）在如图 6.66 所示【报表】组中单击【报表】按钮，自动为选定对象创建报表，并打开报表视图。

2. 报表向导

使用向导可以较方便地生成多种形式的报表。操作步骤如下：

（1）打开数据库，在如图 6.66 所示【报表】组选择【报表向导】按钮。

（2）根据向导提示完成报表设置。

3. 报表设计视图

使用报表设计视图可以更自由地设计报表的内容及布局，但步骤也更复杂一些。操作步骤如下：

（1）创建空白报表。在如图 6.66 所示【报表】组选择【报表设计】按钮，出现空白报表设计视图。也可在"导航窗格"打开已有报表的设计视图。

（2）报表设计视图主要包含几个常用带区：报表页眉、页面页眉、主体、页面页脚、报表页脚。报表页眉/页脚的内容只在报表的首页和最后一页显示；页面页眉/页脚的内容在每一页的顶头/末尾显示；主体内容的行数与报表数据源记录行数一致。

（3）添加其他控件。报表中添加的常用控件包括：标签、文本框、图像等。使用标签通常在报表中设置说明文字，使用文本框控件通常用来设置报表要打印的动态数据。在报表的"设计视图"中，选择功能区【设计】选项卡中的【控件】组，能够添加所需控件。

（4）保存报表。在工作区中鼠标右键单击某报表选项卡的标签，选择【保存】菜单。

4. 预览打印报表

在打印报表前，先预览报表的打印效果。切换到报表的"打印预览"视图，功能区出现【打印预览】选项卡，如图 6.67 所示。

图 6.67 "打印预览"选项卡

在【打印预览】选项卡中可进行一些页面设置：页面布局、显示比例等。单击【关闭打印预览】按钮可返回之前报表视图状态。单击【打印】按钮弹出"打印"对话框，若已连接打印机，可直接进行打印。

6.6.3 综合应用实例3——"学生成绩管理"数据库窗体与报表

1. 学生信息窗体

（1）打开数据库"学生成绩管理"，在"导航窗格"中选择"学生"表。如图 6.68 所示。

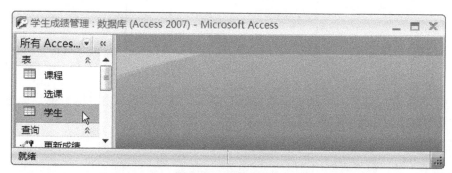

图 6.68 选择"学生"表

（2）选择功能区【创建】选项卡中的【窗体】组，单击【窗体】按钮。如图 6.69 所示。

图 6.69 创建窗体

（3）创建默认名为"学生"的窗体，并以"布局视图"显示窗体。如图 6.70 所示。

计算机系列教材

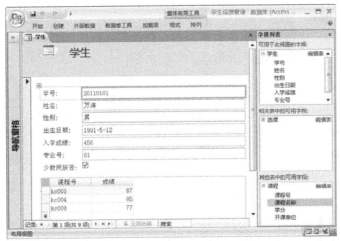

图 6.70　"学生"窗体布局视图

（4）在工作区中，对"学生"窗体选项卡标签单击鼠标右键，另存为"学生信息窗体"。如图 6.71 所示。

图 6.71　另存窗体

（5）在工作区中，对"学生信息窗体"窗体选项卡标签单击鼠标右键，选择【窗体视图】显示窗体实际效果。如图 6.72 所示。

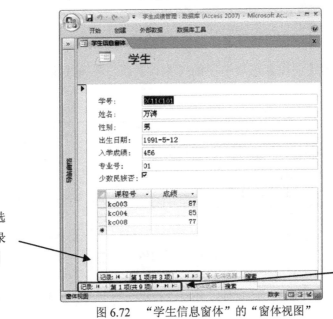

相关表（"选课"表）记录的浏览控制

"学生"表记录的浏览控制

图 6.72　"学生信息窗体"的"窗体视图"

2. 学生成绩信息报表

（1）选择功能区【创建】选项卡中的【报表】组，单击【报表向导】按钮。如图 6.73 所示。

图 6.73　创建报表向导

（2）打开报表向导第 1 步，选择"学生"表中的字段"学号"、"姓名"。如图 6.74 所示。

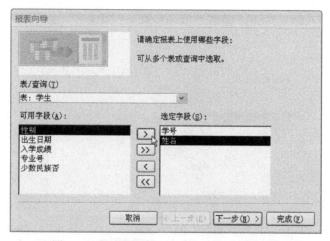

图 6.74　报表向导第 1 步——选择"学生"表字段

（3）仍然在第 1 步中选择"选课"表中的字段"课程号"、"姓名"。如图 6.75 所示。

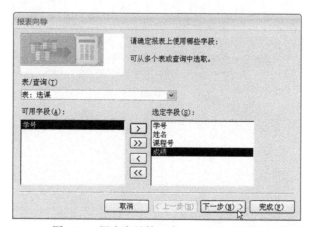

图 6.75　报表向导第 1 步——选择"选课"表字段

（4）单击"下一步"按钮，选择"通过学生"查看数据方式。如图 6.76 所示。

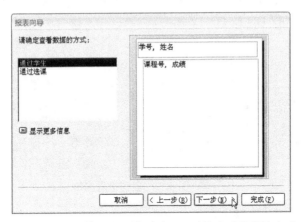

图 6.76　报表向导第 2 步——确定查看数据的方式

（5）单击"下一步"按钮，添加"学号"作为分组字段。如图 6.77 所示。

图 6.77　报表向导第 3 步——分组

（6）单击"下一步"按钮，选择排序字段"课程号"，升序。如图 6.78 所示。

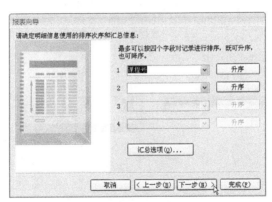

图 6.78　报表向导第 4 步——排序

（7）单击"下一步"按钮，选择报表布局"递阶"，方向"纵向"。如图 6.79 所示。

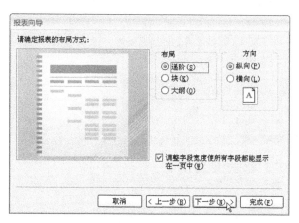

图 6.79 报表向导第 5 步——确定布局

（8）单击"下一步"按钮，选择样式"Access 2007"。如图 6.80 所示。

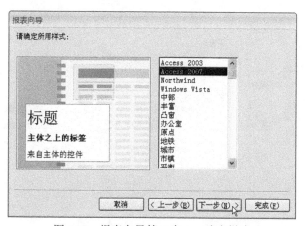

图 6.80 报表向导第 6 步——确定样式

（9）单击"下一步"按钮，为报表指定标题"学生成绩信息报表"，并选择"预览报表"。如图 6.81 所示。

图 6.81 报表向导第 7 步——指定报表标题

（10）单击"完成"按钮，显示报表的打印预览窗口。如图 6.82 所示，预览每名学生各门课程的成绩，并按照成绩由高到低排序。

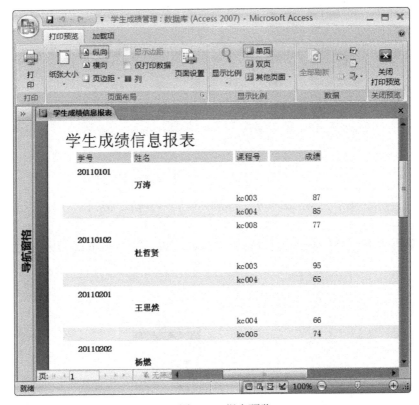

图 6.82　报表预览

思考题

1. 创建数据库"销售管理.accdb"。依次建立下面 3 个表，分析表间的共同字段，为表间建立关系。

（1）雇员表

雇员号	姓名	性别	出生日期	所在部门
1001	李敏	男	1985-9-8	家电部
1002	张晓波	男	1982-5-8	家电部
1003	段明玉	男	1983-5-26	文化用品部
1004	刘燕	女	1984-10-18	服装部
1005	黄建平	男	1982-5-8	服装部
1006	李娜	女	1983-4-12	文化用品部

（2）商品表

商品号	商品名称	类别	单价
fz001	衬衫	服装	￥150
fz002	T 恤	服装	￥80
jd001	冰箱	家电	￥4200
jd002	彩电	家电	￥3999
wh001	书包	文化用品	￥60

（3）销售表

销售单号	雇员号	商品号	销售数量	销售日期
order1	1001	jd001	1	2010-3-2
order2	1001	jd002	2	2010-3-8
Order3	1003	wh001	1	2010-3-3
Order4	1004	fz001	1	2010-3-3
Order5	1005	fz002	10	2010-3-10

2．按要求创建查询：

（1）查询雇员李敏销售的商品名称及销售数量、销售日期，查询名为"销售查询 1"。

（2）创建一个参数查询，该查询要求显示所有家电部雇员的销售明细，查询名为"销售查询 2"。

3．创建名为"销售管理"的窗体。该窗体要求显示每个雇员在雇员表中的信息，并同时显示与之相关联的销售表的记录。

4．创建名为"产品销售报表"的报表，要求如下：

（1）该报表要求显示以下字段：销售单号、商品名称、单价、类别、雇员姓名、销售数量。

（2）对报表按"类别"字段进行分组，并计算各类产品的销售额，按销售额升序排序。注意添加销售额标签，计算结果放在此标签列下方。

（3）报表标题为"产品销售报表"。

第7章　计算机网络基础及应用

计算机网络是 20 世纪 60 年代末期发展起来的一项高新技术，它是计算机技术和通信技术相结合的产物。随着计算机科学技术的迅猛发展，现今计算机网络无处不在，从手机中的浏览器到具有无线网服务的机场、咖啡厅；从具有宽带网的家庭网络到每张办公桌都有联网功能的传统办公场所。可以说计算机网络已成为了人类日常生活与工作中必不可少的一部分。

7.1　计算机网络基础知识

1969 年，由美国国防部高级研究计划局 ARPA(Advanced Research Project Agency)投资研究的世界第一个分组交换计算机网络 ARPAnet 诞生，ARPAnet 即为 Internet 前身。它是第一个较完善地实现了分布式资源共享的网络系统。

7.1.1　计算机网络的基本概念

计算机网络，是指将地理位置不同的具有独立功能的多台计算机及其外部设备，通过通信线路和通信设备连接起来，在网络操作系统，网络管理软件及网络通信协议的管理和协调下，实现资源共享和信息传递的计算机系统。

7.1.2　计算机网络的分类

1. 按网络的地理位置分类

计算机网络按其地理位置和分布范围分类可以分成局域网、城域网和广域网三类。

（1）局域网　LAN(Local Area Network)。

局域网是指一个局部区域内的、近距离的计算机互联组成的网，通常采用有线方式连接，分布范围一般在几千米以内(小于 10km)。例如学校校园网。

（2）城域网　MAN(Metropolitan Area Network)。

城域网的规模主要局限在一个城市范围内，分布范围一般在 10～100km 之间。例如有线电视网。

（3）广域网　WAN(Wide Area Network)。

广域网是指远距离的计算机互联组成的网，分布范围可达几千千米乃至上万千米，甚至跨越国界、洲界，遍及全球范围。因特网就是一种典型的广域网。

2. 按传输介质分类

计算机网络按其传输介质分类可以分为有线网和无线网两大类。

（1）有线网。

有线网的传输介质主要有同轴电缆、双绞线和光纤。采用同轴电缆和双绞线连接的网络比较经济，安装方便，但传输距离相对较近，传输率和抗干扰能力一般；光纤网则传输距离长，传输率高，且抗干扰能力强，安全性好，但价格较高。

（2）无线网。

采用大气层作传输介质、用电磁波作传输载体的网络。联网方式灵活方便，但联网费用较高，目前正在发展，前景看好。

3. 按网络工作模式分类

（1）对等网。

对等网络（Peer-to-Peer，P2P）是指网络上的每台计算机都是平等的，没有专门的服务器，每台计算机同时担任客户机和服务器两种角色。对等网通常被称为工作组网络，当用户打开【网上邻居】→【查看工作组计算机】，这种组成就是对等网，每台机器可以共享资源给他人，自己也可以访问他人设置的共享资源。对等网适用于电脑数量较少且比较集中的情况，例如学生宿舍的几台电脑可通过网卡和双绞线组成一个对等网络。

（2）客户机/服务器网。

客户机/服务器网（Client/Server，C/S）中，至少有一个专用的服务器来管理、控制网络的运行。客户机和服务器都是软件的概念，这些软件安装在计算机上，构成客户机主机和服务器主机，在该网络中，有一台或多台提供资源共享、文件传输、网络管理等服务的计算机称为服务器。它处理来自客户机的请求，为用户提供网络服务，并负责整个网络的管理维护工作,实现网络资源和用户的集中式管理。目前客户机/服务器网络已经成为组网的标准模型，这种网络结构适用于计算机数量较多，位置相对分散、且传输信息量较大的情况，例如学校机房。

4. 按网络的拓扑结构分类

网络拓扑（network topology）结构是指用传输媒体互连各种设备的物理布局，即用什么方式把网络中的计算机等设备连接起来。局域网中常用的拓扑结构有总线型结构、星形结构、环形结构和三类。

（1）总线型拓扑结构。

总线结构是指各工作站和服务器均连在一条总线上，它所采用的介质一般也是同轴电缆（包括粗缆和细缆），现在也有采用光缆作为总线型传输介质的，各节点在接受信息时都进行地址检查，看是否与自己的工作站地址相符，相符则接收网上的信息。特点是铺设电缆最短，组网费用低，安装简单方便；但维护难，分支节点故障查找难，若介质发生故障会导致整个网络瘫痪。

如果只是将家中或办公室中的两三台计算机连接在一起，而且对网络的速度没有什么要求的话，使用总线型结构是最经济的。总线型网络连接图如图 7.1 所示：

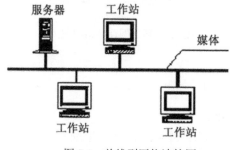

图 7.1　总线型网络连接图

（2）星形拓扑结构

星形结构是指各工作站以星形方式连接成网。网络有中央站点，网络中的各节点通过点到点的方式连接到这个中央节点(一般是集线器或交换机)上，由该中央节点向目的节点传送信息。任意两个站之间的通信均要通过公共中心，不允许两个站直接通信。特点是增加新站点容易，故障诊断容易。但这种结构中心节点负担重，若中心站点出故障会引起整个网络瘫痪。

星形结构是最古老的一种连接方式，大家每天使用的电话就是这种结构，对于小型办公室网络来说，星形网络是个不错的选择。星形网连接结构图如图 7.2 所示。

图 7.2　星形网连接结构图

（3）环形拓扑结构。

网上的站点通过通信介质连成一个封闭的环形，这种结构使公共传输电缆组成环形连接，数据在环路中沿着一个方向在各个节点间传输，信息从一个节点传到另一个节点。特点是易于安装和监控，但容量有限，由于环路是封闭的，增加新站点困难，可靠性低，一个节点故障将会造成全网瘫痪；维护难，对分支节点故障定位较难。环形网连接结构图如图 7.3 所示。

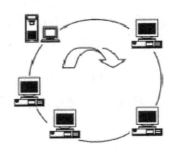

图 7.3　环形网连接结构图

7.1.3　MAC 地址与 IP 地址

1. 物理地址（ MAC 地址）

连入网络的每台计算机都有一个唯一的物理地址 MAC（即网卡的产品编号），这个物理地址存储在网卡中，通常被称为介质访问控制地址（Media Access Control address），简称 MAC

地址。MAC 地址长度一般是 48 位二进制位，由 12 个 00~0F 的 16 进制数组成，每个 16 进制数之间用 "–" 隔开，例如 "00-17-31-A2-48-72"。

（1）查询 MAC 地址方法。

在 WinXP 下，单击【开始】→【运行】，输入 cmd 命令，在弹出的窗口中输入 ipconfig/all 命令,如图 7.4 所示，回车将出现图 7.5 所示的对话框，找到 Physical Address,即所查的 MAC 地址。

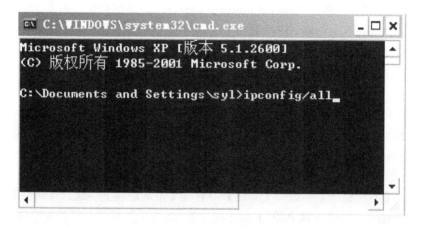

图 7.4　运行图示

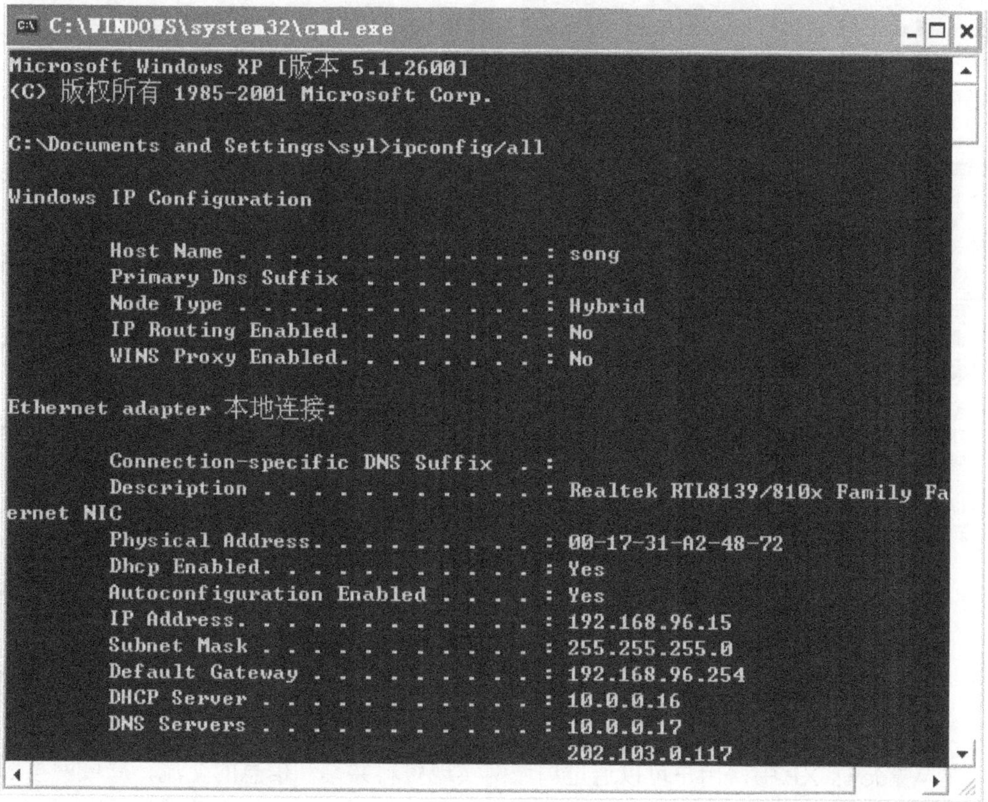

图 7.5　MAC 地址

2. IP 地址

IP（Internet Protocol）即网络之间互联的协议，IP 地址就是给每个连接在 Internet 上的主机分配的一个 32bit 地址，分为 4 段，每段 8 位，为方便记忆每 8 个二进制位可以用一个十进制整数数字来表示，因此 IP 地址由四个用小数点隔开的十进制整数(0~255)组成。IP 地址包括两部分：网络地址和主机地址。例如：IP 地址为 10.1.24.100 对应的二进制表示 00001010.00000001.00011000.01100100

现有的互联网是在 IPv4（Internet Protocol version 4）即网际协议版本 4 协议的基础上运行的，随着互联网的迅速发展，IPv4 定义的有限地址空间将被耗尽，而地址空间的不足必将妨碍互联网的进一步发展。为了扩大地址空间，拟通过 IPv6 以重新定义地址空间。IPv4 采用 32 位地址长度，只有大约 43 亿个地址，而 IPv6 采用 128 位地址长度，几乎可以不受限制地提供地址。

（1）查询 IP 地址的方法。

同查询 MAC 地址方法一样，如图 7.5 所示的对话框，找到 IP Address：192.168.96.15,即所查的 IP 地址。

（2）设置 IP 地址的方法。

右键单击【网上邻居】→选择【属性】→右键【本地连接】→选择【属性】，如图 7.6 所示，选中 【Internet 协议（TCP/IP）】→【属性】，如图 7.7 所示，在常规选项中的"使用下面的 IP 地址"的选项中可手动设置 IP 地址，也可选择"自动获取 IP 地址"。

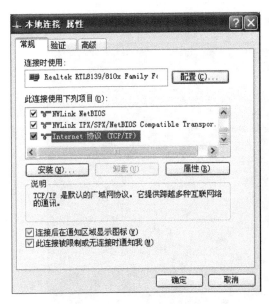

图 7.6　本地连接 属性 窗口

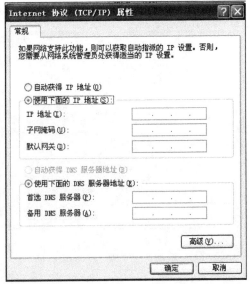

图 7.7　Internet 协议（TCP/IP）属性窗口

7.2　组建局域网与共享网络资源

在 Windows XP 中，用户可以通过局域网实现资料共享和信息的交流。局域网按照其规模可以分为大型局域网、中型局域网和小型局域网。一般来说，大型局域网是区域较大，包括多个建筑物，结构、功能都比较复杂的网络，如校园网；小型局域网指占地空间小、规模小、建网经费少的计算机网络，常用于办公室、多媒体教室、家庭等；中型局域网介于二者之间，如涵盖一栋办公大楼的局域网。下面介绍小型对等局域网的组建过程，如图 7.8 所示。

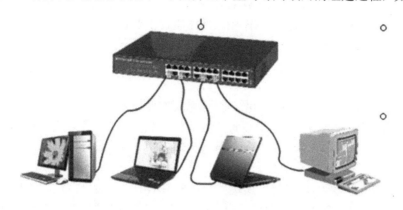

图 7.8　局域网的组建

7.2.1　安装网络硬件

1. 安装网络适配器

网络适配器（即网卡），安装网络适配器的操作步骤如下：

（1）关闭计算机及其外部设备电源，将网卡插入主板的插槽中，对于便携式计算机，只要把 PC 卡插入到 PC 插槽即可。

（2）启动计算机，系统提示"发现了新硬件"，并提示安装网卡的驱动程序，按照提示向导完成操作。

（3）单击右键【我的电脑】→选中【属性】→【硬件】→左键单击【设备管理器】→【网络适配器】，可看到已安装好的网卡型号，表示网卡已经安装好。如果"网络适配器"不可见或者在前面显示有黄色惊叹号，表示该网卡没有安装好或存在故障，需要重新安装或者更换新网卡。

2. 联网布线

网络布线可以视具体情况而定，对于普通用户而言，几台计算机摆放比较近，只需将网线沿着墙边地面布置就行了，必要时采用护线板夹。

为了使网卡与集线器相连接，网线的两端各有一个 RJ45 的水晶头（与电话线相似），将网线一头插入网卡的 RJ45 接口，另一头插入集线器。

3. 安装集线器

集线器（Hub），"Hub"是"中心"的意思，集线器是局域网中用于网络连接的专用设备，其作用是把各个计算机网卡上的双绞线集中连接起来。如图 7.9 所示，集线器有多个接口，每个接口可以连接一台计算机或者其他网络设备。

图 7.9　集线器

7.2.2　安装网络组件

用户要与网络上的其他计算机组建对等网络，除安装网络适配器的驱动程序外，还需要安装所需的网络组件。在 Windows XP 中，网络组件主要包括了客户端、协议和服务。其中客户端和协议是组建网络时必须要安装的，而服务则是根据用户的网络类型而定，当创建对等网络时，就不需要安装服务项。

1. 安装客户端

客户端软件使计算机能与特定的网络操作系统通信，网络客户端软件提供共享网络服务器上的驱动器和打印机的能力，它可以标识计算机所在的网络类型，对于不同的网络，需要安装不同的客户端软件，才能访问其他计算机上的资源。Windows XP 客户端程序的操作步骤如下：

（1）在图 7.6 所示"本地连接 属性"对话框中单击"安装"按钮，打开"选择网络组件类型"对话框，如图 7.10 所示会显示出"客户端"、"协议"和"服务"这三个不同的网络组件，在此我们选择"客户端"项，并单击"添加"按钮；

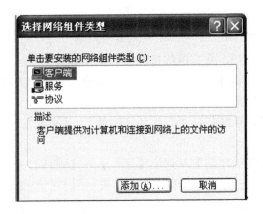

图 7.10　"选择网络组件类型"对话框

（2）选择要安装的网络客户端。如果要安装其他类型的客户端软件，请将光盘插入相应的驱动次，然后单击"从磁盘安装"按钮。

2. 安装协议

协议是计算机在网络上对话的语言。要使计算机能够相互通信，就必须在双方的计算机中安装相同的协议。目前，互联网采用的协议是 TCP/IP 协议，在安装操作系统时，TCP/IP 协议已经被自动安装 ，如果要安装其他的网络协议， 其安装方法与安装客户端的方法一样，在此不再叙述。

3. 配置 TCP/IP 协议

TCP/IP 协议是 Internet 最重要的通信协议，它提供了远程登录、文件传输、电子邮件和WWW 等网络服务。

在前面介绍的图 7.7 所示的"Internet 协议（TCP/IP）属性"对话框中，用户可以设置 IP地址、子网掩码、默认网关等。在局域网中，IP 地址一般是 192.168.0.X，X 可以是 1～255的任意数字，但在局域网中每一台计算机的 IP 地址应是唯一的。 局域网中子网掩码一般设置为 255.255.255.0。 如果本地计算机需要通过其他计算机访问 Internet，需要将"默认网关"设置为代理服务器的 IP 地址。

4. 安装服务

服务是网络提供的使用功能程序，如文件和打印机共享服务等。网络没有安装服务也可以很好地工作，只是网络内的计算机不能共享像硬盘、文件夹或打印机等资源。如果用户不想共享资源，可以不安装服务。在建立基于 Windows XP 操作系统的对等网时，需要"Microsoft 网络的文件和打印机共享"服务。该服务可以通过"网络安装向导"自动安装。如果用户自己安装该服务或者其他服务，安装方法同安装客户端的方法。

5. 标识计算机名和工作组名

工作组，是指网络上的计算机数量比较多，为了方便管理，将登录到其中的计算机分为若干个组，就像文件夹和子文件夹组织文件的方式一样。局域网中的计算机应同属于一个工作组，才能相互访问。

（1）右键单击【我的电脑】→选中【属性】，打开"系统属性"对话框，如图 7.11 所示。

（2）单击"更改"按钮，打开"计算机名称更改"对话框。在"隶属于"选项组中单击"工作组"选项，并在下面的文本框中输入工作组的名称，最后"确定"完成对计算机的标识。然后按照同样的方法设置局域网中的每一台计算机，如图 7.12 所示。

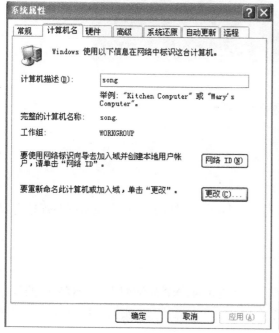

图 7.11　"系统属性"对话框

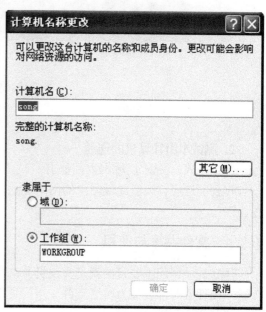

图 7.12　"计算机名称更改"对话框

7.2.3　测试网络连接

网络属性配置完成后或者发现网络连接有问题时，用户可以使用 ping 命令来检测网络。

1. 测试本机网卡的连接

命令格式：ping 本机 IP 地址

在配置网络之后，单击【开始】→【运行】，输入"ping 本机 IP 地址"。

例如，本机的 IP 地址为 192.168.96.15，则输入"ping 192.168.96.15"，回车，如显示中有 "Reply from 192.168.96.15: bytes=32 time<1ms TTL=128"的字样，便为正确安装。若显示 Request timed out,则表明网卡安装或者配置有问题。出现问题时，局域网用户请断开网络电缆，然后重新发送该命令，若显示正确，则表示另一台计算机可能设置了相同的 IP 地址。

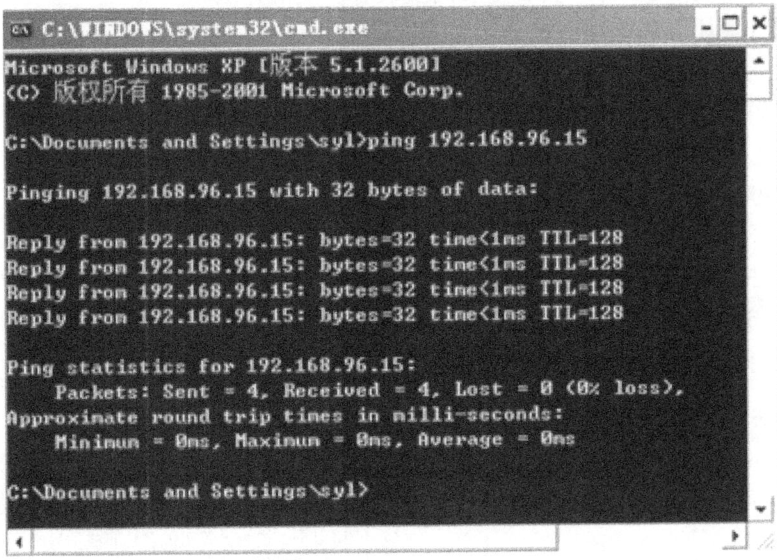

图 7.13   网络连接测试

2. 测试本组计算机的连通

命令格式：ping 局域网内其他 IP

收到回送应答表明局域网内的网络连通，若收到 0 个回送应答，那么表示网络连接有问题。

7.2.4   文件共享与使用

建立局域网的主要目的就是实现资源共享，在 Windows XP 局域网中，计算机中的每一个软、硬件资源都被称为网络资源，用户可以将软、硬件资源共享，被共享的资源可以被网络中的其他计算机访问。

1. 共享文件夹与磁盘驱动器

（1）右键单击需要共享的文件夹，在快捷菜单中选中"共享与安全"命令，打开共享属性对话框。

（2）选择"共享"选项，单击图 7.14 所示的位置再确定。

（3）在图 7.15 的对话框中选择【只启用文件夹共享】→【确定】。

（4）在图 7.16 的对话框"网络共享与安全"的选项中选择"在网络上共享这个文件夹"。

（5）设置完成后单击确定，共享后的文件夹图标为 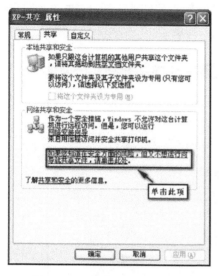。

图 7.14 "共享 属性" 对话框

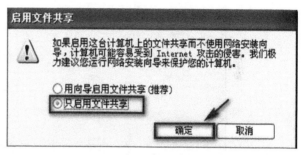

图 7.15 "启用文件共享" 对话框

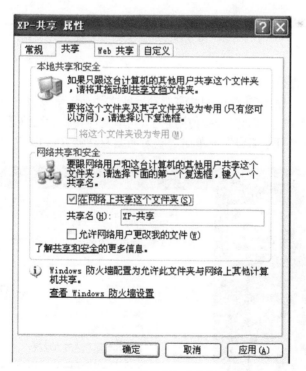

图 7.16 "网络共享与安全" 对话框

共享磁盘驱动器的方法同共享文件夹的方法一样，选中要共享的磁盘驱动器，按照以上的方法设置，设置成功后磁盘驱动器的图标为 。

2. 通过网上邻居使用网络资源

"网上邻居"主要是用来进行网络管理的，用户可以通过"网上邻居"使用其他计算机共享的网络资源。

双击"网上邻居"，将显示网络上的计算机。如果计算机不在列表中，请单击"网络任务"中的"查看工作组计算机"，双击要访问的计算机。如图 7.17 所示。

图 7.17 "网上邻居" 窗口

3. 映射网络驱动器

如果用户经常使用某台计算机的共享驱动器或文件夹，可以将它映射成网络驱动器，这样用户就可以像使用本地驱动器一样使用它了。共享文件夹映射网络驱动器的操作步骤如下：

（1）右键单击"网上邻居"→单击"映射网络驱动器"，如图 7.18 所示。

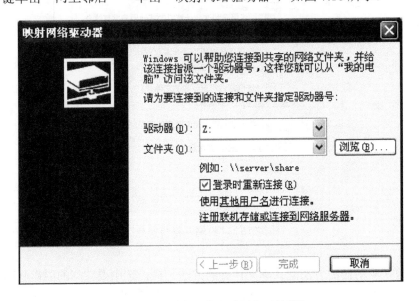

图 7.18 "映射网络驱动器" 对话框

（2）在"驱动器"下拉列表框中输入驱动器符（例如：Z:）。

（3）在"文件夹"下拉列表框中输入共享的文件夹路径，格式为：\\计算机名\共享名（例如：\\song\XP-共享）。如图 7.19 所示的"网络驱动器"，用户可以像使用本地驱动器一样访问映射网络驱动器。若想断开连接的网络驱动器，右击该网络驱动器，选中"断开"命令即可。

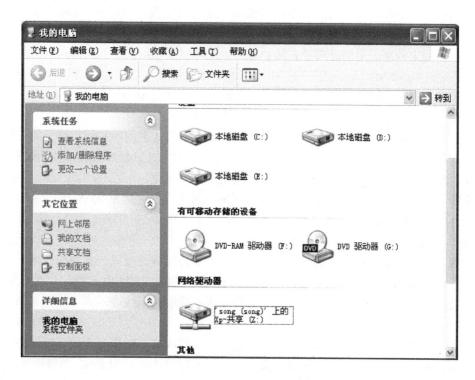

图 7.19　创建的网络驱动器

7.3　Internet 接入方式

Internet(因特网)，又叫做国际互联网。它是由那些使用公用语言互相通信的计算机连接而成的全球网络。在接入网中，目前可供选择的接入方式主要有 ADSL、Cable-Modem、光纤接入、移动无线接入。

1. ADSL

ADSL(Asymmetrical Digital Subscriber Line，非对称数字用户环路)是一种能够通过普通电话线提供宽带数据业务的技术，也是目前极具发展前景的一种接入技术。ADSL 素有"网络快车"之美誉，因其下行速率高、频带宽、性能优、安装方便、不需交纳电话费等特点而深受广大用户喜爱，成为继 Modem（调制解调器）、ISDN 之后的又一种全新的高效接入方式。

ADSL 方案的最大特点是不需要改造信号传输线路，完全可以利用普通铜质电话线作为传输介质，配上专用的 Modem 即可实现数据高速传输。ADSL 支持上行速率640kbps～1Mbps，下行速率 1~8Mbps，其有效的传输距离在 3~5 千米范围以内。在 ADSL 接入方案中，每个用户都有单独的一条线路与 ADSL 终端相连，它的结构可以看作是星形结构，数据传输带宽是由每一个用户独享的。

2. Cable–modem

Cable-Modem(线缆调制解调器)是近几年开始试用的一种超高速 Modem，它利用现成的有线电视(CATV)网进行数据传输，已是比较成熟的一种技术。随着有线电视网的发展壮大和人们生活质量的不断提高，通过 Cable Modem 利用有线电视网访问 Internet 已成为越来越受业界关注的一种高速接入方式。

由于有线电视网采用的是模拟传输协议，因此网络需要用一个 Modem 来协助完成数字数据的转化。Cable-Modem 与以往的 Modem 在原理上都是将数据进行调制后在 Cable(电缆)的一个频率范围内传输，接收时进行解调，传输机理与普通 Modem 相同，不同之处在于它是通过有线电视 CATV 的某个传输频带进行调制解调的。

采用 Cable-Modem 上网的缺点是由于 Cable Modem 模式采用的是相对落后的总线型网络结构，这就意味着网络用户共同分享有限带宽；另外，购买 Cable-Modem 和初装费也都不算很便宜，这些都阻碍了 Cable-Modem 接入方式在国内的普及。但是，它的市场潜力是很大的，毕竟中国 CATV 网已成为世界第一大有线电视网，其用户已达到 8000 多万。

3. 移动无线接入

（1）宽带无线局域网络(WLAN)。

无线局域网络是便携式移动通信的产物，终端多为便携式微机。其构成包括无线网卡、无线接入点（AP）和无线路由器等。目前最流行的是 IEEE802.11 系列标准，它们主要用于解决办公室、校园、机场、车站及购物中心等处用户终端的无线接入。

（2）蓝牙技术。

蓝牙是一种短距离无线连接技术，用于提供一个低成本的短距离无线连接解决方案。家庭信息网络由于距离短，可以利用蓝牙技术。蓝牙的传输速率为 1Mb/s，传输距离约 10 米，加大功率后可达 100 米。

4. 光纤接入

一种以光纤作主要传输介质的接入网。光纤具有宽带、远距离传输能力强、保密性好、抗干扰能力强等优点。人们对通信业务的需求越来越高，光纤接入网能满足用户对各种业务的需求，除了打电话、看电视以外，还希望有高速计算机通信、家庭购物、家庭银行、远程教学、视频点播（VOD）以及高清晰度电视（HDTV）等。这些业务用铜线或双绞线是比较难实现的。但是，与其他接入网技术相比，光纤接入网也存在一定的劣势，成本较高，尤其是光节点离用户越近，每个用户分摊的接入设备成本就越高。另外，与无线接入网相比，光纤接入网还需要管道资源。这也是很多新兴运营商看好光纤接入技术，但又不得不选择无线接入技术的原因。

7.4　IE 浏览器的使用

Internet Explorer 浏览器，它的中文是"因特网探索者"，通常人们把它叫做 IE。它是 Microsoft 微软公司设计开发的一个功能强大、很受欢迎的 Web 浏览器。使用 IE 浏览器，用户可以将计算机连接到 Internet，从 Web 服务器上搜索需要的信息、浏览 Web 网页、收发电子邮件、下载资料等。

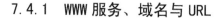

7.4.1　WWW 服务、域名与 URL

1. WWW 服务

万维网（World Wide Web，WWW 或 Web）是基于客户机/服务器方式的信息发现技术和超文本技术的综合。WWW 服务器通过超文本标记语言（HTML）把信息组织成为图文并茂的超文本，WWW 浏览器则为用户提供基于超文本传输协议(Hypertext Transfer Protocol，HTTP）的用户界面。

2. 域名地址

虽然 IP 地址能够唯一的标识网络上的计算机，但 IP 地址是数字的，用户记忆这类数字十分不方便，于是人们又提出了字符型的地址方案即域名地址。IP 地址和域名地址是一一对应的，例如新浪的 IP 地址是 218.30.13.36，其对应的域名地址是 www.sina.com.cn。 这份域名地址的信息存放在一个叫域名服务器（DNS）的主机内，使用者只需记住域名地址，其对应的转换工作就交给 DNS 来完成。

域名地址可表示为：主机计算机名.单位名.网络名.顶级域名.例如 www.sina.com.cn,从左到右可翻译为:www 主机.新浪.公司.中国。顶级域名一般是网络机构或所在国家的缩写。

域名由两种类型组成：以机构性质命名的域和以国家或地区代码命名的域。表 7.1 和表 7.2 列举了一些常见的命名域。

表 7.1　机构性质命名的域

域名	含义
gov	政府部门
edu	教育机构
com	商业机构
mil	军事机构
net	网络组织
int	国际机构
org	其他非盈利组织

表 7.2　常见的国家或地区代码命名的域

域名	国家或地区
cn	中国内地
hk	中国香港
ca	加拿大
kr	韩国
uk	英国
jp	日本
sg	新加坡

3. 统一资源定位器

统一资源定位器 (Uniform Resource Locator，URL)，是专为标识 Internet 网上资源位置而设的一种编址方式，我们平时所说的网址指的即是 URL。

URL 一般由三部分组成：传输协议：//主机 IP 地址或域名地址/资源所在路径和文件名，如武汉大学的 URL 为：http://www.whu.edu.cn/index.html，这里 http 指超文本传输协议，文件在 Web 服务器上，whu.edu.cn 是其 Web 服务器域名地址，index.html 才是相应的网页文件。

7.4.2　使用 IE 浏览器浏览信息

1. 浏览网页

在 IE 浏览器的地址栏中直接输入 URL。可使用"后退"、"前进"、"主页"等按钮实现返回前页、转入后页、返回主页。

2. 保存网页

单击【文件】菜单→【另存为】选项→输入要保存文件的文件名。

可以使用四种文件类型保存网页信息：

"Web 页，全部"，保存页面 HTML 文件和所有超文本信息。

"Web 页，仅 HTML"只保存页面的文字内容，存为一个扩展名为 htm 的文件。

"文本文件"，将页面的文字内容保存为一个文本文件。

"Web 电子邮件档案"，把当前页的全部信息保存在一个 MIME 编码文件中。

3. 保存 Web 页面的图片

将鼠标移到一幅图片上→单击鼠标右键→选择"图片另存为"→选择图片的存放路径，并输入保存的文件名。

4. 设置主页地址

把经常光顾的页面设置为每次浏览器启动时自动连接的网址，具体方法如下：单击【工具】菜单→【Internet 选项】→【常规】选项卡→在"主页"中输入选定的网址。

5. 使用历史记录浏览

通过查询历史记录也可找到曾经访问过的网页。用户输入过的 URL 地址将保存在历史列表中，历史记录中存储了已经打开过的 Web 页的详细资料。 在工具栏上，单击【查看】→【浏览记录栏】→【历史记录】，窗口左边出现历史记录栏，其中列出用户最近几天或几星期内访问过的网页和站点的链接。

6. 把网址添加到收藏夹

收藏用户感兴趣的站点，只要在访问该页的时候，单击【收藏夹】→【添加到收藏夹】选项，待下次连接 Internet 以后，点【收藏夹】按钮打开收藏夹就可以在收藏夹中查找自己要访问的站点名字。

7. 限制浏览有害的网页和网站

用户可以将不信任的站点添加到受限站点区域，这些站点的安全设置一般最高，具体操作方法如下：单击【工具】→【Internet 选项】→【安全】→【受限制的站点】→【站点】→在"将该网站添加到区域中"下面的栏中填入你不想浏览的网址，然后点添加，最后应用，确定退出。

8. 清除浏览痕迹

单击【工具】→【删除浏览的历史记录】，用户可以删除浏览痕迹。

9. 设置安全特性

单击【工具】→【Internet 选项】 →单击【安全】选项卡→单击【Internet】图标,然后执行下列操作之一：

（1）若要更改单个安全设置，请单击"自定义级别"。根据需要更改设置，完成后单击"确定"。

（2）若要将 Internet Explorer 重新设置为默认安全级别，请单击"默认级别"。 完成更改后，单击"确定"返回 Internet Explorer。

7.5　搜索引擎

搜索引擎(Search Engine)是指自动从因特网收集信息，经过一定的整理以后，提供给用户进行查询的系统。它像一本书的目录，Internet 各个站点的网址就像是页码，可以通过关键词或主题分类的方式来查找感兴趣的信息所在的 WEB 页面。

7.5.1　搜索引擎工作方式

搜索引擎按其工作方式主要可分为三种，分别是全文搜索引擎（Full Text Search Engine）、目录索引类搜索引擎（Search Index/Directory）和元搜索引擎（Meta Search Engine）。

1. 全文搜索引擎

全文搜索引擎是名副其实的搜索引擎，国外具代表性的有 Google（谷歌）等，国内著名的有百度（Baidu）。它们都是通过从互联网上提取的各个网站的信息（以网页文字为主）而建立的数据库，检索与用户查询条件匹配的相关记录，然后按一定的排列顺序将结果返回给用户，因此他们是真正的搜索引擎。

2. 目录索引类搜索引擎

目录索引虽然有搜索功能，但严格意义上算不上是真正的搜索引擎，仅仅是按目录分类的网站链接列表。用户完全可以不用进行关键词（Keywords）查询，仅靠分类目录也可找到需要的信息。目录索引中最具代表性的莫过于大名鼎鼎的 Yahoo（雅虎）。其他著名的还有 Open Directory Project（DMOZ）、LookSmart、About 等。国内的搜狐、新浪、网易搜索也都属于这一类。

3. 元搜索引擎 (META Search Engine)

元搜索引擎在接受用户查询请求时，同时在其他多个引擎上进行搜索，并将结果返回给用户。著名的元搜索引擎有 InfoSpace、Dogpile、Vivisimo 等（元搜索引擎列表），中文元搜索引擎中具代表性的有搜星搜索引擎。在搜索结果排列方面，有的直接按来源引擎排列搜索结果，如 Dogpile，有的则按自定的规则将结果重新排列组合，如 Vivisimo。

7.5.2　常用搜索引擎技巧

常用的搜索引擎有百度、Google、雅虎等。下面以百度为例介绍如何使用搜索引擎快速搜索想要的信息。

1. 百度（http://www.baidu.com)

百度是目前国内做得最好的、使用范围最广的搜索引擎。总量超过 3 亿页以上，并且还在保持快速的增长。百度搜索引擎具有高准确性、高查全率、更新更快以及服务稳定的特点。如图 7.20 所示。

（1）使用逻辑运算符搜索。

　①以空格表示逻辑"与"。在百度查询时不需要使用符号"AND"或"+"，百度会在多个以空格隔开的词语之间自动添加"+"。

图 7.20　百度搜索引擎

②以"−"表示逻辑"非"。百度支持"−"功能，用于有目的地删除某些无关网页，如果要避免搜索某个词语，可以在这个词前面加上一个减号（"−"，英文字符）。但在减号之前必须留一个空格。

例如：数字图书馆 −英国,如图 7.21 所示。

图 7.21　逻辑非"−"的使用

③以"│"表示逻辑"或"。使用"A│B"来搜索"包含词语 A 或者词语 B"的网页。如：毛泽东│毛主席。

(2)精确匹配−双引号和书名号。

①双引号。如果输入的查询词很长，百度在经过分析后，给出的搜索结果中的查询词，可能是拆分的，给查询词加上双引号，就可以达到这种效果。

例如，在百度中输入：中国地质大学江城学院，会出现中国地质大学江城学院，中国地质大学（武汉），中国地质大学长城学院等信息。若加上双引号后，输入"中国地质大学江城学院"，获得的结果就全是符合要求的了。

②书名号。书名号是百度独有的一个特殊查询语法。加上书名号的查询词，有两层特殊功能：一是书名号会出现在搜索结果中；二是被书名号扩起来的内容，不会被拆分。

例如：查电影"手机"，如果不加书名号，很多情况下出来的是通信工具——手机，而加上书名号后，《手机》结果就都是关于电影方面的了。如图 7.22 所示。

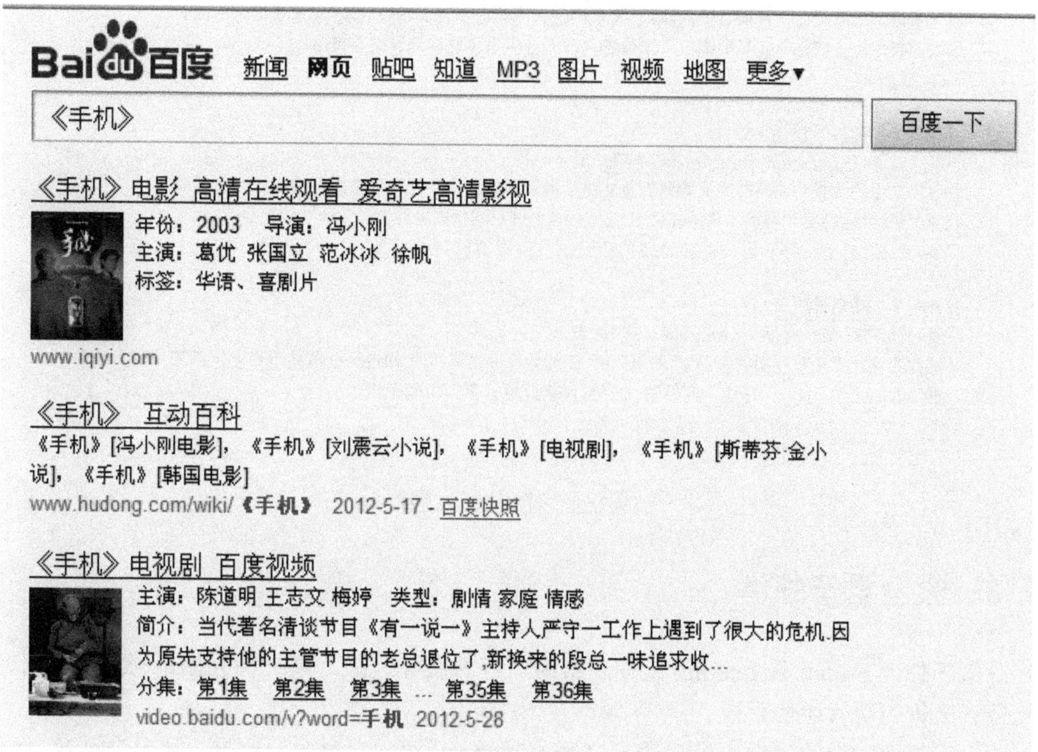

图 7.22　百度中书名号的使用

（3）专业文档搜索（http://file.baidu.com）。

百度支持对 Office 文档（包括 Word、Excel、Powerpoint）、Adobe PDF 文档、RTF 文档进行了全文搜索。要搜索这类文档，在普通的查询词后面，加一个"Filetype："。"Filetype："后可以跟以下文件格式：DOC、XLS、PPT、PDF、RTF、ALL。其中，ALL 表示搜索所有文件类型。

例：查找关于物联网技术的课件，格式：物联网技术 filetype:ppt，如图 7.23 所示。

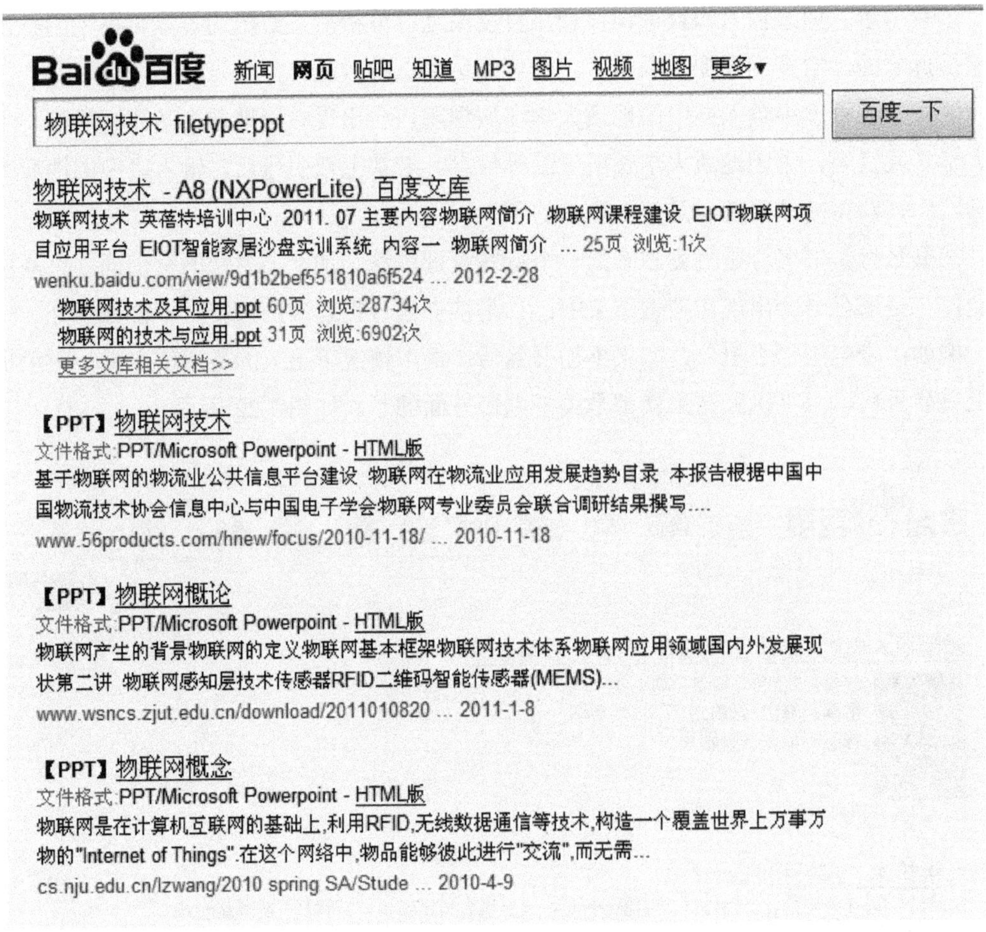

图 7.23　百度专业文档搜索

7.6　收发电子邮件

电子邮件 E-mail 是 Internet 上使用得最广泛的服务之一，是一种 Internet 用户之间快捷、简便、廉价的现代通信手段。

电子邮件发送的信件内容除普通文字内容外，还可以是软件、数据，甚至是录音、动画、电视等各类多媒体信息。

收发方便高效可靠，与电话通信或邮政信件发送不同，发件人可以在任意时间、任意地点通过发送服务器（SMTP）发送 E-mail，收件人通过当地的接收邮件服务器（POP3）收取邮件。

7.6.1　电子邮件服务概述

1. 电子邮件的地址

E-mail 像普通的邮件一样，也需要地址，它与普通邮件的区别在于它是电子地址。所有在 Internet 之上有信箱的用户都有自己的一个或几个 Email address，并且这些 Email address 都是唯一的。邮件服务器就是根据这些地址，将每封电子邮件传送到各个用户的信箱中，Email address 就是用户的信箱地址。就像普通邮件一样，你能否收到你的 E-mail，取决于你是否取得了正确的电子邮件地址。

电子邮件地址的格式：用户名@邮件服务器域名。

例如：liujiangqiao@163.com　其中 liujiangqiao 是用户名，@163.com 是网易邮箱的服务器地址，中间用一个表示"在"(at)的符号"@"分开。

2. POP 和 SMTP 服务器

POP (Post Office Protocol，邮局协议)是一种允许用户从邮件服务器收发邮件的协议，POP服务器是接收邮件的服务器。

SMTP（ Simple 　Mail Transport Protocol,简单邮件传输协议）是因特网上提供发送邮件的协议。SMTP 服务器是发送邮件的服务器。

POP 和 SMTP 是提供电子邮件服务的公司为您收发 E-mail 所指定的服务器名。你取E-mail 经过 POP 服务器，它好比你收信的信箱，你自己的来信都存放于此；你发信时要经过 SMTP 服务器，它好比邮局的邮筒，你把信扔进去后，邮局定时将它们发出。使用具有POP 和 SMTP 功能的电子邮件系统，您可以很方便地收发邮件，而不需要频繁访问提供商主页。一般的发信软件，如 Outlook Express、Outlook 2003、FoxMail 都是使用这个协议进行发信的。

7.6.2 　申请和使用电子邮件

1. 使用网页收发电子邮件

电子邮箱有免费和收费两类。个人用户一般会申请免费邮箱。新浪、163、搜狐、GMAIL、HOTMAIL 都提供免费邮箱的申请。

例如，申请 163 免费邮，进入 www.163.com，点击"立即注册"，按要求一步步填写相关资料申请邮箱。如图 7.24 所示。

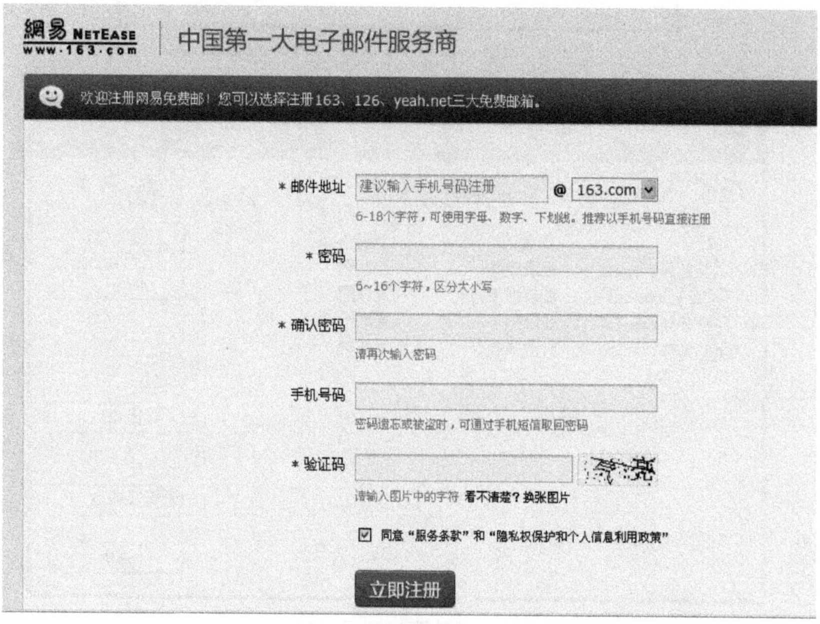

图 7.24 　申请免费的电子邮箱

2. 使用 Outlook Express 收发邮件

Outlook Express 是 Microsoft 自带的一种电子邮件，简称为 OE，是微软公司出品的一款电子邮件客户端，也是使用得最广泛的一种电子邮件收发软件。对个人来说，如果没有量多并且相对复杂的电子邮件收发操作，可以直接在邮局网站进行。而对于企业用户，采用专门的电子邮件收发软件，由于此类软件功能相对强大，方便对邮件的管理和收发操作。

下面以中文版 Outlook Express 6 为例介绍 Outlook Express 邮件客户端的设置方法：

（1）设置账号

用户从 Internet 服务提供商得到邮箱地址，就要设置电子邮件的发送和接收服务，这是通过在 Outlook Express 里添加账号完成的。步骤如下：

①启动 Outlook Express 程序（如图 7.25 所示）→【工具】菜单→选中【账户】子项→【Internet 账户】对话框（如图 7.26 所示）→【添加】按钮→【邮件】选项→【Internet 连接向导】对话框→在"显示名称"一栏输入用户名（由英文字母、数字等组成），如 liujiangqiao. 此姓名将出现在你所发送邮件的"发件人"一栏。然后单击"下一步"按钮。

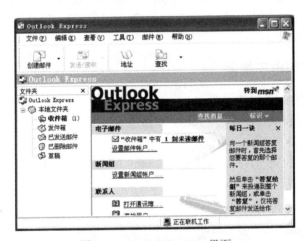

图 7.25　Outlook Express 界面

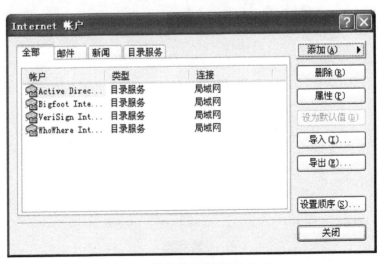

图 7.26　邮件账户配置窗口（一）

②如图 7.27 所示，在"Internet 电子邮件地址"窗口中输入你的邮箱地址，如：tiaotiao@163.com，再单击"下一步"按钮。

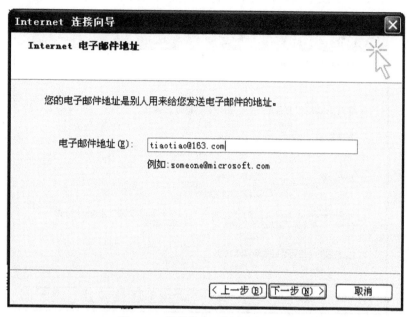

图 7.27 邮件账户配置窗口（二）

③如图 7.28 所示，在"接收邮件（pop、IMAP 或 HTTP）服务器："字段中输入 pop.163.com。在"发送邮件服务器(SMTP)："字段中输入 smtp.163.com，然后单击"下一步"按钮。

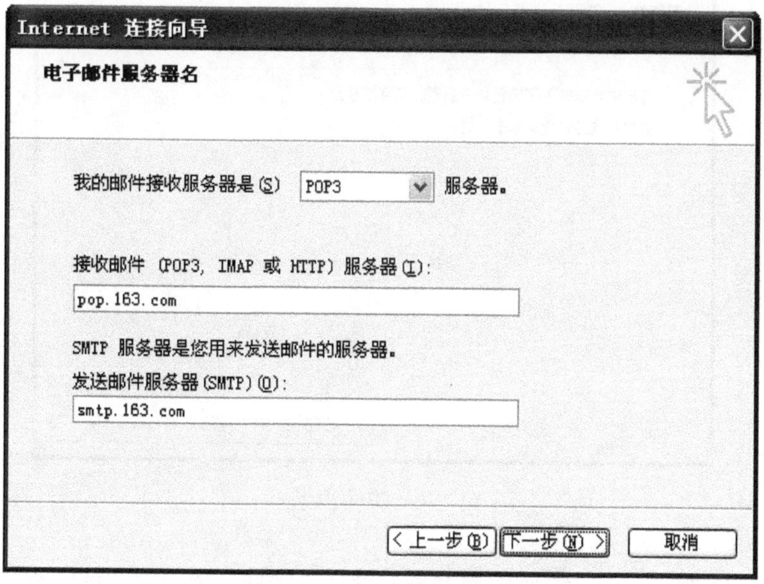

图 7.28 邮件账户配置窗口（三）

④如图 7.29 所示，在"账户名："字段中输入你的 163 免费邮用户名（仅输入@ 前面的部分）。在"密码："字段中输入你的邮箱密码，然后单击"下一步"按钮。

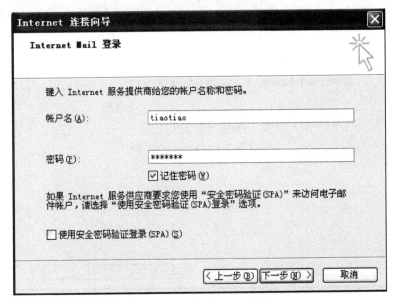

图 7.29　邮件账户配置窗口（四）

⑤如图 7.30 所示，点击"完成"按钮。

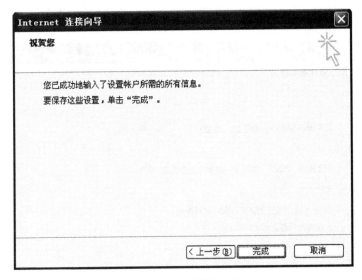

图 7.30　OE 配置完成

⑥ 如图 7.31 所示，在 Internet 账户中，选择"邮件"选项卡，选中刚才设置的账户，单击"属性"按钮。

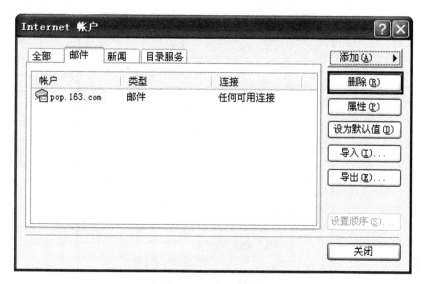

图 7.31　账户配置

⑦ 如图 7.32 所示，在属性设置窗口中，选择"服务器"选项卡，勾选"我的服务器需要身份验证"，再确定。

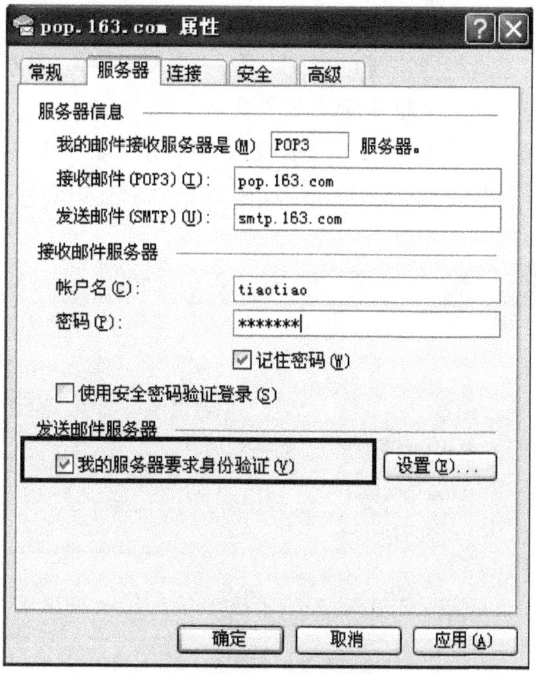

图 7.32　邮件服务器配置

⑧ 如图 7.33 所示，如需在邮箱中保留邮件备份，点击"高级"，勾选"在服务器上保留邮件副本"（这里勾选的作用是：客户端上收到的邮件会同时备份在邮箱中。）此时下边设置细则的勾选项由禁止（灰色）变为可选（黑色）。

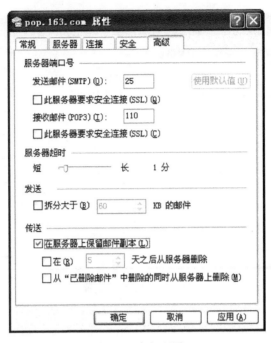

图 7.33　高级配置

（2）发送邮件

①建立新邮件：在工具栏点击【创建邮件】→键入收件人的电子邮件地址→键入抄送人地址→键入邮件的主题→在正文框中键入邮件内容。

抄送是指把邮件一次发给多个人，把接收人的邮箱地址一次写在抄送栏中，不同的电子邮件地址用逗号或分号隔开。如图 7.34 所示。

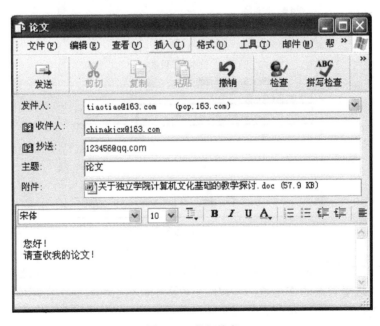

图 7.34　发邮件窗口

②添加附件：如果有附件，则单击工具栏中回形针状的图标，或打开【插入】菜单选中【附件】子项→浏览并选择附件文档→【附加】按钮，附件文档就会自动粘贴到"内容"下面。

③发送邮件：按【发送】按钮。此处的"发送"实际相当于对以上操作的确认，邮件存在"发件箱"里。待回到起始的界面，还需要按【发送和接收】图标，Internet 才真正开始发送出去。

（3）删除邮件

点击【收件箱】文件夹，将光标移到邮件目录中要删除的邮件上，点击工具栏上的【删除】按钮，对邮件进行删除操作，被删除的邮件从"收件箱"文件夹移动到"已删除文件夹"。需要注意的是，对"已删除邮件"文件夹中的邮件执行删除操作会真正使邮件从用户的计算机中删除，而对其他文件夹下的邮件执行删除操作只是将邮件移到"已删除邮件"文件夹中。

（4）回复和转发

打开收件箱阅读完邮件之后，可以直接回复发信人。单击 Outlook 主窗口工具栏中的【回复作者】按钮，即可撰写回复内容并发送出去。如果要将信件转给第三方，单击工具栏中的【转发邮件】按钮，只需填写第三方收件人的地址即可。

7.7　文件下载

计算机和网络中有很多种不同类型的文件。从使用目的来分，可分为可执行文件和数据文件两大类。

可执行文件：它的内容主要是一条一条可以被计算机理解和执行的指令，它可以让计算机完成各种复杂的任务，这种文件主要是一些应用软件，通常以 EXE 作为文件的扩展名，例如 QQ.EXE。

数据文件：包含的是可以被计算机加工处理展示的各种数字化信息。比如我们输入的文本、制作的表格、描绘的图形，录制的音乐，采集的视频等，常见的类型有 DOC、HTML、PDF、TXT、JPG、SWF、RM、RAM 等。

其中，后三种比较特殊，是目前广受欢迎的边下载边播放的"流媒体"文件，既可以在线播放也可以下载后离线播放。

另外，在日常管理计算机文件的过程中，为了减少文件占用更多的磁盘空间，或者提高文件在网络中的下载速度，往往会对一些文件利用工具进行压缩，把文件压得很小。比较典型的压缩文件类型有 ZIP 和 RAR 文件。

7.7.1　直接下载

直接下载有两种方式：①鼠标右击下载目标，选择"目标另存为…"；②直接用鼠标左键点击下载地址。IE 浏览器将弹出保存文件的对话框，如图 7.35 所示。

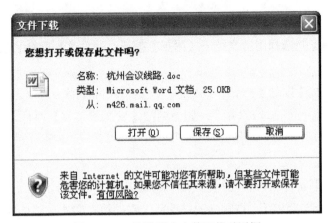

图 7.35　IE 浏览器中文件下载对话框

7.7.2　使用迅雷下载

目前主流的文件下载方式：利用下载工具软件进行下载。其特点：支持多线程、断点续传。网络上主流的下载工具有：迅雷、网际快车、QQ 旋风等。下面介绍迅雷下载方法.

（1）在右边的搜索栏输入你要下载的文件名，点搜索按钮或按回车键，如图 7.36 所示；

图 7.36　搜索文件

（2）进入搜索页面，点击要下载的内容，如图 7.37 所示；

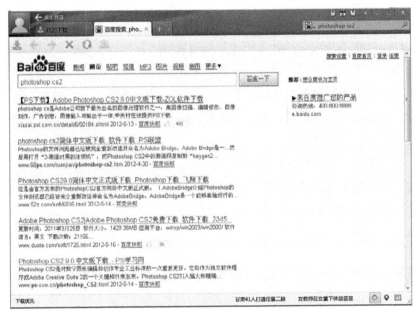

图 7.37　搜索页面

（3）点击普通下载，会出现一个滚动条，如图 7.38 所示；

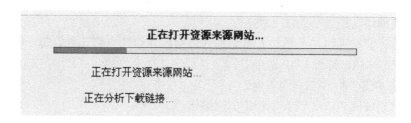

图 7.38　下载进度

（4）进入下面界面，点击下面椭圆所示图标（修改你要保存的位置）点击确定，如图
7.39 所示；

图 7.39　迅雷下载对话框

（5）点击立即下载，进入你的下载情况界面，如图 7.40 所示。

图 7.40　下载界面

思考题

1. 计算机网络按距离分为哪几类？

2. 什么是计算机网络拓扑结构？常见的局域网拓扑结构有哪几种？每一种有何特点？

3. 如何查看 MAC 地址与 IP 地址？

4. 什么是 POP3 和 SMTP 服务器？

5. 简述在局域网内，如何共享和访问网络资源。

[1] 龚沛曾著. 大学计算机基础(第 5 版). 北京：高等教育出版社，2009

[2] 喻业勤，熊燕著. 大学计算机基础. 北京：北京邮电大学出版社，2006

[3] 杨卫民著. 电脑办公自动化使用教程. 北京：清华大学出版社，2009

[4] 宋强，周国文，孙岩著. Office 2007 办公应用从新手到高手. 北京：清华大学出版社，2008

[5] 邵玉环，张灶法著. Windwos XP 实用教程. 北京：清华大学出版社，2011

[6] Anderw S.Tanenbaum 等著. 现代操作系统. 北京：机械工业出版社，2009

[7] 简超，羊清忠等著. 中文版 Windwos 7：从入门到精通. 北京：清华大学出版社，2010

[8] 丰士昌，邹本强著. 完全掌握 Windwos 7 超级手册. 北京：清华大学出版社，2010

[9] 王卫国，叶如燕，张伊著. Word 2007 中文版入门与提高. 北京：清华大学出版社，2009

[10] Excel Home 著. Excel 2007 实战技巧精粹. 北京：人民邮电出版社，2010

[11] 龙华工作室著. 办公高手 PowerPoint 2007 案例导航. 北京：中国水利水电出版社. 2009

[12] Andrew S.Tanenbaum，David J.Wetherall 著. 计算机网络(英文版•第 5 版). 北京：机械工业出版社,2011

[13] 希尔伯沙茨著，杨冬青译. 数据库系统概念（第 5 版）. 北京：机械工业出版社,2008

[14] UllmanJ.D.著，岳丽华，金培权，万寿红译. 数据库系统基础教程. 北京：机械工业出版社,2009

[15] 林福宗著. 多媒体技术基础（第 3 版）. 北京：清华大学出版社，2009

[16] William Stallings 著，白国强等译. 网络安全基础:应用与标准(第 4 版). 北京：清华大学出版社,2011

[17] 曲大成，江瑞生，李侃著. Internet 技术与应用教程(第 3 版). 北京：高等教育出版社，2007

[18] 希望图书创作室. 个人电脑实用基础教程（第十一版）. 北京：北京希望电子出版社，2010

[19] 赵绪辉等. 大学计算机基础. 北京：机械工业出版社， 2009

[20] 王彦祺等. 大学计算机基础. 北京：电子工业出版社，2009